ECMAScript 6 Primer

ES6标准入门

（第3版）

阮一峰 著

電子工業出版社
Publishing House of Electronics Industry
北京•BEIJING

内 容 简 介

ES6 是下一代 JavaScript 语言标准的统称，每年 6 月发布一次修订版，迄今为止已经发布了 3 个版本，分别是 ES2015、ES2016、ES2017。本书根据 ES2017 标准，详尽介绍了所有新增的语法，对基本概念、设计目的和用法进行了清晰的讲解，给出了大量简单易懂的示例。本书为中级难度，适合那些已经对 JavaScript 语言有一定了解的读者，可以作为学习这门语言最新进展的工具书，也可以作为参考手册供大家随时查阅新语法。

第 3 版增加了超过 30%的内容，完全覆盖了 ES2017 标准，相比第 2 版介绍了更多的语法点，还调整了原有章节的文字表达，充实了示例，论述更准确，更易懂易学。

图书在版编目（CIP）数据

ES6 标准入门 / 阮一峰著. —3 版. —北京：电子工业出版社，2017.9

ISBN 978-7-121-32475-8

Ⅰ. ①E… Ⅱ. ①阮… Ⅲ. ①JAVA 语言—程序设计 Ⅳ. ①TP312.8

中国版本图书馆 CIP 数据核字（2017）第 195379 号

策划编辑：张春雨

责任编辑：徐津平

印　　刷：三河市良远印务有限公司

装　　订：三河市良远印务有限公司

出版发行：电子工业出版社

北京市海淀区万寿路 173 信箱　　邮编　100036

开　　本：787×980　1/16　印张：36　　字数：786 千字

版　　次：2014 年 8 月第 1 版

2017 年 9 月第 3 版

印　　次：2023 年 3 月第 22 次印刷

定　　价：99.00 元

凡所购买电子工业出版社图书有缺损问题，请向购买书店调换。若书店售缺，请与本社发行部联系，联系及邮购电话：（010）88254888，88258888。

质量投诉请发邮件至 zlts@phei.com.cn，盗版侵权举报请发邮件至 dbqq@phei.com.cn。

本书咨询联系方式：010-51260888-819，faq@phei.com.cn

推荐序 1

为什么我们要关心标准

“ECMAScript 是 JavaScript 语言的国际标准，JavaScript 是 ECMAScript 的实现。”

本书第 1 章的这句话已经清楚地告诉我们，这是一本不实用的书。我们学习了这本书，并不意味着掌握了一项实用的技术，而只是掌握了一个未来可能会发布的技术标准。而标准，有可能在将来被实现，变成主流，也有可能就仅仅是一个标准，没有人真的去实践它。如果你再了解一下第 1 章里面介绍的 ECMAScript 4.0 草案的血泪史，或者回顾一下曾经红极一时的 XHTML，就更容易明白这一点了。

那我们为什么不直接忽略标准，拥抱实践就好呢？来，我们一起翻开小学课本，跟我念：柏林已经来了命令，阿尔萨斯和洛林的学校只许教德语了……（《最后一课》）

当“统治者”宣布一门语言成为“标准”的时候，不管是在现实生活还是技术领域里面，往往就意味着所有其他的选项自动消失了，我们只能去学习“统治者”的语言。幸运的是，在技术领域里面，跳出来争取对技术的影响力和主导权，不但不违反任何一国的宪法，往往还是被鼓励的。

因此，技术的未来发展，是我们可以去发出声音，去影响，乃至于去引领的。而要做到这些，我们需要搞清楚，ECMA 和各大互联网巨头们，他们正在做什么，正在把技术往哪里引领；他们引领的方向，到底是对所有人有利的，还是只是对某些公司有利；我们中国的开发者和中国的公司，要怎么加入到这些标准的制订过程中，把标准带到更好的方向上。

最近几年，越来越多的中国公司加入到各种国际标准组织中，参与到各种标准（尤其是在东亚文字处理、排版、输入法相关的领域）制订过程中，发出了中国技术人员的声音。随着中国国力的增强，中国开发厂商和技术人员的影响力的发展壮大，可以预见，不久的将来，中国工程师也许会深入参与到 ECMAScript 7 和 HTML6 这样的技术标准的制订过程里面，跟各国的专家一起探讨，我们中国的开发者不喜欢这样，更喜欢那样。在那些标准大会上，我们的发言权将来自于我们对标准的深入理解、我们对技术发展的独到眼光和我们建设起来的技术影响力。

作为一个 JS 开发者，实话说，对于 ECMAScript 6 里面的很多内容（比如 let 语句），我并不完全认同。但是很遗憾，这个标准的制定过程没我们什么事。但是如果我们从现在开始关注国际标准，翻译标准文档，让更多人了解标准，更多公司加入标准组织、参与标准制订，也许未来的中国技术圈不但会是很多人的一个圈子，还会是很有影响力的一个圈子。

“我们说的话，让世界都认真听话。”（S.H.E，《中国话》）

腾讯驻 W3C 顾问委员会代表，黄希彤（stone）

黄希彤（网名 emu），Web 性能优化（WPO）领域实践者，信息无障碍领域推动者。腾讯 Web 前端专家，腾讯驻 W3C 顾问委员会代表，腾讯 QQ 空间技术总监。

推荐序 2

因为一件往事，我现在轻易不敢给别人写序或者书评。那天我在想，如果我要给这本书写序，是不是应该先把这本书拿给贺老（hax）看看。后来呢，我到阮一峰老师的 GitHub 上看了一看，发现这本书有 7500 多个 star，若干个已解决和未解决的 issue，所以我就放心了。开源真是好啊！

这本书是关于 ES6 的，我对 ES6 并没有特别系统的研究，但是也在工作中使用了一部分 ES6 的特性，使用得最多的是 Promise，其他的特性只是研究，很少使用，主要是因为本身支持 ES6 的环境和工具有限。浏览器就不说了，现在的前端工程师在一些产品中能够抛弃 IE6 已经是很幸福的事情了，但是即使是 IE8，离真正的 ES6 也还很遥远。在其他领域，比如手机游戏领域，cocos2d-js v3.0 使用的脚本引擎是 SpiderMonkey v28，因此情况要好很多，但是周边的一些工具，比如 closure copiler 不能很好地压缩和优化 ES6，当然你可以采用转换工具先将 ES6 转成 ES5，然后再做压缩和优化，但是这多出来的一步造成更多出错的可能，而且和享受 ES6 的语法糖的快乐相比，开销有点大——如果无论如何需要再转一步，那么为什么我们不干脆考虑 TypeScript 或者其他选择呢？

为什么会选择使用 ES6 的 Promise 呢？那是因为 Promise 算是比较好解决异步嵌套问题的方案，另外 Promise 本身在低版本下也有比较好的 polyfill 实现（https://github.com/jakearchibald/es6-promise），对于我和一些前端工程师来说，是十分乐意为将来去写一些能够向前兼容的符合标准的代码的。

目前这个阶段，前端学习 ES6 并不意味着能够很快将 ES6 的好处带到工作中，因为我们毕竟还受到现在的浏览器环境的制约。但是，即使单纯从学习一门编程语言的核心 API 的角度来说，ES6 也是值得学习的。它的很多新特性，真正涉及现代编程语言概念中很流行的部分，不管是解构赋值还是迭代器或者 yield，都是超棒超赞的思想，不但易于理解，也能节省很多键盘操作，而另一些诸如 const、作用域之类的设定，则让脚本引擎代替程序员人肉检查做更多的事情，让我们最终上线的代码变得更加安全和更加优美。

不管怎样，ES6 代表着一种前端的未来，这种未来，无疑能让前端工程师们工作得更高效，也更有乐趣。更进一步说，ECMAScript 还是开放的标准，对这门语言的新特性，有什么好的想法，都是有机会提交为标准的，也就是说，前端程序员的未来，是由我们前端程序员自己来创造的，还有什么是比自由更加美好的呢？所以，为了未来，加油！

360 奇舞团团长，月影

吴亮（网名月影），先后在微软亚洲研究院做过访问学生，在金蝶软件有限公司担任过核心开发工程师、设计师和项目经理，在百度电子商务事业部担任 Web 开发项目经理。现任奇虎 360 高级技术经理，360 前端团队奇舞团负责人。多年来致力于 JavaScript 技术和 Web 标准的推广，活跃于国内各技术社区，现为 w3ctech 顾问。

推荐序 3

同大多数读者一样，我最早看到阮一峰先生的文字是在其博客上。他的第一篇博文于 2003 年写就，迄今已有 1500 多篇文章，可谓高产。阮先生并非计算机相关专业，但这一点并没有妨碍他从事技术写作，其文字朴实，思路清晰，所有人都能看懂，更能感受到他写文章的用心程度，而这本书完美地体现了他的一贯风格。另外，这本书是开源作品，也很好地践行了他一贯的贡献原则。

自我写下第一行前端代码到现在已经十来年了，前端的基础设施也发生了巨大的变化。变化最大的还是浏览器环境，从原来烂熟 IE6 的各种 bug 和 hack，到现在 IE6 已经完全不在我的考虑范围内。其次是前端的工程化程度，2011 年，我做 FIS（http://fis.baidu.com）时，完全没想到前端的工程化进展会如此之快。而变化最慢的，要数语言本身了，1999 年发布的 ECMAScript 3.0 其实相当于第 1 版；10 年后的 2009 年发布了第 2 版：ECMAScript 5.0；ECMAScript 6 则是 2015 年发布的。

我的一贯主张是，要学好 JavaScript，ECMAScript 标准比什么书都强。ECMAScript 标准已经用最严谨的语言和最完美的角度展现了语言的实质和特性。理解语言的本质后，你已经从沙堆里挑出了珍珠，能经受得起时光的磨砺。

我从 2009 年开始正式接触 ECMAScript 规范，当时我在写百度的 JavaScript 基础库 Tangram 1.0，ECMAScript 5 还处于草案状态。我自己打印了一本小册子，上下班时在地铁上慢慢看。那时才知道，有很多问题在网络上被包装了太多次，解释得千奇百怪，但用规范的语言来描述竟是如此简单。

ECMAScript 标准经历了很多变故——尤其是 ECMAScript 4 那次——也从语言的角度反映了各大厂商之间的立场差异。不过，ECMAScript 5 的正式发布和发展，为所有 Web 开发者奠定了稳定的基础，尽管浏览器之间存在大量差异，尤其是 DOM，但在 JavaScript 语言层面，都相对严格地遵循着 ECMAScript 5 的规范。

JavaScript 遵守“一个 JavaScript”的原则，所有版本都需要向后兼容。Web 语言的解释器版本不是由开发者而是由用户决定的，所以 JavaScript 无法像 Python、Ruby、Perl 那样，发布一个不向下兼容的大版本，这也就是 ECMAScript 4 失败的根源，由于它会导致大量已有网页的“bug”，浏览器厂商会强烈反对。当然，ECMAScript 6 的 strict mode 也在尝试逐步淘汰一些不良实践。

ECMAScript 6 相比 5 有了很大的进步。经过这次改进，JavaScript 语法更精简，变得更有表现力了；在严格模式下，开发者受到了适当而必要的约束；新增了几种数据类型（map、set）和函数能力（Generator、迭代器）；进一步强化了 JavaScript 的特点（promise、proxy）；并且让 JavaScript 能适用于更大型的程序开发（modules、class）。更重要的是，这个规范会被浏览器厂商、不同的平台广泛支持。

实际上，所有的语言改进都是从使用者的最佳实践中提炼出来的。JavaScript 的约束一直很少，这一灵活性让开发者能相当自由地积累形形色色的使用经验和实践，也就是说，我们所有 ECMAScript 的使用者，也是其标准的间接贡献者。

百度高级工程师、前端通用组技术负责人，雷志兴

雷志兴（网名 berg），资深工程师，2007 年加入百度工作至今，负责过多项前端基础技术、架构的设计和搭建；骑行爱好者，行程万余公里；微信公众号“行云出岫”（DevLife）的维护者。

第 3 版前言

4 年前，当我开始写这本书的时候，ECMAScript 5.1 版刚刚开始普及，最流行的框架还是 jQuery。ES6 看上去就像一个遥远的蓝图，无人知道何时会实现。

仅仅 4 年，ES6 已经经历了 ES2015、ES2016、ES2017 这 3 个版本的迭代，各种实现的支持度已经超过 90%，不仅可以实现网页的编写，还可以实现服务器脚本、手机 App 和桌面应用的编写。程序员们完全接受了这个标准，甚至大量使用尚未标准化的新语法。JavaScript 语言就像一列高铁，以令人“眩晕”的速度向前冲刺。

互联网行业的蓬勃兴旺造就了 ES6 的成功，也使得这本教程不断更新，越写越厚。第 2 版问世 18 个月之后，不得不推出第 3 版。

第 3 版新增了超过 30%的内容，完全覆盖了 ES2017 标准（第 2 版只做到覆盖 ES2015 标准），并且对所有章节都进行了修订，文字表达更准确易懂，示例更丰富。对读者来说，这个版本更容易学习，更有参考价值。

这 4 年来，我对 ES6 的理解和所有的学习笔记，都浓缩在这本教程里面。那些我自己感到最困难的地方，书中都做出了详细讲解，给出了细致的示例，我相信这也是其他国内学习者所需要的。

这本教程当然也包含了些许局限，以及细致检查之后仍然疏漏的各种错误。一旦发现，我会第一时间更正。读者可以到官方仓库 github.com/ruanyf/es6tutorial 中查看勘误。

我在微博上曾经说过一段话，就把它放在这里作为结束吧。

“我水平其实不高，只是好奇心重，从没想到这么多人会关注。希望不要让大家失望，未来做一块垫脚石，为需要的朋友提供帮助，为技术的推广和发展做出力所能及的贡献。”

阮一峰

2017 年 8 月 1 日，写于杭州

第1版前言

2012 年年底，我开始动手做一个开源项目《JavaScript 标准参考教程》（github.com/ruanyf/jstutorial）。原来的设想是将自己的学习笔记整理成一本书，哪里料到，这个项目不断膨胀，最后变成了 ECMAScript 5 及其外围 API 的全面解读和参考手册，写了一年多还没写完。

那个项目的最后一章就是 ECMAScript 6 的语法简介。那一章也是越写越长，最后我不得不决定，把它独立出来，作为一个新项目，也就是您现在看到的这本书。

JavaScript 已经是互联网开发的第一大语言，而且正在变成一种全领域的语言。著名程序员 Jeff Atwood 甚至提出了一条“Atwood 定律”：“所有可以用 JavaScript 编写的程序，最终都会出现 JavaScript 的版本。”（Any application that can be written in JavaScript will eventually be written in JavaScript.）

ECMAScript 正是 JavaScript 的国际标准，这就决定了该标准的重要性。而 ECMAScript 6 是 ECMAScript 历史上最大的一次版本升级，在语言的各个方面都有极大的变化，即使是熟练的 JavaScript 程序员，也需要重新学习。由于 ES6 的设计目标是企业级开发和大型项目，所以可以预料，除了互联网开发者，将来还会有大量应用程序开发者（甚至操作系统开发者）成为 ES6 的学习者。

我写作这本书的目标，就是想为上面这些学习者提供一本篇幅较短、简明易懂、符合中文表达习惯的 ES6 教程。它由浅入深、循序渐进，既有重要概念的讲解，又有 API 接口的罗列，便于日后当作参考手册查阅，还提供大量示例代码，让读者不仅一看就懂，还能举一反三，直接复制用于实际项目之中。

需要声明的是，为了突出重点，本书只涉及 ES6 与 ES5 的不同之处，不对 JavaScript 已有的语法进行全面讲解，毕竟市面上这样的教程已经有很多了。因此，本书不是 JavaScript 入门教材，不适合初学者。阅读本书之前，需要对 JavaScript 的基本语法有所了解。

我本人也是一个 ES6 的学习者，不敢说自己有多高的水平，只是较早地接触了这个主题，持续地读了许多资料，追踪标准的进展，做了详细的笔记而已。虽然我尽了最大努力，并且原稿在 GitHub 上公开后已经得到了大量的勘误，但是本书的不尽如人意之处恐怕还有不少。

欢迎大家访问本书的项目主页（github.com/ruanyf/es6tutorial），提出意见，提交 pull request。这些都会包括在本书的下一个版本中。

阮一峰

2014 年 6 月 4 日，写于上海

读者服务

轻松注册成为博文视点社区用户（www.broadview.com.cn），扫码直达本书页面。

- **提交勘误**：您对书中内容的修改意见可在 提交勘误 处提交，若被采纳，将获赠博文视点社区积分（在您购买电子书时，积分可用来抵扣相应金额）。
- **交流互动**：在页面下方 读者评论 处留下您的疑问或观点，与我们和其他读者一同学习交流。

页面入口：http://www.broadview.com.cn/32475

目录

第 1 章 ECMAScript 6 简介

ECMAScript 6（以下简称 ES6）是 JavaScript 语言的下一代标准，已于 2015 年 6 月正式发布。它的目标是使 JavaScript 语言可以用于编写复杂的大型应用程序，成为企业级开发语言。

1.1 ECMAScript 和 JavaScript 的关系

一个常见的问题是，ECMAScript 和 JavaScript 到底是什么关系？

要讲清楚这个问题，需要回顾历史。1996 年 11 月，JavaScript 的创造者——Netscape 公司，决定将 JavaScript 提交给国际标准化组织 ECMA，希望这种语言能够成为国际标准。次年，ECMA 发布了 262 号标准文件（ECMA-262）的第一版，规定了浏览器脚本语言的标准，并将这种语言称为 ECMAScript，这个版本就是 1.0 版。

该标准从一开始就是针对 JavaScript 语言制定的，但是并没有称其为 JavaScript，主要有以下两方面原因。一是商标，Java 是 Sun 公司的注册商标，根据授权协议，只有 Netscape 公司可以合法地使用 JavaScript 这个名字，而且 JavaScript 本身也已被 Netscape 公司注册为商标。二是想体现这门语言的制定者是 ECMA，而不是 Netscape，这样有利于保证这门语言的开放性和中立性。

因此，ECMAScript 和 JavaScript 的关系是，前者是后者的规格，后者是前者的一种实现（另外的 ECMAScript 方言还有 JScript 和 ActionScript）。在日常场合，这两个词是可以互换的。

1.2 ES6 与 ECMAScript 2015 的关系

ECMAScript 2015（简称 ES2015）这个词也是经常可以看到的。那么，它与 ES6 是什么关系呢？

2011 年，ECMAScript 5.1 版本发布后，6.0 版本便开始制定了。因此，ES6 这个词的原意就是指，JavaScript 语言的下一个版本。

由于这个版本引入的语法功能太多，而且在制定过程当中还有很多组织和个人不断提交新功能。因此，不可能在同一个版本里面包括所有将要引入的功能。常规的做法是先发布 6.0 版本，过一段时间再发布 6.1 版本，然后是 6.2 版本、6.3 版本等。

但是，标准的制定者不想这样做。他们想让标准的升级成为常规流程：任何人在任何时候都可以向标准委员会提交新语法的提案，然后标准委员会每个月开一次会，评估这些提案是否可以接受，需要哪些改进。经过多次会议，如果一个提案足够成熟，便可以正式进入标准。也就是说，标准的版本升级成为了一个不断滚动的流程，每个月都会有所变动。

标准委员会最终决定，每年 6 月正式发布一次标准，作为当年的正式版本。接下来的时间就在这个版本的基础上进行改动，直到下一年的 6 月份，草案就自然变成了新一年的版本。这样一来，就不需要以前的版本号了，只要用年份标记就可以了。

ES6 的第一个版本就这样在 2015 年 6 月发布了，正式名称是《ECMAScript 2015 标准》（简称 ES2015）。2016 年 6 月，小幅修订的《ECMAScript 2016 标准》（简称 ES2016）如期发布，这个版本可以看作是 ES6.1 版，因为两者的差异非常小（只新增了数组实例的 `includes` 方法和指数运算符），基本上可以认为是同一个标准。根据计划，2017 年 6 月会发布 ES2017 标准。

因此，ES6 既是一个历史名词，也是一个泛指，含义是 5.1 版本以后的 JavaScript 的下一代标准，涵盖了 ES2015、ES2016、ES2017 等，而 ES2015 则是正式名称，特指当年发布的正式版本的语言标准。本书中提到的 ES6，一般是指 ES2015 标准，但有时也是泛指“下一代 JavaScript 语言”。

1.3 语法提案的批准流程

任何人都可以向标准委员会（又称 TC39 委员会）提案，要求修改语言标准。

一种新的语法从提案到变成正式标准，需要经历五个阶段。每个阶段的变动都要由 TC39 委员会批准。

- Stage 0：Strawman（展示阶段）
- Stage 1：Proposal（征求意见阶段）
- Stage 2：Draft（草案阶段）
- Stage 3：Candidate（候选阶段）
- Stage 4：Finished（定案阶段）

一个提案只要能进入 Stage 2，就基本认为其会包括在以后的正式标准里面。ECMAScript

当前的所有提案都可以在 TC39 的官方网站 Github.com/tc39/ecma262 中查看。

本书的写作目标之一，是跟踪 ECMAScript 语言的最新进展，介绍 5.1 版本以后所有的新语法。对于那些明确或很有希望会被列入标准的新语法，本书都将予以介绍。

1.4 ECMAScript 的历史

ES6 从开始制定到最后发布，整整用了 15 年。

前面提到，ECMAScript 1.0 是 1997 年发布的，接下来的两年连续发布了 ECMAScript 2.0（1998 年 6 月）和 ECMAScript 3.0（1999 年 12 月）。3.0 版是一个巨大的成功，在业界得到广泛支持，成为通行标准，它奠定了 JavaScript 语言的基本语法，被其后的版本完全继承。直到今天，初学者一开始学习 JavaScript，其实就是在学习 3.0 版的语法。

2000 年，ECMAScript 4.0 开始酝酿。这个版本最后没有通过，但其大部分内容被 ES6 所继承。因此，ES6 制定的起点其实是在 2000 年。

为什么 ES4 没有通过呢？因为这个版本太激进了，对 ES3 做了彻底升级，导致标准委员会的一些成员不愿意接受。ECMA 的第 39 号技术专家委员会（Technical Committee 39，简称 TC39）负责制订 ECMAScript 标准，成员包括 Microsoft、Mozilla、Google 等大公司。

2007 年 10 月，ECMAScript 4.0 版草案发布，本来预计次年 8 月发布正式版本。但是，各方对于是否通过这个标准，发生了严重分歧。以 Yahoo、Microsoft、Google 为首的大公司，反对 JavaScript 的大幅升级，主张小幅改动；以 JavaScript 创造者 Brendan Eich 为首的 Mozilla 公司，则坚持当前的草案。

2008 年 7 月，由于对于下一个版本应该包括哪些功能，各方分歧太大，争论过于激烈，ECMA 开会决定，中止 ECMAScript 4.0 的开发，将其中涉及现有功能改善的一小部分发布为 ECMAScript 3.1，而将其他激进的设想扩大范围，放入以后的版本，由于会议的气氛，该版本的项目代号为 Harmony（和谐）。会后不久，ECMAScript 3.1 就改名为 ECMAScript 5 了。

2009 年 12 月，ECMAScript 5.0 版正式发布。Harmony 项目则一分为二，一些较为可行的设想定名为 JavaScript.next 继续开发，后来演变成 ECMAScript 6；一些不是很成熟的设想则被视为 JavaScript.next.next，在更远的将来再考虑推出。TC39 委员会的总体考虑是，ES5 与 ES3 基本保持兼容，较大的语法修正和新功能的加入，将由 JavaScript.next 完成。当时，JavaScript.next 指的是 ES6，第 6 版发布以后就指 ES7。TC39 的判断是，ES5 会在 2013 年的年中成为 JavaScript 开发的主流标准，并在此后 5 年中一直保持这个位置。

2011 年 6 月，ECMAscript 5.1 版发布，并且成为 ISO 国际标准（ISO/IEC 16262:2011）。

2013 年 3 月，ECMAScript 6 草案冻结，不再添加新功能。新的功能设想将被放到 ECMAScript 7 中。

2013 年 12 月，ECMAScript 6 草案发布。此后是 12 个月的讨论期，以听取各方反馈意见。

2015 年 6 月，ECMAScript 6 正式通过，成为国际标准。从 2000 年算起，已经过去了 15 年。

1.5 部署进度

关于各大浏览器最新版本对于 ES6 的支持，可以参阅 kangax.github.io/es5-compat-table/es6/。随着时间的推移，支持度已经越来越高，超过 90%的 ES6 语法特性都实现了。

Node 是 JavaScript 语言的服务器运行环境（runtime），它对 ES6 的支持度更高。除了那些默认打开的功能，还有一些语法功能也已经实现了，但是默认没有打开。使用如下命令，可以查看 Node 中已经实现的 ES6 特性。

```
$ node --v8-options | grep harmony
```

执行以上命令，输出结果会因为版本的不同而有所不同。

笔者写了一个 ES-Checker（github.com/ruanyf/es-checker）模块，用来检查各种运行环境对 ES6 的支持情况。访问 ruanyf.github.io/es-checker 即可查看所用浏览器对 ES6 的支持程度。运行下面的命令，可以查看本机对 ES6 的支持程度。

```
$ npm install -g es-checker
$ es-checker

=========================================
Passes 24 feature Dectations
Your runtime supports 57% of ECMAScript 6
=========================================
```

1.6 Babel 转码器

Babel（babeljs.io/）是一个广为使用的 ES6 转码器，可以将 ES6 代码转为 ES5 代码，从而在浏览器或其他环境执行。这意味着，可以用 ES6 的方式编写程序，而不用担心现有环境是否支持。下面是一个例子。

```
// 转码前
input.map(item => item + 1);

// 转码后
input.map(function (item) {
```

```
  return item + 1;
});
```

上面的原始代码用了箭头函数，Babel 将其转为普通函数，这样就能在不支持箭头函数的 JavaScript 环境中执行了。

1.6.1 配置文件.babelrc

Babel 的配置文件是.babelrc，存放在项目的根目录下。使用 Babel 的第一步就是配置这个文件。

该文件用来设置转码规则和插件，基本格式如下。

```
{
  "presets": [],
  "plugins": []
}
```

presets 字段设定转码规则，官方提供以下的规则集，可以根据需要进行安装。

```
# 最新转码规则
$ npm install --save-dev babel-preset-latest

# react 转码规则
$ npm install --save-dev babel-preset-react

# 不同阶段语法提案的转码规则（共有 4 个阶段），选装一个
$ npm install --save-dev babel-preset-stage-0
$ npm install --save-dev babel-preset-stage-1
$ npm install --save-dev babel-preset-stage-2
$ npm install --save-dev babel-preset-stage-3
```

然后，将这些规则加入.babelrc 中。

```
{
  "presets": [
    "latest",
    "react",
    "stage-2"
  ],
  "plugins": []
}
```

需要注意的是，要想使用以下所有 Babel 工具和模块，都必须先写好.babelrc。

1.6.2 命令行转码 babel-cli

Babel 提供 babel-cli 工具，用于命令行转码。

它的安装命令如下。

```
$ npm install --global babel-cli
```

基本用法如下。

```
# 转码结果输出到标准输出
$ babel example.js

# 转码结果写入一个文件
# --out-file 或 -o 参数指定输出文件
$ babel example.js --out-file compiled.js
# 或者
$ babel example.js -o compiled.js

# 整个目录转码
# --out-dir 或 -d 参数指定输出目录
$ babel src --out-dir lib
# 或者
$ babel src -d lib

# -s 参数生成 source map 文件
$ babel src -d lib -s
```

上面的代码是在全局环境下进行 Babel 转码的。这意味着，如果项目要运行，全局环境中必须有 Babel，也就是说项目产生了对环境的依赖。另一方面，这样做也无法支持不同项目使用不同版本的 Babel。

一个解决办法是将 babel-cli 安装在项目之中，代码如下。

```
# 安装
$ npm install --save-dev babel-cli
```

然后，改写 package.json。

```
{
  // ...
```

```
  "devDependencies": {
    "babel-cli": "^6.0.0"
  },
  "scripts": {
    "build": "babel src -d lib"
  },
}
```

转码的时候需要执行以下命令。

```
$ npm run build
```

1.6.3 babel-node

babel-cli 工具自带一个 babel-node 命令，提供一个支持 ES6 的 REPL 环境。它支持 Node 的 REPL 环境的所有功能，而且可以直接运行 ES6 代码。

babel-node 不用单独安装，而是随 babel-cli 一起安装。执行 babel-node 可以进入 REPL 环境。

```
$ babel-node
> (x => x * 2)(1)
2
```

babel-node 命令可以直接运行 ES6 脚本。将上面的代码放入脚本文件 es6.js，然后直接运行。

```
$ babel-node es6.js
2
```

babel-node 也可以安装在项目中。

```
$ npm install --save-dev babel-cli
```

然后，改写 package.json。

```
{
  "scripts": {
    "script-name": "babel-node script.js"
  }
}
```

在以上代码中，使用 babel-node 替代 node，这样 script.js 本身就不用进行任何转码处理了。

1.6.4 babel-register

babel-register 模块改写了 require 命令，为它加上一个钩子。此后，每当使用 require 加载后缀为.js、.jsx、.es 和.es6 的文件时，就会先用 Babel 进行转码。

```
$ npm install --save-dev babel-register
```

使用时，必须首先加载 babel-register。

```
require("babel-register");
require("./index.js");
```

这样便不需要手动对 index.js 进行转码了。

> **注意！**
>
> babel-register 只会对 require 命令加载的文件进行转码，而不会对当前文件进行转码。另外，由于它是实时转码，所以只适合在开发环境中使用。

1.6.5 babel-core

如果某些代码需要调用 Babel 的 API 进行转码，就要使用 babel-core 模块。

安装命令如下。

```
$ npm install babel-core --save
```

然后，在项目中就可以调用 babel-core 了。

```
var babel = require('babel-core');

// 字符串转码
babel.transform('code();', options);
// => { code, map, ast }

// 文件转码（异步）
babel.transformFile('filename.js', options, function(err, result) {
  result; // => { code, map, ast }
});

// 文件转码（同步）
babel.transformFileSync('filename.js', options);
// => { code, map, ast }
```

```
// Babel AST 转码
babel.transformFromAst(ast, code, options);
// => { code, map, ast }
```

关于配置对象 `options` 的内容，可以参看官方文档，地址是 babeljs.io/docs/usage/ options/。

来看以下示例。`transform` 方法的第一个参数是一个字符串，表示需要被转换的 ES6 代码，第二个参数是转换的配置对象。

```
var es6Code = 'let x = n => n + 1';
var es5Code = require('babel-core')
  .transform(es6Code, {
    presets: ['latest']
  })
  .code;
// '"use strict";\n\nvar x = function x(n) {\n  return n + 1;\n};'
```

1.6.6　babel-polyfill

Babel 默认只转换新的 JavaScript 句法（syntax），而不转换新的 API，如 `Iterator`、`Generator`、`Set`、`Maps`、`Proxy`、`Reflect`、`Symbol`、`Promise` 等全局对象，以及一些定义在全局对象上的方法（如 `Object.assign`）都不会转码。

举例来说，ES6 在 `Array` 对象上新增了 `Array.from` 方法，Babel 就不会转码这个方法。如果想让这个方法运行，必须使用 `babel-polyfill` 为当前环境提供一个垫片。

安装命令如下。

```
$ npm install --save babel-polyfill
```

然后，在脚本头部加入如下代码。

```
import 'babel-polyfill';
// 或者
require('babel-polyfill');
```

Babel 默认不转码的 API 非常多，详细清单可以查看 `babel-plugin-transform-runtime` 模块的 definitions.js（github.com/babel/babel/blob/master/packages/babel-plugin-transform-runtime/src/definitions.js）文件。

1.6.7 浏览器环境

Babel 也可以用于浏览器环境。但是，从 Babel 6.0 开始将不再直接提供浏览器版本，而是要用构建工具构建出来。如果没有或不想使用构建工具，可以使用 babel-standalone（github.com/Daniel15/babel-standalone）模块提供的浏览器版本，将其插入网页。

```
<script src="https://cdnjs.cloudflare.com/ajax/libs/babel-standalone/6.4.4
/babel.min.js"></script>
<script type="text/babel">
// Your ES6 code
</script>
```

> **注意！**
>
> 网页实时将 ES6 代码转为 ES5 代码，对性能会有影响。生产环境下需要加载已转码的脚本。

以下命令将代码打包成浏览器可以使用的脚本，以 `Babel` 配合 `Browserify` 为例。首先，安装 `babelify` 模块。

```
$ npm install --save-dev babelify babel-preset-latest
```

然后，再用命令行转换 ES6 脚本。

```
$  browserify script.js -o bundle.js \
  -t [ babelify --presets [ latest ] ]
```

以上代码将 ES6 脚本 `script.js` 转为 `bundle.js`，浏览器直接加载后者即可。

在 `package.json` 中添加下面的代码，则不必每次都输入参数。

```
{
  "browserify": {
    "transform": [["babelify", { "presets": ["latest"] }]]
  }
}
```

1.6.8 在线转换

Babel 提供一个 REPL 在线编译器（babeljs.io/repl/），可以在线将 ES6 代码转为 ES5 代码。转换后的代码可以直接作为 ES5 代码插入网页并运行。

1.6.9 与其他工具的配合

许多工具需要 Babel 进行前置转码，此处举两个例子：ESLint 和 Mocha。

ESLint 用于静态检查代码的语法和风格，安装命令如下。

```
$ npm install --save-dev eslint babel-eslint
```

然后，在项目根目录下新建一个配置文件`.eslintrc`，在其中加入`parser`字段。

```
{
  "parser": "babel-eslint",
  "rules": {
    ...
  }
}
```

再在`package.json`中加入相应的`scripts`脚本。

```
{
  "name": "my-module",
  "scripts": {
    "lint": "eslint my-files.js"
  },
  "devDependencies": {
    "babel-eslint": "...",
    "eslint": "..."
  }
}
```

Mocha 则是一个测试框架，如果需要执行使用 ES6 语法的测试脚本，可以将`package.json`的`scripts.test`修改如下。

```
"scripts": {
  "test": "mocha --ui qunit --compilers js:babel-core/register"
}
```

在上面的命令中，`--compilers`参数指定脚本的转码器，规定后缀为`.js`的文件都要使用`babel-core/register`先进行转码。

1.7 Traceur 转码器

Google 公司的 Traceur 转码器（github.com/google/traceur-compiler），也可以将 ES6 代码转

为 ES5 代码。

1.7.1 直接插入网页

首先，必须在网页头部加载 Traceur 库文件。

```
<script src="https://google.github.io/traceur-compiler↵
/bin/traceur.js"></script>
<script src="https://google.github.io/traceur-compiler↵
/bin/BrowserSystem.js"></script>
<script src="https://google.github.io/traceur-compiler↵
/src/bootstrap.js"></script>
<script type="module">
  import './Greeter.js';
</script>
```

以上代码中一共有 4 个 `script` 标签。第一个用于加载 Traceur 的库文件，第二个和第三个将这个库文件用于浏览器环境，第四个则用于加载用户脚本，这个脚本中可以使用 ES6 代码。

> **注意！**
> 第四个 `script` 标签的 `type` 属性值为 `module`，而不是 `text/javascript`。这是 Traceur 编译器识别 ES6 代码的标志，编译器会自动将所有 `type=module` 的代码编译为 ES5，然后再交给浏览器执行。

除了引用外部 ES6 脚本，也可以直接在网页中放置 ES6 代码。

```
<script type="module">
  class Calc {
    constructor() {
      console.log('Calc constructor');
    }
    add(a, b) {
      return a + b;
    }
  }

  var c = new Calc();
  console.log(c.add(4,5));
</script>
```

正常情况下，执行以上代码会在控制台打印出 `9`。

如果想对 Traceur 的行为进行精确控制，可以采用以下的参数配置写法。

```
<script>
  // Create the System object
  window.System = new traceur.runtime.BrowserTraceurLoader();
  // Set some experimental options
  var metadata = {
    traceurOptions: {
      experimental: true,
      properTailCalls: true,
      symbols: true,
      arrayComprehension: true,
      asyncFunctions: true,
      asyncGenerators: exponentiation,
      forOn: true,
      generatorComprehension: true
    }
  };
  // Load your module
  System.import(
'./myModule.js',
{metadata: metadata}
).catch(function(ex) {
    console.error('Import failed', ex.stack || ex);
  });
</script>
```

以上代码首先生成 Traceur 的全局对象 `window.System`，然后可以用 `System.import` 方法来加载 ES6。加载时需要传入一个配置对象 `metadata`，该对象的 `traceurOptions` 属性经配置可以支持 ES6 功能。如果设为 `experimental: true`，就表示除 ES6 以外还支持一些实验性的新功能。

1.7.2 在线转换

Traceur 也提供了一个在线编译器，可以在线将 ES6 代码转为 ES5 代码。转换后的代码可以直接作为 ES5 代码插入网页运行。

将上面的例子转为 ES5 代码运行，结果如下。

```
<script src="https://google.github.io/traceur-compiler/bin/traceur.js"></script>
```

```
<script src="https://google.github.io/traceur-compiler/
bin/BrowserSystem.js"></script>
<script src="https://google.github.io/traceur-compiler/
src/bootstrap.js"></script>
<script>
$traceurRuntime.ModuleStore.getAnonymousModule(function() {
  "use strict";

  var Calc = function Calc() {
    console.log('Calc constructor');
  };

  ($traceurRuntime.createClass)(Calc, {add: function(a, b) {
    return a + b;
  }}, {});

  var c = new Calc();
  console.log(c.add(4, 5));
  return {};
});
</script>
```

1.7.3 命令行转换

作为命令行工具使用时，Traceur 是一个 Node 模块，需要先用 Npm 安装。

```
$ npm install -g traceur
```

安装成功即可在命令行下使用。

Traceur 直接运行 ES6 脚本文件，会在标准输出中显示运行结果（以前面的 `calc.js` 为例）。

```
$ traceur calc.js
Calc constructor
9
```

如果要将 ES6 脚本转为 ES5 代码保存，可采用下面的写法。

```
$ traceur --script calc.es6.js --out calc.es5.js
```

其中的`--script` 选项表示指定输入文件，`--out` 选项表示指定输出文件。

为了防止有些特性编译不成功，最好加上`--experimental` 选项。

```
$ traceur --script calc.es6.js --out calc.es5.js --experimental
```

转换得到的文件就可以放到浏览器中运行了。

1.7.4 Node 环境的用法

Traceur 的 Node 用法如下（假定已安装 `traceur` 模块）。

```
var traceur = require('traceur');
var fs = require('fs');

// 将 ES6 脚本转为字符串
var contents = fs.readFileSync('es6-file.js').toString();

var result = traceur.compile(contents, {
  filename: 'es6-file.js',
  sourceMap: true,
  // 其他设置
  modules: 'commonjs'
});

if (result.error)
  throw result.error;

// result 对象的 js 属性就是转换后的 ES5 代码
fs.writeFileSync('out.js', result.js);
// sourceMap 属性对应 map 文件
fs.writeFileSync('out.js.map', result.sourceMap);
```

第 2 章 let 和 const 命令

2.1 let 命令

2.1.1 基本用法

ES6 新增了 let 命令，用于声明变量。其用法类似于 var，但是所声明的变量只在 let 命令所在的代码块内有效。

```
{
  let a = 10;
  var b = 1;
}

a // ReferenceError: a is not defined.
b // 1
```

上面的代码在代码块中分别用 let 和 var 声明了两个变量。然后在代码块之外调用这两个变量，结果 let 声明的变量报错，var 声明的变量返回了正确的值。这表明，let 声明的变量只在其所在代码块内有效。

for 循环的计数器就很适合使用 let 命令。

```
for (let i = 0; i < 10; i++) {
  // ...
}
```

```
console.log(i);
// ReferenceError: i is not defined
```

以上代码中的计数器 i 只在 for 循环体内有效，在循环体外引用就会报错。

下面的代码如果使用 var，最后将输出 10。

```
var a = [];
for (var i = 0; i < 10; i++) {
  a[i] = function () {
    console.log(i);
  };
}
a[6](); // 10
```

上面的代码中，变量 i 是 var 声明的，在全局范围内都有效，所以全局只有一个变量 i。每一次循环，变量 i 的值都会发生改变，而循环内，被赋给数组 a 的函数内部的 console.log(i)中的 i 指向全局的 i。也就是说，所有数组 a 的成员中的 i 指向的都是同一个 i，导致运行时输出的是最后一轮的 i 值，也就是 10。

如果使用 let，声明的变量仅在块级作用域内有效，最后将输出 6。

```
var a = [];
for (let i = 0; i < 10; i++) {
  a[i] = function () {
    console.log(i);
  };
}
a[6](); // 6
```

上面的代码中，变量 i 是 let 声明的，当前的 i 只在本轮循环有效。所以每一次循环的 i 其实都是一个新的变量，于是最后输出的是 6。大家可能会问，如果每一轮循环的变量 i 都是重新声明的，那它怎么知道上一轮循环的值从而计算出本轮循环的值呢？这是因为 JavaScript 引擎内部会记住上一轮循环的值，初始化本轮的变量 i 时，就在上一轮循环的基础上进行计算。

另外，for 循环还有一个特别之处，就是设置循环变量的那部分是一个父作用域，而循环体内部是一个单独的子作用域。

```
for (let i = 0; i < 3; i++) {
  let i = 'abc';
  console.log(i);
}
// abc
```

```
// abc
// abc
```

正确运行以上代码将输出 3 次 abc。这表明函数内部的变量 i 与循环变量 i 不在同一个作用域，而是有各自单独的作用域。

2.1.2 不存在变量提升

var 命令会发生“变量提升”现象，即变量可以在声明之前使用，值为 undefined。这种现象多少是有些奇怪的，按照一般的逻辑，变量应该在声明语句之后才可以使用。

为了纠正这种现象，let 命令改变了语法行为，它所声明的变量一定要在声明后使用，否则便会报错。

```
// var 的情况
console.log(foo); // 输出 undefined
var foo = 2;

// let 的情况
console.log(bar); // 报错 ReferenceError
let bar = 2;
```

在以上代码中，变量 foo 用 var 命令声明会发生变量提升，即脚本开始运行时，变量 foo 便已经存在，但是没有值，所以会输出 undefined。变量 bar 用 let 命令声明则不会发生变量提升。这表示在声明它之前，变量 bar 是不存在的，这时如果用到它，就会抛出一个错误。

2.1.3 暂时性死区

只要块级作用域内存在 let 命令，它所声明的变量就“绑定”（binding）这个区域，不再受外部的影响。

```
var tmp = 123;

if (true) {
  tmp = 'abc'; // ReferenceError
  let tmp;
}
```

上面的代码中存在全局变量 tmp，但是块级作用域内 let 又声明了一个局部变量 tmp，导致后者绑定这个块级作用域，所以在 let 声明变量前，对 tmp 赋值会报错。

ES6 明确规定，如果区块中存在 `let` 和 `const` 命令，则这个区块对这些命令声明的变量从一开始就形成封闭作用域。只要在声明之前就使用这些变量，就会报错。

总之，在代码块内，使用 let 命令声明变量之前，该变量都是不可用的。这在语法上称为“暂时性死区”（temporal dead zone，简称 TDZ）。

```
if (true) {
  // TDZ 开始
  tmp = 'abc'; // ReferenceError
  console.log(tmp); // ReferenceError

  let tmp; // TDZ 结束
  console.log(tmp); // undefined

  tmp = 123;
  console.log(tmp); // 123
}
```

上面的代码中，在 `let` 命令声明变量 `tmp` 之前，都属于变量 `tmp` 的“死区”。

“暂时性死区”也意味着 `typeof` 不再是一个百分之百安全的操作。

```
typeof x; // ReferenceError
let x;
```

上面的代码中，变量 `x` 使用 `let` 命令声明，所以在声明之前都属于 `x` 的“死区”，只要用到该变量就会报错。因此，`typeof` 运行时就会抛出一个 `ReferenceError`。

作为比较，如果一个变量根本没有被声明，使用 `typeof` 反而不会报错。

```
typeof undeclared_variable // "undefined"
```

上面的代码中，`undeclared_variable` 是一个不存在的变量名，结果返回“undefined”。所以，在没有 `let` 之前，`typeof` 运算符是百分之百安全的，永远不会报错。现在这一点不成立了。这样的设计是为了让大家养成良好的编程习惯，变量一定要在声明之后使用，否则就会报错。

有些“死区”比较隐蔽，不太容易发现。

```
function bar(x = y, y = 2) {
  return [x, y];
}

bar(); // 报错
```

上面的代码中，调用 `bar` 函数之所以报错（某些实现可能不报错），是因为参数 `x` 的默认值等于另一个参数 y，而此时 y 还没有声明，属于“死区”。如果 y 的默认值是 x，就不会报错，因为此时 x 已声明。

```
function bar(x = 2, y = x) {
  return [x, y];
}
bar(); // [2, 2]
```

另外，下面的代码也会报错，与 var 的行为不同。

```
// 不报错
var x = x;

// 报错
let x = x;
// ReferenceError: x is not defined
```

以上代码报错也是因为暂时性死区。使用 let 声明变量时，只要变量在还没有声明前使用，就会报错。以上示例就属于这种情况，在变量 x 的声明语句还没有执行完成前就尝试获取 x 的值，导致出现“x 未定义”的错误。

ES6 规定暂时性死区和 let、const 语句不出现变量提升，主要是为了减少运行时错误，防止在变量声明前就使用这个变量，从而导致意料之外的行为。这样的错误在 ES5 中是很常见的，现在有了这种规定，避免此类错误就很容易了。

总之，暂时性死区的本质就是，只要进入当前作用域，所要使用的变量就已经存在，但是不可获取，只有等到声明变量的那一行代码出现，才可以获取和使用该变量。

2.1.4 不允许重复声明

let 不允许在相同作用域内重复声明同一个变量。

```
// 报错
function () {
  let a = 10;
  var a = 1;
}

// 报错
function () {
  let a = 10;
```

```
  let a = 1;
}
```

因此，不能在函数内部重新声明参数。

```
function func(arg) {
  let arg; // 报错
}

function func(arg) {
  {
    let arg; // 不报错
  }
}
```

2.2 块级作用域

2.2.1 为什么需要块级作用域

ES5 只有全局作用域和函数作用域，没有块级作用域，这导致很多场景不合理。

第一种场景，内层变量可能会覆盖外层变量。

```
var tmp = new Date();

function f() {
  console.log(tmp);
  if (false) {
    var tmp = 'hello world';
  }
}

f(); // undefined
```

以上代码的原意是，`if` 代码块的外部使用外层的 `tmp` 变量，内部使用内层的 `tmp` 变量。但是，函数 `f` 执行后，输出结果为 `undefined`，原因在于变量提升导致内层的 `tmp` 变量覆盖了外层的 `tmp` 变量。

第二种场景，用来计数的循环变量泄露为全局变量。

```
var s = 'hello';
```

```
for (var i = 0; i < s.length; i++) {
  console.log(s[i]);
}

console.log(i); // 5
```

上面的代码中，变量 i 只用来控制循环，但是循环结束后，它并没有消失，而是泄露成了全局变量。

2.2.2 ES6 的块级作用域

let 实际上为 JavaScript 新增了块级作用域。

```
function f1() {
  let n = 5;
  if (true) {
    let n = 10;
  }
  console.log(n); // 5
}
```

上面的函数有两个代码块，都声明了变量 n，运行后输出 5。这表示外层代码块不受内层代码块的影响。如果使用 var 定义变量 n，最后输出的值就是 10。

ES6 允许块级作用域的任意嵌套。

```
{{{{{let insane = 'Hello World'}}}}};
```

上面的代码使用了一个 5 层的块级作用域。外层作用域无法读取内层作用域的变量。

```
{{{{
  {let insane = 'Hello World'}
  console.log(insane); // 报错
}}}};
```

内层作用域可以定义外层作用域的同名变量。

```
{{{{
  let insane = 'Hello World';
  {let insane = 'Hello World'}
}}}};
```

块级作用域的出现，实际上使得获得广泛应用的立即执行匿名函数（IIFE）不再必要了。

```
// IIFE 写法
(function () {
  var tmp = ...;
  ...
}());

// 块级作用域写法
{
  let tmp = ...;
  ...
}
```

2.2.3 块级作用域与函数声明

函数能不能在块级作用域之中声明？这是一个相当令人困惑的问题。

ES5 规定，函数只能在顶层作用域和函数作用域之中声明，不能在块级作用域声明。

```
// 情况一
if (true) {
  function f() {}
}

// 情况二
try {
  function f() {}
} catch(e) {
  // ...
}
```

上面两种函数声明在 ES5 中都是非法的。

但是，浏览器没有遵守这个规定，为了兼容以前的旧代码，还是支持在块级作用域之中声明函数，因此上面两种情况实际上都能运行，并不会报错。

ES6 引入了块级作用域，明确允许在块级作用域之中声明函数。ES6 规定，在块级作用域之中，函数声明语句的行为类似于 let，在块级作用域之外不可引用。

```
function f() { console.log('I am outside!'); }

(function () {
```

```
  if (false) {
    // 重复声明一次函数 f
    function f() { console.log('I am inside!'); }
  }

  f();
}());
```

以上代码在 ES5 中运行会得到“I am inside!”，因为在 if 内声明的函数 f 会被提升到函数头部，实际运行的代码如下。

```
// ES5 环境
function f() { console.log('I am outside!'); }

(function () {
  function f() { console.log('I am inside!'); }
  if (false) {
  }
  f();
}());
```

而在 ES6 中运行就完全不一样了，理论上会得到“I am outside!”。因为块级作用域内声明的函数类似于 let，对作用域之外没有影响。但是，如果真的在 ES6 浏览器中运行上面的代码，是会报错的，这是为什么呢？

原来，如果改变了块级作用域内声明的函数的处理规则，显然会对旧代码产生很大影响。为了减轻因此产生的不兼容问题，ES6 在附录 B（www.ecma-international.org/ecma-262/6.0/index.html#sec-block-level-function-declarations-web-legacy-compatibility-semantics）中规定，浏览器的实现可以不遵守上面的规定，而有自己的行为方式（stackoverflow.com/questions/31419897/what-are-the-precise-semantics-of-block-level-functions-in-es6），具体如下。

- 允许在块级作用域内声明函数。
- 函数声明类似于 var，即会提升到全局作用域或函数作用域的头部。
- 同时，函数声明还会提升到所在的块级作用域的头部。

注意！

上面 3 条规则只对 ES6 的浏览器实现有效，其他环境的实现不用遵守，仍旧将块级作用域的函数声明当作 let 处理即可。

根据这 3 条规则，在浏览器的 ES6 环境中，块级作用域内声明函数的行为类似于 var 声明变量。

```
// 浏览器的 ES6 环境
function f() { console.log('I am outside!'); }

(function () {
  if (false) {
    // 重复声明一次函数 f
    function f() { console.log('I am inside!'); }
  }

  f();
}());
// Uncaught TypeError: f is not a function
```

上面的代码在符合 ES6 的浏览器中都会报错，因为实际运行的是以下代码。

```
// 浏览器的 ES6 环境
function f() { console.log('I am outside!'); }
(function () {
  var f = undefined;
  if (false) {
    function f() { console.log('I am inside!'); }
  }

  f();
}());
// Uncaught TypeError: f is not a function
```

考虑到环境导致的行为差异太大，应该避免在块级作用域内声明函数。如果确实需要，也应该写成函数表达式的形式，而不是函数声明语句。

```
// 函数声明语句
{
  let a = 'secret';
  function f() {
    return a;
  }
}

// 函数表达式
```

```
{
  let a = 'secret';
  let f = function () {
    return a;
  };
}
```

另外，还有一个需要注意的地方。ES6 的块级作用域允许声明函数的规则只在使用大括号的情况下成立，如果没有使用大括号，就会报错。

```
// 不报错
'use strict';
if (true) {
  function f() {}
}

// 报错
'use strict';
if (true)
  function f() {}
```

2.2.4 do 表达式

本质上，块级作用域是一个语句，将多个操作封装在一起，没有返回值。

```
{
  let t = f();
  t = t * t + 1;
}
```

上面的代码中，块级作用域将两个语句封装在一起。但是，在块级作用域以外，没有办法得到 t 的值，因为块级作用域不返回值，除非 t 是全局变量。

现在有一个提案（wiki.ecmascript.org/doku.php?id=strawman:do expressions），使得块级作用域可以变为表达式，即可以返回值，办法就是在块级作用域之前加上 do，使它变为 do 表达式。

```
let x = do {
  let t = f();
  t * t + 1;
};
```

上面的代码中，变量 x 会得到整个块级作用域的返回值。

2.3 const 命令

2.3.1 基本用法

const 声明一个只读的常量。一旦声明，常量的值就不能改变。

```
const PI = 3.1415;
PI // 3.1415

PI = 3;
// TypeError: Assignment to constant variable.
```

上面的代码表明改变常量的值会报错。

const 声明的常量不得改变值。这意味着，const 一旦声明常量，就必须立即初始化，不能留到以后赋值。

```
const foo;
// SyntaxError: Missing initializer in const declaration
```

上面的代码表示，对于 const 而言，只声明不赋值就会报错。

const 的作用域与 let 命令相同：只在声明所在的块级作用域内有效。

```
if (true) {
  const MAX = 5;
}

MAX // Uncaught ReferenceError: MAX is not defined
```

const 命令声明的常量也不会提升，同样存在暂时性死区，只能在声明后使用。

```
if (true) {
  console.log(MAX); // ReferenceError
  const MAX = 5;
}
```

上面的代码在常量 MAX 声明之前就被调用，结果报错。

使用 const 声明常量也与 let 一样，不可重复声明。

```
var message = "Hello!";
let age = 25;
```

```
// 以下两行都会报错
const message = "Goodbye!";
const age = 30;
```

2.3.2　本质

const 实际上保证的并不是变量的值不得改动，而是变量指向的那个内存地址不得改动。对于简单类型的数据（数值、字符串、布尔值）而言，值就保存在变量指向的内存地址中，因此等同于常量。但对于复合类型的数据（主要是对象和数组）而言，变量指向的内存地址保存的只是一个指针，const 只能保证这个指针是固定的，至于它指向的数据结构是不是可变的，这完全不能控制。因此，将一个对象声明为常量时必须非常小心。

```
const foo = {};

// 为 foo 添加一个属性，可以成功
foo.prop = 123;
foo.prop // 123

// 将 foo 指向另一个对象，就会报错
foo = {}; // TypeError: "foo" is read-only
```

上面的代码中，常量 foo 储存的是一个地址，这个地址指向一个对象。不可变的只是这个地址，即不能把 foo 指向另一个地址，但对象本身是可变的，所以依然可以为其添加新属性。

来看另一个例子。

```
const a = [];
a.push('Hello');    // 可执行
a.length = 0;       // 可执行
a = ['Dave'];       // 报错
```

上面的代码中，常量 a 是一个数组，这个数组本身是可写的，但是如果将另一个数组赋值给 a，就会报错。

如果真的想将对象冻结，应该使用 Object.freeze 方法。

```
const foo = Object.freeze({});

// 常规模式时，下面一行不起作用；
// 严格模式时，该行会报错
foo.prop = 123;
```

上面的代码中，常量 foo 指向一个冻结的对象，所以添加新属性时不起作用，严格模式时还会报错。

除了将对象本身冻结，对象的属性也应该冻结。下面是一个将对象彻底冻结的函数。

```
var constantize = (obj) => {
  Object.freeze(obj);
  Object.keys(obj).forEach( (key, i) => {
    if ( typeof obj[key] === 'object' ) {
      constantize( obj[key] );
    }
  });
};
```

2.3.3 ES6 声明变量的 6 种方法

ES5 只有两种声明变量的方法：使用 var 命令和 function 命令。ES6 除了添加了 let 和 const 命令，后面的章节中还会介绍另外两种声明变量的方法：使用 import 命令和 class 命令。所以，ES6 一共有 6 种声明变量的方法。

2.4 顶层对象的属性

顶层对象在浏览器环境中指的是 window 对象，在 Node 环境中指的是 global 对象。在 ES5 中，顶层对象的属性与全局变量是等价的。

```
window.a = 1;
a // 1

a = 2;
window.a // 2
```

上面的代码中，顶层对象的属性赋值与全局变量的赋值是同一件事。

顶层对象的属性与全局变量相关，被认为是 JavaScript 语言中最大的设计败笔之一。这样的设计带来了几个很大的问题：首先，无法在编译时就提示变量未声明的错误，只有运行时才能知道（因为全局变量可能是顶层对象的属性创造的，而属性的创造是动态的）；其次，程序员很容易不知不觉地就创建全局变量（比如打字出错）；最后，顶层对象的属性是到处都可以读写的，这非常不利于模块化编程。另一方面，window 对象有实体含义，指的是浏览器的窗口对象，这样也是不合适的。

ES6 为了改变这一点，一方面规定，为了保持兼容性，var 命令和 function 命令声明的全局变量依旧是顶层对象的属性；另一方面规定，let 命令、const 命令、class 命令声明的全局变量不属于顶层对象的属性。也就是说，从 ES6 开始，全局变量将逐步与顶层对象的属性隔离。

```
var a = 1;
// 如果在 Node 的 REPL 环境，可以写成 global.a
// 或者采用通用方法，写成 this.a
window.a // 1

let b = 1;
window.b // undefined
```

上面的代码中，全局变量 a 由 var 命令声明，所以它是顶层对象的属性；全局变量 b 由 let 命令声明，所以它不是顶层对象的属性，返回 undefined。

2.5 global 对象

ES5 的顶层对象本身也是一个问题，因为它在各种实现中是不统一的。

- 在浏览器中，顶层对象是 window，但 Node 和 Web Worker 没有 window。
- 在浏览器和 Web Worker 中，self 也指向顶层对象，但是 Node 没有 self。
- 在 Node 中，顶层对象是 global，但其他环境都不支持。

同一段代码为了能够在各种环境中都取到顶层对象，目前一般是使用 this 变量，但是也有局限性。

- 在全局环境中，this 会返回顶层对象。但是，在 Node 模块和 ES6 模块中，this 返回的是当前模块。
- 对于函数中的 this，如果函数不是作为对象的方法运行，而是单纯作为函数运行，this 会指向顶层对象。但是，严格模式下，this 会返回 undefined。
- 不管是严格模式，还是普通模式，new Function('return this')() 总会返回全局对象。但是，如果浏览器用了 CSP（Content Security Policy，内容安全政策），那么 eval、new Function 这些方法都可能无法使用。

综上所述，很难找到一种方法可以在所有情况下都取到顶层对象。以下是两种勉强可以使用的方法。

```
// 方法一
(typeof window !== 'undefined'
```

```
  ? window
  : (typeof process === 'object' &&
     typeof require === 'function' &&
     typeof global === 'object')
    ? global
    : this);

// 方法二
var getGlobal = function () {
  if (typeof self !== 'undefined') { return self; }
  if (typeof window !== 'undefined') { return window; }
  if (typeof global !== 'undefined') { return global; }
  throw new Error('unable to locate global object');
};
```

现在有一个提案（github.com/tc39/proposal-global），在语言标准的层面引入 `global` 作为顶层对象。也就是说，在所有环境下，`global` 都是存在的，都可以拿到顶层对象。

垫片库 system.global（github.com/ljharb/System.global）模拟了这个提案，可以在所有环境下拿到 `global`。

```
// CommonJS 的写法
require('system.global/shim')();

// ES6 模块的写法
import shim from 'system.global/shim'; shim();
```

上面的代码可以保证，在各种环境中 `global` 对象都是存在的。

```
// CommonJS 的写法
var global = require('system.global')();

// ES6 模块的写法
import getGlobal from 'system.global';
const global = getGlobal();
```

上面的代码将顶层对象放入变量 `global` 中。

第 3 章 变量的解构赋值

3.1 数组的解构赋值

3.1.1 基本用法

ES6 允许按照一定模式从数组和对象中提取值，然后对变量进行赋值，这被称为解构（Destructuring）。

以前，为变量赋值只能直接指定值。

```
let a = 1;
let b = 2;
let c = 3;
```

ES6 允许写成下面这样。

```
let [a, b, c] = [1, 2, 3];
```

上面的代码表示，可以从数组中提取值，按照对应位置对变量赋值。

本质上，这种写法属于“模式匹配”，只要等号两边的模式相同，左边的变量就会被赋予对应的值。下面是一些使用嵌套数组进行解构的例子。

```
let [foo, [[bar], baz]] = [1, [[2], 3]];
foo // 1
bar // 2
baz // 3
```

```
let [ , , third] = ["foo", "bar", "baz"];
third // "baz"

let [x, , y] = [1, 2, 3];
x // 1
y // 3

let [head, ...tail] = [1, 2, 3, 4];
head // 1
tail // [2, 3, 4]

let [x, y, ...z] = ['a'];
x // "a"
y // undefined
z // []
```

如果解构不成功，变量的值就等于 undefined。

```
let [foo] = [];
let [bar, foo] = [1];
```

以上两种情况都属于解构不成功，foo 的值都会等于 undefined。

另一种情况是不完全解构，即等号左边的模式只匹配一部分的等号右边的数组。这种情况下，解构依然可以成功。

```
let [x, y] = [1, 2, 3];
x // 1
y // 2

let [a, [b], d] = [1, [2, 3], 4];
a // 1
b // 2
d // 4
```

上面两个例子都属于不完全解构，但是可以成功。

如果等号的右边不是数组（或者严格来说不是可遍历的结构，参见第 15 章），那么将会报错。

```
// 报错
let [foo] = 1;
let [foo] = false;
```

```
let [foo] = NaN;
let [foo] = undefined;
let [foo] = null;
let [foo] = {};
```

上面的语句都会报错，因为等号右边的值或是转为对象以后不具备 Iterator 接口（前五个表达式），或是本身就不具备 Iterator 接口（最后一个表达式）。

对于 Set 结构，也可以使用数组的解构赋值。

```
let [x, y, z] = new Set(['a', 'b', 'c']);
x // "a"
```

事实上，只要某种数据结构具有 Iterator 接口，都可以采用数组形式的解构赋值。

```
function* fibs() {
  let a = 0;
  let b = 1;
  while (true) {
    yield a;
    [a, b] = [b, a + b];
  }
}

let [first, second, third, fourth, fifth, sixth] = fibs();
sixth // 5
```

上面的代码中，`fibs` 是一个 Generator 函数（参见第 16 章），原生具有 Iterator 接口。解构赋值会依次从这个接口中获取值。

3.1.2　默认值

解构赋值允许指定默认值。

```
let [foo = true] = [];
foo // true

let [x, y = 'b'] = ['a']; // x='a', y='b'
let [x, y = 'b'] = ['a', undefined]; // x='a', y='b'
```

注意！

ES6 内部使用严格相等运算符（===）判断一个位置是否有值。所以，如果一个数组成员不严格等于 undefined，默认值是不会生效的。

```
let [x = 1] = [undefined];
x // 1

let [x = 1] = [null];
x // null
```

上面的代码中，如果一个数组成员是 null，默认值就不会生效，因为 null 不严格等于 undefined。

如果默认值是一个表达式，那么这个表达式是惰性求值的，即只有在用到时才会求值。

```
function f() {
  console.log('aaa');
}

let [x = f()] = [1];
```

上面的代码中，因为 x 能取到值，所以函数 f 根本不会执行。上面的代码其实等价于下面的代码。

```
let x;
if ([1][0] === undefined) {
  x = f();
} else {
  x = [1][0];
}
```

默认值可以引用解构赋值的其他变量，但该变量必须已经声明。

```
let [x = 1, y = x] = [];        // x=1; y=1
let [x = 1, y = x] = [2];       // x=2; y=2
let [x = 1, y = x] = [1, 2];    // x=1; y=2
let [x = y, y = 1] = [];        // ReferenceError
```

上面最后一个表达式之所以会报错，是因为 x 用到默认值 y 时，y 还没有声明。

3.2 对象的解构赋值

解构不仅可以用于数组，还可以用于对象。

```
let { foo, bar } = { foo: "aaa", bar: "bbb" };
foo // "aaa"
bar // "bbb"
```

对象的解构与数组有一个重要的不同。数组的元素是按次序排列的，变量的取值是由它的位置决定的；而对象的属性没有次序，变量必须与属性同名才能取到正确的值。

```
let { bar, foo } = { foo: "aaa", bar: "bbb" };
foo // "aaa"
bar // "bbb"

let { baz } = { foo: "aaa", bar: "bbb" };
baz // undefined
```

上面代码的第一个例子中，等号左边的两个变量的次序与等号右边两个同名属性的次序不一致，但是对取值完全没有影响。第二个例子的变量没有对应的同名属性，导致取不到值，最后等于 undefined。

如果变量名与属性名不一致，必须写成下面这样。

```
var { foo: baz } = { foo: 'aaa', bar: 'bbb' };
baz // "aaa"

let obj = { first: 'hello', last: 'world' };
let { first: f, last: l } = obj;
f // 'hello'
l // 'world'
```

实际上说明，对象的解构赋值是下面形式的简写（参见第 9 章）。

```
let { foo: foo, bar: bar } = { foo: "aaa", bar: "bbb" };
```

也就是说，对象的解构赋值的内部机制是先找到同名属性，然后再赋值给对应的变量。真正被赋值的是后者，而不是前者。

```
let { foo: baz } = { foo: "aaa", bar: "bbb" };
baz // "aaa"
foo // error: foo is not defined
```

上面的代码中，foo 是匹配的模式，baz 才是变量。真正被赋值的是变量 baz，而不是模式 foo。

与数组一样，解构也可以用于嵌套结构的对象。

```
let obj = {
  p: [
    'Hello',
    { y: 'World' }
  ]
};

let { p: [x, { y }] } = obj;
x // "Hello"
y // "World"
```

注意，这时 p 是模式，不是变量，因此不会被赋值。如果 p 也要作为变量赋值，可以写成下面这样。

```
let obj = {
  p: [
    'Hello',
    { y: 'World' }
  ]
};

let { p, p: [x, { y }] } = obj;
x // "Hello"
y // "World"
p // ["Hello", {y: "World"}]
```

下面是另一个例子。

```
var node = {
  loc: {
    start: {
      line: 1,
      column: 5
    }
  }
};

var { loc, loc: { start }, loc: { start: { line }} } = node;
line // 1
```

```
loc  // Object {start: Object}
start // Object {line: 1, column: 5}
```

上面的代码有三次解构赋值，分别是对 loc、start、line 三个属性的解构赋值。需要注意的是，最后一次对 line 属性的解构赋值之中，只有 line 是变量，loc 和 start 都是模式，不是变量。

下面是嵌套赋值的例子。

```
let obj = {};
let arr = [];

({ foo: obj.prop, bar: arr[0] } = { foo: 123, bar: true });

obj // {prop:123}
arr // [true]
```

对象的解构也可以指定默认值。

```
var {x = 3} = {};
x // 3

var {x, y = 5} = {x: 1};
x // 1
y // 5

var {x: y = 3} = {};
y // 3

var {x: y = 3} = {x: 5};
y // 5

var { message: msg = 'Something went wrong' } = {};
msg // "Something went wrong"
```

默认值生效的条件是，对象的属性值严格等于 undefined。

```
var {x = 3} = {x: undefined};
x // 3

var {x = 3} = {x: null};
x // null
```

上面的代码中，如果 x 属性等于 null，就不严格相等于 undefined，导致默认值不会生效。

如果解构失败，变量的值等于 undefined。

```
let {foo} = {bar: 'baz'};
foo // undefined
```

如果解构模式是嵌套的对象，而且子对象所在的父属性不存在，那么将会报错。

```
// 报错
let {foo: {bar}} = {baz: 'baz'};
```

上面的代码中，等号左边对象的 foo 属性对应一个子对象。该子对象的 bar 属性在解构时会报错。原因很简单，因为 foo 此时等于 undefined，再取子属性就会报错，请看下面的代码。

```
let _tmp = {baz: 'baz'};
_tmp.foo.bar // 报错
```

如果要将一个已经声明的变量用于解构赋值，必须非常小心。

```
// 错误的写法
let x;
{x} = {x: 1};
// SyntaxError: syntax error
```

上面代码的写法会报错，因为 JavaScript 引擎会将{x}理解成一个代码块，从而发生语法错误。只有不将大括号写在行首，避免 JavaScript 将其解释为代码块，才能解决这个问题。

```
// 正确的写法
let x;
({x} = {x: 1});
```

上面的代码将整个解构赋值语句放在一个圆括号里面，这样就可以正确执行。关于圆括号与解构赋值的关系，参见下文。

解构赋值允许等号左边的模式之中不放置任何变量名。因此，可以写出非常古怪的赋值表达式。

```
({} = [true, false]);
({} = 'abc');
({} = []);
```

上面的表达式虽然毫无意义，但是语法是合法的，可以执行。

对象的解构赋值可以很方便地将现有对象的方法赋值到某个变量。

```
let { log, sin, cos } = Math;
```

上面的代码将 Math 对象的对数、正弦、余弦三个方法赋值到对应的变量上，使用起来就会方便很多。

由于数组本质是特殊的对象，因此可以对数组进行对象属性的解构。

```
let arr = [1, 2, 3];
let {0 : first, [arr.length - 1] : last} = arr;
first // 1
last // 3
```

上面的代码对数组进行对象解构。数组 arr 的 0 键对应的值是 1，[arr.length - 1] 就是 2 键，对应的值是 3。方括号这种写法属于“属性名表达式”，参见第 9 章。

3.3 字符串的解构赋值

字符串也可以解构赋值。这是因为此时字符串被转换成了一个类似数组的对象。

```
const [a, b, c, d, e] = 'hello';
a // "h"
b // "e"
c // "l"
d // "l"
e // "o"
```

类似数组的对象都有一个 length 属性，因此还可以对这个属性进行解构赋值。

```
let {length : len} = 'hello';
len // 5
```

3.4 数值和布尔值的解构赋值

解构赋值时，如果等号右边是数值和布尔值，则会先转为对象。

```
let {toString: s} = 123;
s === Number.prototype.toString // true

let {toString: s} = true;
s === Boolean.prototype.toString // true
```

上面的代码中，数值和布尔值的包装对象都有 toString 属性，因此变量 s 都能取到值。

解构赋值的规则是，只要等号右边的值不是对象或数组，就先将其转为对象。由于 undefined 和 null 无法转为对象，所以对它们进行解构赋值时都会报错。

```
let { prop: x } = undefined;    // TypeError
let { prop: y } = null;         // TypeError
```

3.5 函数参数的解构赋值

函数的参数也可以使用解构赋值。

```
function add([x, y]){
  return x + y;
}

add([1, 2]); // 3
```

上面的代码中，函数 add 的参数表面上是一个数组，但在传入参数的那一刻，数组参数就被解构成变量 x 和 y。对于函数内部的代码来说，它们能感受到的参数就是 x 和 y。

下面是另一个例子。

```
[[1, 2], [3, 4]].map(([a, b]) => a + b);
// [ 3, 7 ]
```

函数参数的解构也可以使用默认值。

```
function move({x = 0, y = 0} = {}) {
  return [x, y];
}

move({x: 3, y: 8});     // [3, 8]
move({x: 3});           // [3, 0]
move({});               // [0, 0]
move();                 // [0, 0]
```

上面的代码中，函数 move 的参数是一个对象，通过对这个对象进行解构，得到变量 x 和 y 的值。如果解构失败，x 和 y 等于默认值。

注意，下面的写法会得到不一样的结果。

```
function move({x, y} = { x: 0, y: 0 }) {
  return [x, y];
}
```

```
move({x: 3, y: 8}); // [3, 8]
move({x: 3}); // [3, undefined]
move({}); // [undefined, undefined]
move(); // [0, 0]
```

上面的代码是为函数 move 的参数指定默认值，而不是为变量 x 和 y 指定默认值，所以会得到与前一种写法不同的结果。

undefined 就会触发函数参数的默认值。

```
[1, undefined, 3].map((x = 'yes') => x);
// [ 1, 'yes', 3 ]
```

3.6　圆括号问题

解构赋值虽然很方便，但是解析起来并不容易。对于编译器来说，一个式子到底是模式还是表达式，没有办法从一开始就知道，必须解析到（或解析不到）等号才能知道。

由此带来的问题是，如果模式中出现圆括号该怎么处理？ES6 的规则是，只要有可能导致解构的歧义，就不得使用圆括号。

但是，这条规则实际上不那么容易辨别，处理起来相当麻烦。因此建议，只要有可能，就不要在模式中放置圆括号。

3.6.1　不能使用圆括号的情况

以下三种解构赋值不得使用圆括号。

1. 变量声明语句

```
// 全部报错
let [(a)] = [1];

let {x: (c)} = {};
let ({x: c}) = {};
let {(x: c)} = {};
let {(x): c} = {};

let { o: ({ p: p }) } = { o: { p: 2 } };
```

上面 6 个语句都会报错，因为它们都是变量声明语句，模式不能使用圆括号。

2．函数参数

函数参数也属于变量声明，因此不能使用圆括号。

```
// 报错
function f([(z)]) { return z; }
// 报错
function f([z, (x)]) { return x; }
```

3．赋值语句的模式

```
// 全部报错
({ p: a }) = { p: 42 };
([a]) = [5];
```

上面的代码将整个模式放在圆括号之中，导致报错。

```
// 报错
[({ p: a }), { x: c }] = [{}, {}];
```

上面的代码将一部分模式放在圆括号之中，导致报错。

3.6.2 可以使用圆括号的情况

可以使用圆括号的情况只有一种：赋值语句的非模式部分可以使用圆括号。

```
[(b)] = [3];                    // 正确
({ p: (d) } = {});              // 正确
[(parseInt.prop)] = [3];        // 正确
```

上面 3 行语句都可以正确执行，因为它们都是赋值语句，而不是声明语句，另外它们的圆括号都不属于模式的一部分。第 1 行语句中，模式是取数组的第 1 个成员，跟圆括号无关；第 2 行语句中，模式是 p 而不是 d；第 3 行语句与第 1 行语句的性质一致。

3.7 用途

变量的解构赋值用途很多。

交换变量的值

```
let x = 1;
let y = 2;

[x, y] = [y, x];
```

上面的代码交换变量 x 和 y 的值，这样的写法不仅简洁，而且易读，语义非常清晰。

从函数返回多个值

函数只能返回一个值，如果要返回多个值，只能将它们放在数组或对象里返回。有了解构赋值，取出这些值就非常方便。

```
// 返回一个数组

function example() {
  return [1, 2, 3];
}
let [a, b, c] = example();

// 返回一个对象

function example() {
  return {
    foo: 1,
    bar: 2
  };
}
let { foo, bar } = example();
```

函数参数的定义

解构赋值可以方便地将一组参数与变量名对应起来。

```
// 参数是一组有次序的值
function f([x, y, z]) { ... }
f([1, 2, 3]);

// 参数是一组无次序的值
function f({x, y, z}) { ... }
f({z: 3, y: 2, x: 1});
```

提取 JSON 数据

解构赋值对提取 JSON 对象中的数据尤其有用。

```
let jsonData = {
  id: 42,
  status: "OK",
  data: [867, 5309]
```

```
};

let { id, status, data: number } = jsonData;

console.log(id, status, number);
// 42, "OK", [867, 5309]
```

上面的代码可以快速提取 JSON 数据的值。

函数参数的默认值

```
jQuery.ajax = function (url, {
  async = true,
  beforeSend = function () {},
  cache = true,
  complete = function () {},
  crossDomain = false,
  global = true,
  // ... more config
}) {
  // ... do stuff
};
```

指定参数的默认值，这样就避免了在函数体内部再写 `var foo = config.foo || 'default foo';`这样的语句。

遍历 Map 结构

任何部署了 Iterator 接口的对象都可以用 `for...of` 循环遍历。Map 结构原生支持 Iterator 接口，配合变量的解构赋值获取键名和键值就非常方便。

```
var map = new Map();
map.set('first', 'hello');
map.set('second', 'world');

for (let [key, value] of map) {
  console.log(key + " is " + value);
}
// first is hello
// second is world
```

如果只想获取键名，或者只想获取键值，可以写成下面这样。

```
// 获取键名
```

```
for (let [key] of map) {
  // ...
}

// 获取键值
for (let [,value] of map) {
  // ...
}
```

输入模块的指定方法

加载模块时，往往需要指定输入的方法。解构赋值使得输入语句非常清晰。

```
const { SourceMapConsumer, SourceNode } = require("source-map");
```

第 4 章 字符串的扩展

ES6 加强了对 Unicode 的支持，并且扩展了字符串对象。

4.1 字符的 Unicode 表示法

JavaScript 允许采用\uxxxx 形式表示一个字符，其中 xxxx 表示字符的 Unicode 码点。

```
"\u0061"
// "a"
```

但是，这种表示法只限于码点在\u0000~\uFFFF 之间的字符。超出这个范围的字符，必须用 2 个双字节的形式表达。

```
"\uD842\uDFB7"
// "𠮷"

"\u20BB7"
// " 7"
```

上面的代码表示，如果直接在\u 后面跟上超过 0xFFFF 的数值（比如\u20BB7），JavaScript 会理解成\u20BB+7。由于\u20BB 是一个不可打印字符，所以只会显示一个空格，后面跟一个 7。

ES6 对这一点做出了改进，只要将码点放入大括号，就能正确解读该字符。

```
"\u{20BB7}"
// "𠮷"

"\u{41}\u{42}\u{43}"
```

```
// "ABC"

let hello = 123;
hell\u{6F} // 123

'\u{1F680}' === '\uD83D\uDE80'
// true
```

上面的代码中，最后一个例子表明，大括号表示法与四字节的 UTF-16 编码是等价的。

有了这种表示法之后，JavaScript 共有 6 种方法可以表示一个字符。

```
'\z' === 'z'  // true
'\172' === 'z' // true
'\x7A' === 'z' // true
'\u007A' === 'z' // true
'\u{7A}' === 'z' // true
```

4.2 codePointAt()

JavaScript 内部，字符以 UTF-16 的格式储存，每个字符固定为 2 个字节。对于那些需要 4 个字节储存的字符（Unicode 码点大于 0xFFFF 的字符），JavaScript 会认为它们是 2 个字符。

```
var s = "𠮷";

s.length // 2
s.charAt(0) // ''
s.charAt(1) // ''
s.charCodeAt(0) // 55362
s.charCodeAt(1) // 57271
```

上面的代码中，汉字“𠮷”（注意，这个字不是“吉祥”的“吉”）的码点是 0x20BB7，UTF-16 编码为 0xD842 0xDFB7（十进制为 55362 57271），需要 4 个字节储存。对于这种 4 个字节的字符，JavaScript 不能正确处理，字符串长度会被误判为 2，而且 charAt 方法无法读取整个字符，charCodeAt 方法只能分别返回前 2 个字节和后 2 个字节的值。

ES6 提供了 codePointAt 方法，能够正确处理 4 个字节储存的字符，返回一个字符的码点。

```
var s = '𠮷a';

s.codePointAt(0) // 134071
```

```
s.codePointAt(1) // 57271

s.codePointAt(2) // 97
```

codePointAt 方法的参数是字符在字符串中的位置(从 0 开始)。上面的代码中，JavaScript 将“𠮷a”视为 3 个字符。codePointAt 方法在第一个字符上正确地识别了“𠮷”，返回了它的十进制码点 134071（即十六进制的 20BB7）。在第二个字符（即“𠮷”的后 2 个字节）和第三个字符“a”上，codePointAt 方法的结果与 charCodeAt 方法相同。

总之，codePointAt 方法会正确返回 32 位的 UTF-16 字符的码点。对于那些 2 个字节储存的常规字符，它的返回结果与 charCodeAt 方法相同。

codePointAt 方法返回的是码点的十进制值，如果想要十六进制的值，可以使用 toString 方法转换一下。

```
var s = '𠮷a';

s.codePointAt(0).toString(16) // "20bb7"
s.codePointAt(2).toString(16) // "61"
```

大家可能注意到了，codePointAt 方法的参数仍然是不正确的。比如，上面的代码中，字符 a 在字符串 s 中的正确位置序号应该是 1，但是必须向 charCodeAt 方法传入 2。解决这个问题的一个办法是使用 for...of 循环，因为它会正确识别 32 位的 UTF-16 字符。

```
var s = '𠮷a';
for (let ch of s) {
  console.log(ch.codePointAt(0).toString(16));
}
// 20bb7
// 61
```

codePointAt 方法是测试一个字符是由 2 个字节还是 4 个字节组成的最简单方法。

```
function is32Bit(c) {
  return c.codePointAt(0) > 0xFFFF;
}

is32Bit("𠮷") // true
is32Bit("a") // false
```

4.3 String.fromCodePoint()

ES5 提供了 String.fromCharCode 方法，用于从码点返回对应字符，但是这个方法不能识别 32 位的 UTF-16 字符（Unicode 编号大于 0xFFFF）。

```
String.fromCharCode(0x20BB7)
// "ஷ "
```

上面的代码中，String.fromCharCode 不能识别大于 0xFFFF 的码点，所以 0x20BB7 就发生了溢出，最高位 2 被舍弃，最后返回码点 U+0BB7 对应的字符，而不是码点 U+20BB7 对应的字符。

ES6 提供了 String.fromCodePoint 方法，可以识别大于 0xFFFF 的字符，弥补了 String.fromCharCode 方法的不足。在作用上，正好与 codePointAt 方法相反。

```
String.fromCodePoint(0x20BB7)
// "𠮷"
String.fromCodePoint(0x78, 0x1f680, 0x79) === 'x\uD83D\uDE80y'
// true
```

上面的代码中，如果 String.fromCharCode 方法有多个参数，则它们会被合并成一个字符串返回。

> **注意！**
> fromCodePoint 方法定义在 String 对象上，而 codePointAt 方法定义在字符串的实例对象上。

4.4 字符串的遍历器接口

ES6 为字符串添加了遍历器接口（详见第 15 章），使得字符串可以由 for...of 循环遍历。

```
for (let codePoint of 'foo') {
  console.log(codePoint)
}
// "f"
// "o"
// "o"
```

除了遍历字符串，这个遍历器最大的优点是可以识别大于 0xFFFF 的码点，传统的 for 循环无法识别这样的码点。

```
var text = String.fromCodePoint(0x20BB7);

for (let i = 0; i < text.length; i++) {
  console.log(text[i]);
}
// " "
// " "

for (let i of text) {
  console.log(i);
}
// "吉"
```

上面的代码中，字符串 `text` 只有一个字符，但是 `for` 循环会认为它包含 2 个字符（都不可打印），而 `for...of` 循环会正确识别出这个字符。

4.5 at()

ES5 对字符串对象提供了 `charAt` 方法，返回字符串给定位置的字符。该方法不能识别码点大于 `0xFFFF` 的字符。

```
'abc'.charAt(0) // "a"
'吉'.charAt(0) // "\uD842"
```

上面的代码中，`charAt` 方法返回的是 UTF-16 编码的第一个字节，实际上是无法显示的。

目前，有一个提案提出字符串实例的 `at` 方法，可以识别 Unicode 编号大于 `0xFFFF` 的字符，返回正确的字符。

```
'abc'.at(0) // "a"
'吉'.at(0) // "吉"
```

这个方法可以通过垫片库（github.com/es-shims/String.prototype.at）实现。

4.6 normalize()

许多欧洲语言有语调符号和重音符号。为了表示它们，Unicode 提供了两种方法。一种是直接提供带重音符号的字符，比如 Ǒ（`\u01D1`）。另一种是提供合成符号（combining character），即原字符与重音符号合成为一个字符，比如 O（`\u004F`）和 ˇ（`\u030C`）合成 Ǒ（`\u004F\u030C`）。

这两种表示方法在视觉和语义上都等价，但是 JavaScript 无法识别。

```
'\u01D1'==='\u004F\u030C' //false

'\u01D1'.length // 1
'\u004F\u030C'.length // 2
```

上面的代码表示，JavaScript 将合成字符视为两个字符，导致两种表示方法不等价。

ES6 为字符串实例提供了 `normalize` 方法，用来将字符的不同表示方法统一为同样的形式，这称为 Unicode 正规化。

```
'\u01D1'.normalize() === '\u004F\u030C'.normalize()
// true
```

`normalize` 方法可以接受一个参数来指定 `normalize` 的方式，参数的 4 个可选值如下。

- `NFC`，默认参数，表示“标准等价合成”（Normalization Form Canonical Composition），返回多个简单字符的合成字符。所谓“标准等价”指的是视觉和语义上的等价。
- `NFD`，表示“标准等价分解”（Normalization Form Canonical Decomposition），即在标准等价的前提下，返回合成字符分解出的多个简单字符。
- `NFKC`，表示“兼容等价合成”（Normalization Form Compatibility Composition），返回合成字符。所谓“兼容等价”指的是语义上等价，但视觉上不等价，比如“囍”和“喜喜”。（这只是举例，`normalize` 方法并不能识别中文。）
- `NFKD`，表示“兼容等价分解”（Normalization Form Compatibility Decomposition），即在兼容等价的前提下，返回合成字符分解出的多个简单字符。

```
'\u004F\u030C'.normalize('NFC').length // 1
'\u004F\u030C'.normalize('NFD').length // 2
```

上面的代码表示，`NFC` 参数返回字符的合成形式，`NFD` 参数返回字符的分解形式。

不过，`normalize` 方法目前不能识别 3 个或 3 个以上字符的合成。这种情况下，还是只能使用正则表达式，通过 Unicode 编号区间判断。

4.7 includes()、startsWith()、endsWith()

传统上，JavaScript 中只有 `indexOf` 方法可用来确定一个字符串是否包含在另一个字符串中。ES6 又提供了 3 种新方法。

- includes()：返回布尔值，表示是否找到了参数字符串。
- startsWith()：返回布尔值，表示参数字符串是否在源字符串的头部。

- endsWith()：返回布尔值，表示参数字符串是否在源字符串的尾部。

```
var s = 'Hello world!';

s.startsWith('Hello') // true
s.endsWith('!') // true
s.includes('o') // true
```

这 3 个方法都支持第二个参数，表示开始搜索的位置。

```
var s = 'Hello world!';

s.startsWith('world', 6) // true
s.endsWith('Hello', 5) // true
s.includes('Hello', 6) // false
```

上面的代码表示，使用第二个参数 n 时，endsWith 的行为与其他两个方法有所不同。它针对前 *n* 个字符，而其他两个方法针对从第 *n* 个位置到字符串结束位置之间的字符。

4.8　repeat()

repeat 方法返回一个新字符串，表示将原字符串重复 *n* 次。

```
'x'.repeat(3) // "xxx"
'hello'.repeat(2) // "hellohello"
'na'.repeat(0) // ""
```

参数如果是小数，会被取整。

```
'na'.repeat(2.9) // "nana"
```

如果 repeat 的参数是负数或者 Infinity，会报错。

```
'na'.repeat(Infinity)
// RangeError
'na'.repeat(-1)
// RangeError
```

但如果参数是 0 到-1 之间的小数，则等同于 0，这是因为会先进行取整运算。0 到-1 之间的小数取整以后等于-0，repeat 视同为 0。

```
'na'.repeat(-0.9) // ""
```

参数 NaN 等同于 0。

```
'na'.repeat(NaN) // ""
```

如果 repeat 的参数是字符串，则会先转换成数字。

```
'na'.repeat('na') // ""
'na'.repeat('3') // "nanana"
```

4.9 padStart()、padEnd()

ES2017 引入了字符串补全长度的功能。如果某个字符串不够指定长度，会在头部或尾部补全。padStart()用于头部补全，padEnd()用于尾部补全。

```
'x'.padStart(5, 'ab') // 'ababx'
'x'.padStart(4, 'ab') // 'abax'

'x'.padEnd(5, 'ab') // 'xabab'
'x'.padEnd(4, 'ab') // 'xaba'
```

上面的代码中，padStart 和 padEnd 分别接受两个参数，第一个参数用来指定字符串的最小长度，第二个参数则是用来补全的字符串。

如果原字符串的长度等于或大于指定的最小长度，则返回原字符串。

```
'xxx'.padStart(2, 'ab') // 'xxx'
'xxx'.padEnd(2, 'ab') // 'xxx'
```

如果用来补全的字符串与原字符串的长度之和超过了指定的最小长度，则会截去超出位数的补全字符串。

```
'abc'.padStart(10, '0123456789')
// '0123456abc'
```

如果省略第二个参数，则会用空格来补全。

```
'x'.padStart(4) // '   x'
'x'.padEnd(4) // 'x   '
```

padStart 的常见用途是为数值补全指定位数。下面的代码将生成 10 位的数值字符串。

```
'1'.padStart(10, '0') // "0000000001"
'12'.padStart(10, '0') // "0000000012"
'123456'.padStart(10, '0') // "0000123456"
```

另一个用途是提示字符串格式。

```
'12'.padStart(10, 'YYYY-MM-DD') // "YYYY-MM-12"
'09-12'.padStart(10, 'YYYY-MM-DD') // "YYYY-09-12"
```

4.10　模板字符串

传统的 JavaScript 输出模板通常是这样写的。

```
$('#result').append(
  'There are <b>' + basket.count + '</b> ' +
  'items in your basket, ' +
  '<em>' + basket.onSale +
  '</em> are on sale!'
);
```

上面这种写法相当烦琐且不方便，ES6 引入了模板字符串来解决这个问题。

```
$('#result').append(`
  There are <b>${basket.count}</b> items
   in your basket, <em>${basket.onSale}</em>
  are on sale!
`);
```

模板字符串（template string）是增强版的字符串，用反引号（`）标识。它可以当作普通字符串使用，也可以用来定义多行字符串，或者在字符串中嵌入变量。

```
// 普通字符串
`In JavaScript '\n' is a line-feed.`

// 多行字符串
`In JavaScript this is
 not legal.`

console.log(`string text line 1
string text line 2`);

// 字符串中嵌入变量
var name = "Bob", time = "today";
`Hello ${name}, how are you ${time}?`
```

以上代码中的字符串都使用了反引号。如果在模板字符串中需要使用反引号，则在其前面要用反斜杠转义。

```
var greeting = `\`Yo\` World!`;
```

如果使用模板字符串表示多行字符串，所有的空格和缩进都会被保留在输出中。

```
$('#list').html(`
<ul>
  <li>first</li>
  <li>second</li>
</ul>
`);
```

上面的代码中，所有模板字符串的空格和换行都是被保留的，比如`<ul>`标签前面会有一个换行。如果不想要这个换行，可以使用 `trim` 方法消除。

```
$('#list').html(`
<ul>
  <li>first</li>
  <li>second</li>
</ul>
`.trim());
```

在模板字符串中嵌入变量，需要将变量名写在`${}`中。

```
function authorize(user, action) {
  if (!user.hasPrivilege(action)) {
    throw new Error(
      // 传统写法为
      // 'User '
      // + user.name
      // + ' is not authorized to do '
      // + action
      // + '.'
      `User ${user.name} is not authorized to do ${action}.`);
  }
}
```

大括号内可以放入任意的 JavaScript 表达式，可以进行运算，以及引用对象属性。

```
var x = 1;
var y = 2;

`${x} + ${y} = ${x + y}`
// "1 + 2 = 3"

`${x} + ${y * 2} = ${x + y * 2}`
// "1 + 4 = 5"
```

```
var obj = {x: 1, y: 2};
`${obj.x + obj.y}`
// 3
```

模板字符串中还能调用函数。

```
function fn() {
  return "Hello World";
}

`foo ${fn()} bar`
// foo Hello World bar
```

如果大括号中的值不是字符串，将按照一般的规则转为字符串。比如，大括号中是一个对象，将默认调用对象的 `toString` 方法。

如果模板字符串中的变量没有声明，将报错。

```
// 变量place没有声明
var msg = `Hello, ${place}`;
// 报错
```

由于模板字符串的大括号内部就是要执行的 JavaScript 代码，因此如果大括号内部是一个字符串，将会原样输出。

```
`Hello ${'World'}`
// "Hello World"
```

模板字符串甚至还能嵌套。

```
const tmpl = addrs => `
  <table>
  ${addrs.map(addr => `
    <tr><td>${addr.first}</td></tr>
    <tr><td>${addr.last}</td></tr>
  `).join('')}
  </table>
`;
```

上面的代码中，模板字符串的变量中又嵌入了另一个模板字符串，使用方法如下。

```
const data = [
    { first: '<Jane>', last: 'Bond' },
    { first: 'Lars', last: '<Croft>' },
```

```
];

console.log(tmpl(data));
// <table>
//
//   <tr><td><Jane></td></tr>
//   <tr><td>Bond</td></tr>
//
//   <tr><td>Lars</td></tr>
//   <tr><td><Croft></td></tr>
//
// </table>
```

如果需要引用模板字符串本身，可以像下面这样写。

```
// 写法一
let str = 'return ' + '`Hello ${name}!`';
let func = new Function('name', str);
func('Jack') // "Hello Jack!"

// 写法二
let str = '(name) => `Hello ${name}!`';
let func = eval.call(null, str);
func('Jack') // "Hello Jack!"
```

4.11 实例：模板编译

下面，我们来看一个通过模板字符串生成正式模板的实例。

```
var template = `
<ul>
  <% for(var i=0; i < data.supplies.length; i++) { %>
    <li><%= data.supplies[i] %></li>
  <% } %>
</ul>
`;
```

上面的代码在模板字符串中放置了一个常规模板。该模板使用`<%...%>`放置 JavaScript 代码，使用`<%= ... %>`输出 JavaScript 表达式。

怎么编译这个模板字符串呢？

一种思路是将其转换为 JavaScript 表达式字符串。

```
echo('<ul>');
for(var i=0; i < data.supplies.length; i++) {
  echo('<li>');
  echo(data.supplies[i]);
  echo('</li>');
};
echo('</ul>');
```

这个转换使用正则表达式即可。

```
var evalExpr = /<%=(.+?)%>/g;
var expr = /<%([\s\S]+?)%>/g;

template = template
  .replace(evalExpr, '`); \n  echo( $1 ); \n  echo(`')
  .replace(expr, '`); \n $1 \n  echo(`');

template = 'echo(`' + template + '`);';
```

然后，将 template 封装在一个函数里面返回。

```
var script =
`(function parse(data){
  var output = "";

  function echo(html){
    output += html;
  }

  ${ template }

  return output;
})`;

return script;
```

将上面的内容拼装成一个模板编译函数 compile。

```
function compile(template){
  var evalExpr = /<%=(.+?)%>/g;
  var expr = /<%([\s\S]+?)%>/g;
```

```
  template = template
    .replace(evalExpr, '`); \n  echo( $1 ); \n  echo(`')
    .replace(expr, '`); \n $1 \n  echo(`');

  template = 'echo(`' + template + '`);';

  var script =
  `(function parse(data){
    var output = "";

    function echo(html){
      output += html;
    }

    ${ template }

    return output;
  })`;

  return script;
}
```

compile 函数的用法如下。

```
var parse = eval(compile(template));
div.innerHTML = parse({ supplies: [ "broom", "mop", "cleaner" ] });
//   <ul>
//     <li>broom</li>
//     <li>mop</li>
//     <li>cleaner</li>
//   </ul>
```

4.12 标签模板

模板字符串的功能不仅仅是上面这些。它可以紧跟在一个函数名后面，该函数将被调用来处理这个模板字符串。这被称为“标签模板”功能（tagged template）。

```
alert`123`
```

```
// 等同于
alert(123)
```

标签模板其实不是模板，而是函数调用的一种特殊形式。“标签”指的就是函数，紧跟在后面的模板字符串就是它的参数。

但是，如果模板字符中有变量，就不再是简单的调用了，而是要将模板字符串先处理成多个参数，再调用函数。

```
var a = 5;
var b = 10;

tag`Hello ${ a + b } world ${ a * b }`;
// 等同于
tag(['Hello ', ' world ', ''], 15, 50);
```

上面的代码中，模板字符串前面有一个标识名 tag，它是一个函数。整个表达式的返回值就是 tag 函数处理模板字符串后的返回值。

函数 tag 会依次接收到多个参数。

```
function tag(stringArr, value1, value2){
  // ...
}

// 等同于

function tag(stringArr, ...values){
  // ...
}
```

tag 函数的第一个参数是一个数组，该数组的成员是模板字符串中那些没有变量替换的部分，也就是说，变量替换只发生在数组的第一个成员与第二个成员之间、第二个成员与第三个成员之间，以此类推。

`tag 函数的其他参数都是模板字符串各个变量被替换后的值。由于本例中，模板字符串含有两个变量，因此 tag 会接收到 value1 和 value2 两个参数。

tag 函数所有参数的实际值如下。

- 第一个参数：['Hello ', ' world ', '']
- 第二个参数: 15
- 第三个参数：50

也就是说，tag 函数实际上以下面的形式调用。

```
tag(['Hello ', ' world ', ''], 15, 50)
```

我们可以按照需要编写 tag 函数的代码。下面是 tag 函数的一种写法以及运行结果。

```
var a = 5;
var b = 10;

function tag(s, v1, v2) {
  console.log(s[0]);
  console.log(s[1]);
  console.log(s[2]);
  console.log(v1);
  console.log(v2);

  return "OK";
}

tag`Hello ${ a + b } world ${ a * b}`;
// "Hello "
// " world "
// ""
// 15
// 50
// "OK"
```

下面是一个更复杂的例子。

```
var total = 30;
var msg = passthru`The total is ${total} (${total*1.05} with tax)`;

function passthru(literals) {
  var result = '';
  var i = 0;

  while (i < literals.length) {
    result += literals[i++];
    if (i < arguments.length) {
      result += arguments[i];
    }
```

```
  }

  return result;
}

msg // "The total is 30 (31.5 with tax)"
```

上面这个例子展示了如何将各个参数按照原来的位置拼接回去。

passthru 函数采用 rest 参数的写法如下。

```
function passthru(literals, ...values) {
  var output = "";
  for (var index = 0; index < values.length; index++) {
    output += literals[index] + values[index];
  }

  output += literals[index]
  return output;
}
```

“标签模板”的一个重要应用就是过滤 HTML 字符串，防止用户输入恶意内容。

```
var message =
  SaferHTML`<p>${sender} has sent you a message.</p>`;

function SaferHTML(templateData) {
  var s = templateData[0];
  for (var i = 1; i < arguments.length; i++) {
    var arg = String(arguments[i]);

    // Escape special characters in the substitution.
    s += arg.replace(/&/g, "&amp;")
            .replace(/</g, "&lt;")
            .replace(/>/g, "&gt;");

    // Don't escape special characters in the template.
    s += templateData[i];
  }
  return s;
}
```

上面的代码中，sender 变量往往是由用户提供的，经过 SaferHTML 函数处理，里面的特殊字符都会被转义。

```
var sender = '<script>alert("abc")</script>'; // 恶意代码
var message = SaferHTML`<p>${sender} has sent you a message.</p>`;

message
// <p>&lt;script&gt;alert("abc")&lt;/script&gt;
// has sent you a message.</p>
```

标签模板的另一个应用是多语言转换（国际化处理）。

```
i18n`Welcome to ${siteName}, you are visitor number ${visitorNumber}!`
// "欢迎访问 xxx，您是第 xxxx 位访问者！"
```

模板字符串本身并不能取代 Mustache 之类的模板库，因为没有条件判断和循环处理功能，但是通过标签函数，我们可以自己添加这些功能。

```
// 下面的 hashTemplate 函数
// 是一个自定义的模板处理函数
var libraryHtml = hashTemplate`
  <ul>
    #for book in ${myBooks}
      <li><i>#{book.title}</i> by #{book.author}</li>
    #end
  </ul>
`;
```

除此之外，甚至可以使用标签模板在 JavaScript 语言之中嵌入其他语言。

```
jsx`
  <div>
    <input
      ref='input'
      onChange='${this.handleChange}'
      defaultValue='${this.state.value}' />
      ${this.state.value}
   </div>
`
```

上面的代码通过 jsx 函数将一个 DOM 字符串转为 React 对象。可以在 GitHub 找到 jsx 函数的具体实现（gist.github.com/lygaret/a68220defa69174bdec5）。

下面是一个假想的例子，通过 java 函数在 JavaScript 代码之中运行 Java 代码。

```
java`
class HelloWorldApp {
  public static void main(String[] args) {
    System.out.println("Hello World!"); // Display the string.
  }
}
`
HelloWorldApp.main();
```

模板处理函数的第一个参数（模板字符串数组）还有一个 raw 属性。

```
console.log`123`
// ["123", raw: Array[1]]
```

上面的代码中，console.log 接受的参数实际上是一个数组。该数组有一个 raw 属性，保存的是转义后的原字符串。

请看下面的例子。

```
tag`First line\nSecond line`

function tag(strings) {
  console.log(strings.raw[0]);
  // "First line\\nSecond line"
}
```

上面的代码中，tag 函数的第一个参数 strings 有一个 raw 属性，也指向一个数组。该数组的成员与 strings 数组完全一致。比如，strings 数组是["First line\nSecond line"]，那么 strings.raw 数组就是["First line\\nSecond line"]。两者唯一的区别就是字符串中的斜杠都被转义了。比如，strings.raw 数组会将\n 视为\\和 n 两个字符，而不是换行符。这是为了方便取得转义之前的原始模板而设计的。

4.13 String.raw()

ES6 还为原生的 String 对象提供了一个 raw 方法。

String.raw 方法往往用来充当模板字符串的处理函数，返回一个反斜线都被转义（即反斜线前面再加一个反斜线）的字符串，对应于替换变量后的模板字符串。

```
String.raw`Hi\n${2+3}!`;
// "Hi\\n5!"
```

```
String.raw`Hi\u000A!`;
// 'Hi\\u000A!'
```

如果原字符串中的反斜线已经转义，那么 String.raw 不会做任何处理。

```
String.raw`Hi\\n`
// "Hi\\n"
```

String.raw 的代码基本如下。

```
String.raw = function (strings, ...values) {
  var output = "";
  for (var index = 0; index < values.length; index++) {
    output += strings.raw[index] + values[index];
  }

  output += strings.raw[index]
  return output;
}
```

String.raw 方法可以作为处理模板字符串的基本方法，它会将所有变量替换，并对反斜线进行转义，方便下一步作为字符串使用。

String.raw 方法也可以作为正常的函数使用。这时，其第一个参数应该是一个具有 raw 属性的对象，且 raw 属性的值应该是一个数组。

```
String.raw({ raw: 'test' }, 0, 1, 2);
// 't0e1s2t'

// 等同于
String.raw({ raw: ['t','e','s','t'] }, 0, 1, 2);
```

4.14 模板字符串的限制

前面提到，标签模板中可以内嵌其他语言。但是，模板字符串默认会将字符串转义，导致无法嵌入其他语言。

举例来说，标签模板中可以嵌入 LaTeX 语言。

```
function latex(strings) {
  // ...
}
```

```
let document = latex`
\newcommand{\fun}{\textbf{Fun!}}          // 正常工作
\newcommand{\unicode}{\textbf{Unicode!}}  // 报错
\newcommand{\xerxes}{\textbf{King!}}      // 报错

Breve over the h goes \u{h}ere            // 报错
`
```

上面的代码中，变量 `document` 内嵌的模板字符串对于 LaTeX 语言来说是完全合法的，但是 JavaScript 引擎会报错，原因就在于字符串的转义。

模板字符串会将`\u00FF` 和`\u{42}`当作 Unicode 字符进行转义，所以`\unicode` 解析时会报错；而`\x56` 会被当作十六进制字符串转义，所以`\xerxes` 会报错。也就是说，`\u` 和`\x` 在 LaTeX 里面有特殊含义，但是 JavaScript 将它们转义了。

为了解决这个问题，有一个提案（tc39.github.io/proposal-template-literal-revision/）被提出：放松对标签模板里面的字符串转义的限制。如果遇到不合法的字符串转义，就返回 `undefined`，而不是报错，并且从 `raw` 属性上可以得到原始字符串。

```
function tag(strs) {
  strs[0] === undefined
  strs.raw[0] === "\\unicode and \\u{55}";
}
tag`\unicode and \u{55}`
```

上面的代码中，模板字符串原本是应该报错的，但是由于放松了对字符串转义的限制，所以不会报错。JavaScript 引擎将第一个字符设置为 `undefined`，但是 `raw` 属性依然可以得到原始字符串，因此 `tag` 函数还是可以对原字符串进行处理。

注意！

这种对字符串转义的放松只在标签模板解析字符串时生效，非标签模板的场合依然会报错。

```
let bad = `bad escape sequence: \unicode`; // 报错
```

第 5 章 正则的扩展

5.1 RegExp 构造函数

在 ES5 中，`RegExp` 构造函数的参数有两种情况。

第一种情况是，参数是字符串，这时第二个参数表示正则表达式的修饰符（flag）。

```
var regex = new RegExp('xyz', 'i');
// 等价于
var regex = /xyz/i;
```

第二种情况是，参数是一个正则表示式，这时会返回一个原有正则表达式的拷贝。

```
var regex = new RegExp(/xyz/i);
// 等价于
var regex = /xyz/i;
```

但是，ES5 不允许此时使用第二个参数添加修饰符，否则会报错。

```
var regex = new RegExp(/xyz/, 'i');
// Uncaught TypeError: Cannot supply flags
// when constructing one RegExp from another
```

ES6 改变了这种行为。如果 `RegExp` 构造函数第一个参数是一个正则对象，那么可以使用第二个参数指定修饰符。而且，返回的正则表达式会忽略原有正则表达式的修饰符，只使用新指定的修饰符。

```
new RegExp(/abc/ig, 'i').flags
// "i"
```

上面的代码中，原有正则对象的修饰符是 `ig`，它会被第二个参数 `i` 覆盖。

5.2 字符串的正则方法

字符串对象共有 4 个方法可以使用正则表达式：`match()`、`replace()`、`search()`和 `split()`。

ES6 使这 4 个方法在语言内部全部调用 `RegExp` 的实例方法，从而做到所有与正则相关的方法都定义在 `RegExp` 对象上。

- `String.prototype.match` 调用 `RegExp.prototype[Symbol.match]`
- `String.prototype.replace` 调用 `RegExp.prototype[Symbol.replace]`
- `String.prototype.search` 调用 `RegExp.prototype[Symbol.search]`
- `String.prototype.split` 调用 `RegExp.prototype[Symbol.split]`

5.3 u 修饰符

ES6 对正则表达式添加了 `u` 修饰符，含义为“Unicode 模式”，用来正确处理大于`\uFFFF` 的 Unicode 字符。也就是说，可以正确处理 4 个字节的 UTF-16 编码。

```
/^\uD83D/u.test('\uD83D\uDC2A')  // false
/^\uD83D/.test('\uD83D\uDC2A')   // true
```

上面的代码中，`\uD83D\uDC2A` 是一个 4 字节的 UTF-16 编码，代表一个字符。但是，ES5 不支持 4 字节的 UTF-16 编码，会将其识别为 2 个字符，导致第二行代码结果为 `true`。加了 `u` 修饰符以后，ES6 就会识别其为一个字符，所以第一行代码结果为 `false`。

一旦加上 u 修饰符，就会修改下面这些正则表达式的行为。

点字符

点（.）字符在正则表达式中的含义是除换行符以外的任意单个字符。对于码点大于 `0xFFFF` 的 Unicode 字符，点字符不能识别，必须加上 u 修饰符。

```
var s = "𠮷";

/^.$/.test(s)   // false
/^.$/u.test(s)  // true
```

上面的代码表示，如果不添加 u 修饰符，正则表达式就会认为字符串为 2 个字符，从而匹配失败。

Unicode 字符表示法

ES6 新增了使用大括号表示 Unicode 字符的表示法，这种表示法在正则表达式中必须加上 u 修饰符才能识别当中的大括号，否则会被解读为量词。

```
/\u{61}/.test('a')          // false
/\u{61}/u.test('a')         // true
/\u{20BB7}/u.test('𠮷')     // true
```

上面的代码表示，如果不加 u 修饰符，正则表达式无法识别\u{61}这种表示法，只会认为其匹配 61 个连续的 u。

量词

使用 u 修饰符后，所有量词都会正确识别码点大于 0xFFFF 的 Unicode 字符。

```
/a{2}/.test('aa')       // true
/a{2}/u.test('aa')      // true
/𠮷{2}/.test('𠮷𠮷')     // false
/𠮷{2}/u.test('𠮷𠮷')    // true
```

预定义模式

u 修饰符也影响到预定义模式能否正确识别码点大于 0xFFFF 的 Unicode 字符。

```
/^\S$/.test('𠮷')       // false
/^\S$/u.test('𠮷')      // true
```

上面的代码中的\S 是预定义模式，匹配所有不是空格的字符。只有加了 u 修饰符，它才能正确匹配码点大于 0xFFFF 的 Unicode 字符。

利用这一点，可以写出一个正确返回字符串长度的函数。

```
function codePointLength(text) {
  var result = text.match(/[\s\S]/gu);
  return result ? result.length : 0;
}

var s = "𠮷𠮷";

s.length            // 4
codePointLength(s)  // 2
```

i 修饰符

有些 Unicode 字符的编码不同，但是字型很相近，比如，\u004B 与\u212A 都是大写的 K。

```
/[a-z]/i.test('\u212A')     // false
/[a-z]/iu.test('\u212A')    // true
```

上面的代码中，不加 u 修饰符就无法识别非规范的 K 字符。

5.4 y 修饰符

除了 u 修饰符，ES6 还为正则表达式添加了 y 修饰符，叫作“粘连”（sticky）修饰符。

y 修饰符的作用与 g 修饰符类似，也是全局匹配，后一次匹配都从上一次匹配成功的下一个位置开始。不同之处在于，g 修饰符只要剩余位置中存在匹配就行，而 y 修饰符会确保匹配必须从剩余的第一个位置开始，这也就是“粘连”的涵义。

```
var s = "aaa_aa_a";
var r1 = /a+/g;
var r2 = /a+/y;

r1.exec(s) // ["aaa"]
r2.exec(s) // ["aaa"]

r1.exec(s) // ["aa"]
r2.exec(s) // null
```

上面的代码有两个正则表达式，一个使用 g 修饰符，另一个使用 y 修饰符。这两个正则表达式各执行了两次，第一次执行时两者行为相同，剩余字符串都是"_aa_a"。由于 g 修饰符没有位置要求，所以第二次执行会返回结果，而 y 修饰符要求匹配必须从头部开始，所以返回 null。

如果改一下正则表达式，保证每次都能头部匹配，y 修饰符就会返回结果了。

```
var s = "aaa_aa_a";
var r = /a+_/y;

r.exec(s) // ["aaa_"]
r.exec(s) // ["aa_"]
```

上面的代码每次匹配都是从剩余字符串的头部开始。

使用 lastIndex 属性，可以更好地说明 y 修饰符。

```
const REGEX = /a/g;

// 指定从 2 号位置（y）开始匹配
```

```
REGEX.lastIndex = 2;

// 匹配成功
const match = REGEX.exec('xaya');

// 在 3 号位置匹配成功
match.index // 3

// 下一次匹配从 4 号位置开始
REGEX.lastIndex // 4

// 4 号位置开始匹配失败
REGEX.exec('xaxa') // null
```

上面的代码中，`lastIndex` 属性指定每次搜索的开始位置，`g` 修饰符从这个位置开始向后搜索，直到发现匹配为止。

`y` 修饰符同样遵守 `lastIndex` 属性，但是要求必须在 `lastIndex` 指定的位置发现匹配。

```
const REGEX = /a/y;

// 指定从 2 号位置开始匹配
REGEX.lastIndex = 2;

// 不是粘连，匹配失败
REGEX.exec('xaya') // null

// 指定从 3 号位置开始匹配
REGEX.lastIndex = 3;

// 3 号位置是粘连，匹配成功
const match = REGEX.exec('xaxa');
match.index // 3
REGEX.lastIndex // 4
```

进一步说，`y` 修饰符隐含了头部匹配的标志（^）。

```
/b/y.exec("aba")
// null
```

上面的代码由于不能保证头部匹配，所以返回 `null`。`y` 修饰符的设计本意就是让头部匹配的标志（^）在全局匹配中都有效。

在 split 方法中使用 y 修饰符，原字符串必须以分隔符开头。这也意味着，只要匹配成功，数组的第一个成员肯定是空字符串。

```
// 没有找到匹配
'x##'.split(/#/y)
// [ 'x##' ]

// 找到两个匹配
'##x'.split(/#/y)
// [ '', '', 'x' ]
```

后续的分隔符只有紧跟前面的分隔符才会被识别。

```
'#x#'.split(/#/y)
// [ '', 'x#' ]

'##'.split(/#/y)
// [ '', '', '' ]
```

下面是字符串对象的 replace 方法的例子。

```
const REGEX = /a/gy;
'aaxa'.replace(REGEX, '-') // '--xa'
```

上面的代码中，最后一个 a 因为不是出现在下一次匹配的头部，所以不会被替换。

单独一个 y 修饰符对 match 方法只能返回第一个匹配，必须与 g 修饰符联用才能返回所有匹配。

```
'a1a2a3'.match(/a\d/y) // ["a1"]
'a1a2a3'.match(/a\d/gy) // ["a1", "a2", "a3"]
```

y 修饰符的一个应用是从字符串中提取 token（词元），y 修饰符确保了匹配之间不会有漏掉的字符。

```
const TOKEN_Y = /\s*(\+|[0-9]+)\s*/y;
const TOKEN_G  = /\s*(\+|[0-9]+)\s*/g;

tokenize(TOKEN_Y, '3 + 4')
// [ '3', '+', '4' ]
tokenize(TOKEN_G, '3 + 4')
// [ '3', '+', '4' ]

function tokenize(TOKEN_REGEX, str) {
```

```
  let result = [];
  let match;
  while (match = TOKEN_REGEX.exec(str)) {
    result.push(match[1]);
  }
  return result;
}
```

上面的代码中，如果字符串里面没有非法字符，y 修饰符与 g 修饰符的提取结果是一样的。但是，一旦出现非法字符，两者的行为就不一样了。

```
tokenize(TOKEN_Y, '3x + 4')
// [ '3' ]
tokenize(TOKEN_G, '3x + 4')
// [ '3', '+', '4' ]
```

上面的代码中，g 修饰符会忽略非法字符，而 y 修饰符不会，这样就很容易发现错误。

5.5　sticky 属性

与 y 修饰符相匹配，ES6 的正则对象多了 sticky 属性，表示是否设置了 y 修饰符。

```
var r = /hello\d/y;
r.sticky // true
```

5.6　flags 属性

ES6 为正则表达式新增了 flags 属性，会返回正则表达式的修饰符。

```
// ES5 的 source 属性
// 返回正则表达式的正文
/abc/ig.source
// "abc"

// ES6 的 flags 属性
// 返回正则表达式的修饰符
/abc/ig.flags
// 'gi'
```

5.7 s 修饰符：dotAll 模式

正则表达式中，点（`.`）是一个特殊字符，代表任意的单个字符，但是行终止符（line terminator character）除外。

以下 4 个字符属于“行终止符”。

- U+000A 换行符（`\n`）
- U+000D 回车符（`\r`）
- U+2028 行分隔符（line separator）
- U+2029 段分隔符（paragraph separator）

```
/foo.bar/.test('foo\nbar')
// false
```

上面的代码中，因为`.`不匹配`\n`，所以正则表达式返回 `false`。

但是，很多时候我们希望能够匹配任意单个字符，这时有一种变通的写法。

```
/foo[^]bar/.test('foo\nbar')
// true
```

这种解决方案毕竟不太符合直觉，所以有如下提案（github.com/mathiasbynens/es-regexp-dotall-flag）：引入`/s` 修饰符，使得`.`可以匹配任意单个字符。

```
/foo.bar/s.test('foo\nbar') // true
```

这被称为 `dotAll` 模式，即点（dot）代表一切字符。所以，正则表达式还引入了一个 `dotAll` 属性，返回一个布尔值，表示该正则表达式是否处在 `dotAll` 模式下。

```
const re = /foo.bar/s;
// 另一种写法
// const re = new RegExp('foo.bar', 's');

re.test('foo\nbar') // true
re.dotAll // true
re.flags // 's'
```

`/s` 修饰符和多行修饰符`/m` 不冲突，两者一起使用的情况下，“`.`”匹配所有字符，而`^`和`$`匹配每一行的行首和行尾。

5.8 后行断言

JavaScript 语言的正则表达式只支持先行断言（lookahead）和先行否定断言（negative lookahead），不支持后行断言（lookbehind）和后行否定断言（negative lookbehind）。目前，有一个提案(https://github.com/goyakin/es-regexp-lookbehind)被提出：引入后行断言，其中 V8 引擎 4.9 版本已经支持。

“先行断言”指的是，x 只有在 y 前面才匹配，必须写成/x(?=y)/的形式。比如，只匹配百分号之前的数字，要写成/\d+(?=%)/。“先行否定断言”指的是，x 只有不在 y 前面才匹配，必须写成/x(?!y)/的形式。比如，只匹配不在百分号之前的数字，要写成/\d+(?!%)/。

```
/\d+(?=%)/.exec('100% of US presidents have been male')    // ["100"]
/\d+(?!%)/.exec('that's all 44 of them')                    // ["44"]
```

上面两个字符串如果互换正则表达式，就会匹配失败。另外，还可以看到，“先行断言”括号之中的部分(?=%)是不计入返回结果的。

“后行断言”正好与“先行断言”相反，x 只有在 y 后面才匹配，必须写成/(?<=y)x/的形式。比如，只匹配美元符号之后的数字，要写成/(?<=\$)\d+/。“后行否定断言”则与“先行否定断言”相反，x 只有不在 y 后面才匹配，必须写成/(?<!y)x/的形式。比如，只匹配不在美元符号后面的数字，要写成/(?<!\$)\d+/。

```
/(?<=\$)\d+/.exec('Benjamin Franklin is on the $100 bill')    // ["100"]
/(?<!\$)\d+/.exec('it's is worth about €90')                  // ["90"]
```

上面的例子中，“后行断言”括号中的部分(?<=\$)也是不计入返回结果的。

下面是使用后行断言进行字符串替换的示例。

```
const RE_DOLLAR_PREFIX = /(?<=\$)foo/g;
'$foo %foo foo'.replace(RE_DOLLAR_PREFIX, 'bar');
// '$bar %foo foo'
```

上面的代码中，只有在美元符号后面的 foo 才会被替换。

“后行断言”的实现需要先匹配/(?<=y)x/的 x，然后再回到左边匹配 y 的部分。这种“先右后左”的执行顺序与所有其他正则操作相反，导致了一些不符合预期的结果。

首先，“后行断言”的组匹配与正常情况下的结果是不一样的。

```
/(?<=(\d+)(\d+))$/.exec('1053') // ["", "1", "053"]
/^(\d+)(\d+)$/.exec('1053') // ["1053", "105", "3"]
```

上面的代码中，需要捕捉两个组匹配。没有“后行断言”时，第一个括号是贪婪模式，第二个括号只能捕获一个字符，所以结果是 105 和 3。而有“后行断言”时，由于执行顺序是从右到左，第二个括号是贪婪模式，第一个括号只能捕获一个字符，所以结果是 `1` 和 `053`。

其次，“后行断言”的反斜杠引用也与通常的顺序相反，必须放在对应的括号之前。

```
/(?<=(o)d\1)r/.exec('hodor')  // null
/(?<=\1d(o))r/.exec('hodor')  // ["r", "o"]
```

上面的代码中，后行断言的反斜杠引用（`\1`）必须放在前面才可以，放在括号的后面就不会得到匹配结果。因为后行断言是先从左到右扫描，发现匹配以后再回过头从右到左完成反斜杠引用。

5.9 Unicode 属性类

目前有一个提案（github.com/mathiasbynens/es-regexp-unicode-property-escapes）中引入了一种新的类的写法：`\p{...}`和`\P{...}`，允许正则表达式匹配符合 Unicode 某种属性的所有字符。

```
const regexGreekSymbol = /\p{Script=Greek}/u;
regexGreekSymbol.test('π') // true
```

上面的代码中，`\p{Script=Greek}`指定匹配一个希腊文字母，所以匹配 π 成功。

Unicode 属性类要指定属性名和属性值。

```
\p{UnicodePropertyName=UnicodePropertyValue}
```

对于某些属性，可以只写属性名。

```
\p{UnicodePropertyName}
```

`\P{...}`是`\p{...}`的反向匹配，即匹配不满足条件的字符。

注意！

这两种类只对 Unicode 有效，所以使用的时候一定要加上 `u` 修饰符。如果不加 `u` 修饰符，正则表达式使用`\p` 和`\P` 便会报错，ECMAScript 预留了这两个类。

由于 Unicode 的属性非常多，所以这种新类的表达能力是非常强的。

```
const regex = /^\p{Decimal_Number}+$/u;
regex.test('𝟏𝟐𝟑𝟜𝟝𝟞𝟩𝟪𝟫𝟬𝟭𝟮𝟯𝟺𝟻𝟼') // true
```

上面的代码中，属性类指定匹配所有十进制字符，可以看到各种字型的十进制字符都会匹配成功。

`\p{Number}`甚至能匹配罗马数字。

```
// 匹配所有数字
```

```
const regex = /^\p{Number}+$/u;
regex.test('²³¹¼½¾')              // true
regex.test('ⅠⅡⅢⅣⅤⅥⅦⅧⅨⅩⅪⅫ') // true
```

下面是一些其他的例子。

```
// 匹配各种文字的所有字母，等同于 Unicode 版的 \w
[\p{Alphabetic}\p{Mark}\p{Decimal_Number}↵
\p{Connector_Punctuation}\p{Join_Control}]

// 匹配各种文字的所有非字母的字符，等同于 Unicode 版的 \W
[^\p{Alphabetic}\p{Mark}\p{Decimal_Number}↵
\p{Connector_Punctuation}\p{Join_Control}]

// 匹配所有的箭头字符
const regexArrows = /^\p{Block=Arrows}+$/u;
regexArrows.test('←↑→↓↔↕↖↗↘↙⇏⇐⇑⇒⇓⇔⇕⇖⇗⇘⇙⇧⇩')   // true
```

5.10 具名组匹配

5.10.1 简介

正则表达式使用圆括号进行组匹配。

```
const RE_DATE = /(\d{4})-(\d{2})-(\d{2})/;
```

上面的代码中，正则表达式中有 3 组圆括号。使用 exec 方法就可以将这 3 组匹配结果提取出来。

```
const matchObj = RE_DATE.exec('1999-12-31');
const year = matchObj[1];       // 1999
const month = matchObj[2];      // 12
const day = matchObj[3];        // 31
```

组匹配的一个问题是，每一组的匹配含义不容易看出来，而且只能用数字序号引用，要是组的顺序变了，引用的时候就必须修改序号。

有一个“具名组匹配”（Named Capture Groups）的提案（github.com/tc39/proposal-regexp-named-groups），其中允许为每一个组匹配指定一个名字，既便于阅读代码，又便于引用。

```
const RE_DATE = /(?<year>\d{4})-(?<month>\d{2})-(?<day>\d{2})/;

const matchObj = RE_DATE.exec('1999-12-31');
const year = matchObj.groups.year;     // 1999
const month = matchObj.groups.month;   // 12
const day = matchObj.groups.day;       // 31
```

上面的代码中，“具名组匹配”在圆括号内部，在模式的头部添加“问号 + 尖括号 + 组名”（?<year>），然后就可以在 exec 方法返回结果的 groups 属性上引用该组名。同时，数字序号（matchObj[1]）依然有效。

具名组匹配等于为每一组匹配加上了 ID，这样便于描述匹配的目的。如果组的顺序变了，也不用改变匹配后的处理代码。

如果具名组没有匹配，那么对应的 groups 对象属性会是 undefined。

```
const RE_OPT_A = /^(?<as>a+)?$/;
const matchObj = RE_OPT_A.exec('');

matchObj.groups.as // undefined
'as' in matchObj.groups // true
```

上面的代码中，具名组 as 没有找到匹配，那么 matchObj.groups.as 属性值就是 undefined，并且 as 这个键名在 groups 是始终存在的。

5.10.2 解构赋值和替换

有了具名组匹配以后，可以使用解构赋值直接从匹配结果上为变量赋值。

```
let {groups:{one, two}} = /^(?<one>.*):(?<two>.*)$/u.exec('foo:bar');
one  // foo
two  // bar
```

字符串替换时，使用$<组名>引用具名组。

```
let re = /(?<year>\d{4})-(?<month>\d{2})-(?<day>\d{2})/u;

'2015-01-02'.replace(re, '$<day>/$<month>/$<year>')
// '02/01/2015'
```

上面的代码中，replace 方法的第二个参数是一个字符串，而不是正则表达式。

replace 方法的第二个参数也可以是函数，该函数的参数序列如下。

```
'2015-01-02'.replace(re, (
   matched, // 整个匹配结果 2015-01-02
   capture1, // 第一个组匹配 2015
   capture2, // 第二个组匹配 01
   capture3, // 第三个组匹配 02
   position, // 匹配开始的位置 0
   S, // 原字符串 2015-01-05
   groups // 具名组构成的一个对象{year, month, day}
 ) => {
 let {day, month, year} = args[args.length - 1];
 return `${day}/${month}/${year}`;
});
```

具名组匹配在原来的基础上新增了最后一个函数参数：具名组构成的一个对象。函数内部可以直接对这个对象进行解构赋值。

5.10.3 引用

如果要在正则表达式内部引用某个“具名组匹配”，可以使用\k<组名>的写法。

```
const RE_TWICE = /^(?<word>[a-z]+)!\k<word>$/;
RE_TWICE.test('abc!abc')        // true
RE_TWICE.test('abc!ab')         // false
```

数字引用（\1）依然有效。

```
const RE_TWICE = /^(?<word>[a-z]+)!\1$/;
RE_TWICE.test('abc!abc')        // true
RE_TWICE.test('abc!ab')         // false
```

这两种引用语法可以同时使用。

```
const RE_TWICE = /^(?<word>[a-z]+)!\k<word>!\1$/;
RE_TWICE.test('abc!abc!abc')    // true
RE_TWICE.test('abc!abc!ab')     // false
```

第 6 章 数值的扩展

6.1 二进制和八进制表示法

ES6 提供了二进制和八进制数值的新写法，分别用前缀 0b（或 0B）和 0o（或 0O）表示。

```
0b111110111 === 503    // true
0o767 === 503          // true
```

从 ES5 开始，在严格模式中，八进制数值就不再允许使用前缀 0 表示，ES6 进一步明确，要使用前缀 0o 表示。

```
// 非严格模式
(function(){
  console.log(0o11 === 011);
})() // true

// 严格模式
(function(){
  'use strict';
  console.log(0o11 === 011);
})()
// Uncaught SyntaxError:
// Octal literals are not allowed in strict mode.
```

如果要将使用 0b 和 0x 前缀的字符串数值转为十进制数值，要使用 Number 方法。

```
Number('0b111')    // 7
Number('0o10')     // 8
```

6.2 Number.isFinite()、Number.isNaN()

ES6 在 Number 对象上新提供了 Number.isFinite()和 Number.isNaN()两个方法。

Number.isFinite()用来检查一个数值是否为有限的（finite）。

```
Number.isFinite(15);       // true
Number.isFinite(0.8);      // true
Number.isFinite(NaN);      // false
Number.isFinite(Infinity); // false
Number.isFinite(-Infinity);// false
Number.isFinite('foo');    // false
Number.isFinite('15');     // false
Number.isFinite(true);     // false
```

ES5 可以通过下面的代码部署 Number.isFinite 方法。

```
(function (global) {
  var global_isFinite = global.isFinite;

  Object.defineProperty(Number, 'isFinite', {
    value: function isFinite(value) {
      return typeof value === 'number' && global_isFinite(value);
    },
    configurable: true,
    enumerable: false,
    writable: true
  });
})(this);
```

Number.isNaN()用来检查一个值是否为 NaN。

```
Number.isNaN(NaN)              // true
Number.isNaN(15)               // false
Number.isNaN('15')             // false
Number.isNaN(true)             // false
Number.isNaN(9/NaN)            // true
Number.isNaN('true'/0)         // true
Number.isNaN('true'/'true')    // true
```

ES5 通过下面的代码部署 Number.isNaN()。

```
(function (global) {
```

```
  var global_isNaN = global.isNaN;

  Object.defineProperty(Number, 'isNaN', {
    value: function isNaN(value) {
      return typeof value === 'number' && global_isNaN(value);
    },
    configurable: true,
    enumerable: false,
    writable: true
  });
})(this);
```

这两个新方法与传统的全局方法 `isFinite()`和 `isNaN()`的区别在于，传统方法先调用 `Number()`将非数值转为数值，再进行判断，而新方法只对数值有效，对于非数值一律返回 `false`。`Number.isNaN()`只有对于 `NaN` 才返回 `true`，非 `NaN` 一律返回 `false`。

```
isFinite(25)             // true
isFinite("25")           // true
Number.isFinite(25)      // true
Number.isFinite("25")    // false

isNaN(NaN)               // true
isNaN("NaN")             // true
Number.isNaN(NaN)        // true
Number.isNaN("NaN")      // false
Number.isNaN(1)          // false
```

6.3 Number.parseInt()、Number.parseFloat()

ES6 将全局方法 `parseInt()`和 `parseFloat()`移植到了 `Number` 对象上面，行为完全保持不变。

```
// ES5 的写法
parseInt('12.34')               // 12
parseFloat('123.45#')           // 123.45

// ES6 的写法
Number.parseInt('12.34')        // 12
Number.parseFloat('123.45#')    // 123.45
```

这样做的目的是逐步减少全局性方法，使得语言逐步模块化。

```
Number.parseInt === parseInt            // true
Number.parseFloat === parseFloat        // true
```

6.4 Number.isInteger()

Number.isInteger()用来判断一个值是否为整数。需要注意的是，在 JavaScript 内部，整数和浮点数是同样的储存方法，所以 3 和 3.0 被视为同一个值。

```
Number.isInteger(25)        // true
Number.isInteger(25.0)      // true
Number.isInteger(25.1)      // false
Number.isInteger("15")      // false
Number.isInteger(true)      // false
```

ES5 可以通过下面的代码部署 Number.isInteger()。

```
(function (global) {
  var floor = Math.floor,
    isFinite = global.isFinite;

  Object.defineProperty(Number, 'isInteger', {
    value: function isInteger(value) {
      return typeof value === 'number' &&
        isFinite(value) &&
        floor(value) === value;
    },
    configurable: true,
    enumerable: false,
    writable: true
  });
})(this);
```

6.5 Number.EPSILON

ES6 在 Number 对象上面新增一个极小的常量——Number.EPSILON。

```
Number.EPSILON
// 2.220446049250313e-16
```

```
Number.EPSILON.toFixed(20)
// '0.00000000000000022204'
```

引入一个这么小的量，目的在于为浮点数计算设置一个误差范围。我们知道浮点数计算是不精确的。

```
0.1 + 0.2
// 0.30000000000000004

0.1 + 0.2 - 0.3
// 5.551115123125783e-17

5.551115123125783e-17.toFixed(20)
// '0.00000000000000005551'
```

但是如果这个误差能够小于 Number.EPSILON，我们就可以认为得到了正确结果。

```
5.551115123125783e-17 < Number.EPSILON
// true
```

因此，Number.EPSILON 的实质是一个可以接受的误差范围。

下面的代码为浮点数运算部署了一个误差检查函数。

```
function withinErrorMargin (left, right) {
  return Math.abs(left - right) < Number.EPSILON;
}
withinErrorMargin(0.1 + 0.2, 0.3)
// true
withinErrorMargin(0.2 + 0.2, 0.3)
// false
```

6.6 安全整数和 Number.isSafeInteger()

JavaScript 能够准确表示的整数范围在 -2^{53} 到 2^{53} 之间（不含两个端点），超过这个范围就无法精确表示。

```
Math.pow(2, 53)         // 9007199254740992

9007199254740992        // 9007199254740992
9007199254740993        // 9007199254740992

Math.pow(2, 53) === Math.pow(2, 53) + 1
```

```
// true
```

上面的代码中，超出 2 的 53 次方之后，一个数就不精确了。

ES6 引入了 `Number.MAX_SAFE_INTEGER` 和 `Number.MIN_SAFE_INTEGER` 两个常量，用来表示这个范围的上下限。

```
Number.MAX_SAFE_INTEGER === Math.pow(2, 53) - 1
// true
Number.MAX_SAFE_INTEGER === 9007199254740991
// true

Number.MIN_SAFE_INTEGER === -Number.MAX_SAFE_INTEGER
// true
Number.MIN_SAFE_INTEGER === -9007199254740991
// true
```

上面的代码中，可以看到 JavaScript 能够精确表示的极限。

`Number.isSafeInteger()` 则是用来判断一个整数是否落在这个范围之内。

```
Number.isSafeInteger('a')                     // false
Number.isSafeInteger(null)                    // false
Number.isSafeInteger(NaN)                     // false
Number.isSafeInteger(Infinity)                // false
Number.isSafeInteger(-Infinity)               // false

Number.isSafeInteger(3)                       // true
Number.isSafeInteger(1.2)                     // false
Number.isSafeInteger(9007199254740990)        // true
Number.isSafeInteger(9007199254740992)        // false

Number.isSafeInteger(Number.MIN_SAFE_INTEGER - 1) // false
Number.isSafeInteger(Number.MIN_SAFE_INTEGER)     // true
Number.isSafeInteger(Number.MAX_SAFE_INTEGER)     // true
Number.isSafeInteger(Number.MAX_SAFE_INTEGER + 1) // false
```

这个函数的实现很简单，跟安全整数的两个边界值比较一下即可。

```
Number.isSafeInteger = function (n) {
  return (typeof n === 'number' &&
    Math.round(n) === n &&
    Number.MIN_SAFE_INTEGER <= n &&
```

```
    n <= Number.MAX_SAFE_INTEGER);
}
```

实际使用这个函数时，需要注意验证运算结果是否落在安全整数的范围内，另外不要只验证运算结果，还要同时验证参与运算的每个值。

```
Number.isSafeInteger(9007199254740993)
// false
Number.isSafeInteger(990)
// true
Number.isSafeInteger(9007199254740993 - 990)
// true
9007199254740993 - 990
// 返回结果 9007199254740002
// 正确答案应该是 9007199254740003
```

上面的代码中，9007199254740993 不是一个安全整数，但是 Number.isSafeInteger 会返回结果，显示计算结果是安全的。这是因为，这个数超出了精度范围，导致在计算机内部以 9007199254740992 的形式储存。

```
9007199254740993 === 9007199254740992
// true
```

所以，如果只验证运算结果是否为安全整数，则很可能得到错误结果。下面的函数可以同时验证两个运算数和运算结果。

```
function trusty (left, right, result) {
  if (
    Number.isSafeInteger(left) &&
    Number.isSafeInteger(right) &&
    Number.isSafeInteger(result)
  ) {
    return result;
  }
  throw new RangeError('Operation cannot be trusted!');
}

trusty(9007199254740993, 990, 9007199254740993 - 990)
// RangeError: Operation cannot be trusted!

trusty(1, 2, 3)
```

```
// 3
```

6.7 Math 对象的扩展

ES6 在 Math 对象上新增了 17 个与数学相关的方法。所有这些方法都是静态方法，只能在 Math 对象上调用。

6.7.1 Math.trunc()

Math.trunc 方法用于去除一个数的小数部分，返回整数部分。

```
Math.trunc(4.1)         // 4
Math.trunc(4.9)         // 4
Math.trunc(-4.1)        // -4
Math.trunc(-4.9)        // -4
Math.trunc(-0.1234)     // -0
```

对于非数值，Math.trunc 内部使用 Number 方法将其先转为数值。

```
Math.trunc('123.456')
// 123
```

对于空值和无法截取整数的值，返回 NaN。

```
Math.trunc(NaN);        // NaN
Math.trunc('foo');      // NaN
Math.trunc();           // NaN
```

对于没有部署这个方法的环境，可以用下面的代码模拟。

```
Math.trunc = Math.trunc || function(x) {
  return x < 0 ? Math.ceil(x) : Math.floor(x);
};
```

6.7.2 Math.sign()

Math.sign 方法用来判断一个数到底是正数、负数，还是零。对于非数值，会先将其转换为数值。

其返回值有 5 种情况。

- 参数为正数，返回+1；

- 参数为负数，返回-1；
- 参数为 0，返回 0；
- 参数为-0，返回-0;
- 其他值，返回 NaN。

```
Math.sign(-5)       // -1
Math.sign(5)        // +1
Math.sign(0)        // +0
Math.sign(-0)       // -0
Math.sign(NaN)      // NaN
Math.sign('9');     // +1
Math.sign('foo');   // NaN
Math.sign();        // NaN
```

对于没有部署这个方法的环境，可以用下面的代码模拟。

```
Math.sign = Math.sign || function(x) {
  x = +x; // convert to a number
  if (x === 0 || isNaN(x)) {
    return x;
  }
  return x > 0 ? 1 : -1;
};
```

6.7.3 Math.cbrt()

Math.cbrt 方法用于计算一个数的立方根。

```
Math.cbrt(-1)       // -1
Math.cbrt(0)        // 0
Math.cbrt(1)        // 1
Math.cbrt(2)        // 1.2599210498948734
```

对于非数值，Math.cbrt 方法内部也是先使用 Number 方法将其转为数值。

```
Math.cbrt('8')      // 2
Math.cbrt('hello')  // NaN
```

对于没有部署这个方法的环境，可以用下面的代码模拟。

```
Math.cbrt = Math.cbrt || function(x) {
  var y = Math.pow(Math.abs(x), 1/3);
```

```
  return x < 0 ? -y : y;
};
```

6.7.4 Math.clz32()

JavaScript 的整数使用 32 位二进制形式表示，Math.clz32 方法返回一个数的 32 位无符号整数形式有多少个前导 0。

```
Math.clz32(0) // 32
Math.clz32(1) // 31
Math.clz32(1000) // 22
Math.clz32(0b01000000000000000000000000000000) // 1
Math.clz32(0b00100000000000000000000000000000) // 2
```

上面的代码中，0 的二进制形式全为 0，所以有 32 个前导 0；1 的二进制形式是 0b1，只占 1 位，所以 32 位之中有 31 个前导 0；1000 的二进制形式是 0b1111101000，一共有 10 位，所以 32 位之中有 22 个前导 0。

clz32 这个函数名就来自“count leading zero bits in 32-bit binary representations of a number”（计算 32 位整数的前导 0）的缩写。

左移运算符（<<）与 Math.clz32 方法直接相关。

```
Math.clz32(0)          // 32
Math.clz32(1)          // 31
Math.clz32(1 << 1)     // 30
Math.clz32(1 << 2)     // 29
Math.clz32(1 << 29)    // 2
```

对于小数，Math.clz32 方法只考虑整数部分。

```
Math.clz32(3.2)        // 30
Math.clz32(3.9)        // 30
```

对于空值或其他类型的值，Math.clz32 方法会将它们先转为数值，然后再计算。

```
Math.clz32()           // 32
Math.clz32(NaN)        // 32
Math.clz32(Infinity)   // 32
Math.clz32(null)       // 32
Math.clz32('foo')      // 32
Math.clz32([])         // 32
Math.clz32({})         // 32
```

```
Math.clz32(true)    // 31
```

6.7.5 Math.imul()

`Math.imul` 方法返回两个数以 32 位带符号整数形式相乘的结果，返回的也是一个 32 位的带符号整数。

```
Math.imul(2, 4)     // 8
Math.imul(-1, 8)    // -8
Math.imul(-2, -2)   // 4
```

如果只考虑最后 32 位，大多数情况下，`Math.imul(a, b)`与 `a * b` 的结果是相同的，即该方法等同于`(a * b)|0` 的效果（超过 32 位的部分溢出）。之所以需要部署这个方法，是因为 JavaScript 有精度限制，超过 2 的 53 次方的值无法精确表示。这就是说，对于那些很大的数的乘法，低位数值往往都是不精确的，`Math.imul` 方法可以返回正确的低位数值。

```
(0x7fffffff * 0x7fffffff)|0 // 0
```

上面这个乘法算式返回结果为 0。但是由于这两个二进制数的最低位都是 1，所以这个结果肯定是不正确的，因为根据二进制乘法，计算结果的二进制最低位应该也是 1。这个错误就是因为它们的乘积超过了 2 的 53 次方，JavaScript 无法保存额外的精度，就把低位的值都变成了 0。`Math.imul` 方法可以返回正确的值 1。

```
Math.imul(0x7fffffff, 0x7fffffff) // 1
```

6.7.6 Math.fround()

`Math.fround` 方法返回一个数的单精度浮点数形式。

```
Math.fround(0)      // 0
Math.fround(1)      // 1
Math.fround(1.337) // 1.3370000123977661
Math.fround(1.5)    // 1.5
Math.fround(NaN)    // NaN
```

对于整数来说，`Math.fround` 方法的返回结果不会有任何不同，区别主要在于那些无法用 64 个二进制位精确表示的小数。这时，`Math.fround` 方法会返回最接近这个小数的单精度浮点数。

对于没有部署这个方法的环境，可以用下面的代码模拟。

```
Math.fround = Math.fround || function(x) {
```

```
  return new Float32Array([x])[0];
};
```

6.7.7 Math.hypot()

Math.hypot 方法返回所有参数的平方和的平方根。

```
Math.hypot(3, 4);           // 5
Math.hypot(3, 4, 5);        // 7.0710678118654755
Math.hypot();               // 0
Math.hypot(NaN);            // NaN
Math.hypot(3, 4, 'foo');    // NaN
Math.hypot(3, 4, '5');      // 7.0710678118654755
Math.hypot(-3);             // 3
```

上面代码中，3 的平方加上 4 的平方，等于 5 的平方。

如果参数不是数值，Math.hypot 方法会将其转为数值。只要有一个参数无法转为数值，就会返回 NaN。

6.7.8 对数方法

ES6 新增了 4 个对数相关方法。

Math.expm1()

Math.expm1(x)返回 e^x-1，即 Math.exp(x) - 1。

```
Math.expm1(-1)  // -0.6321205588285577
Math.expm1(0)   // 0
Math.expm1(1)   // 1.718281828459045
```

对于没有部署这个方法的环境，可以用下面的代码模拟。

```
Math.expm1 = Math.expm1 || function(x) {
  return Math.exp(x) - 1;
};
```

Math.log1p()

Math.log1p(x)方法返回 $\ln(1+x)$，即 Math.log(1 + x)。如果 x 小于-1，则返回 NaN。

```
Math.log1p(1)   // 0.6931471805599453
Math.log1p(0)   // 0
```

```
Math.log1p(-1)  // -Infinity
Math.log1p(-2)  // NaN
```

对于没有部署这个方法的环境，可以用下面的代码模拟。

```
Math.log1p = Math.log1p || function(x) {
  return Math.log(1 + x);
};
```

Math.log10()

Math.log10(x)返回以 10 为底的 x 的对数。如果 x 小于 0，则返回 NaN。

```
Math.log10(2)       // 0.3010299956639812
Math.log10(1)       // 0
Math.log10(0)       // -Infinity
Math.log10(-2)      // NaN
Math.log10(100000)  // 5
```

对于没有部署这个方法的环境，可以用下面的代码模拟。

```
Math.log10 = Math.log10 || function(x) {
  return Math.log(x) / Math.LN10;
};
```

Math.log2()

Math.log2(x)返回以 2 为底的 x 的对数。如果 x 小于 0，则返回 NaN。

```
Math.log2(3)       // 1.584962500721156
Math.log2(2)       // 1
Math.log2(1)       // 0
Math.log2(0)       // -Infinity
Math.log2(-2)      // NaN
Math.log2(1024)    // 10
Math.log2(1 << 29) // 29
```

对于没有部署这个方法的环境，可以用下面的代码模拟。

```
Math.log2 = Math.log2 || function(x) {
  return Math.log(x) / Math.LN2;
};
```

6.7.9 双曲函数方法

ES6 新增了 6 个双曲函数方法。

- `Math.sinh(x)` 返回 x 的双曲正弦（hyperbolic sine）
- `Math.cosh(x)` 返回 x 的双曲余弦（hyperbolic cosine）
- `Math.tanh(x)` 返回 x 的双曲正切（hyperbolic tangent）
- `Math.asinh(x)` 返回 x 的反双曲正弦（inverse hyperbolic sine）
- `Math.acosh(x)` 返回 x 的反双曲余弦（inverse hyperbolic cosine）
- `Math.atanh(x)` 返回 x 的反双曲正切（inverse hyperbolic tangent）

6.8 Math.signbit()

`Math.sign()`用来判断一个值的正负，但是如果参数是`-0`，它便会返回`-0`。

```
Math.sign(-0) // -0
```

这种情况下，判断符号位的正负时，`Math.sign()`不是很有用。JavaScript 内部使用 64 位浮点数（国际标准 IEEE 754）表示数值，IEEE 754 规定第一位是符号位，`0` 表示正数，`1` 表示负数。所以会有两种零，`+0` 是符号位为 `0` 时的零值，`-0` 是符号位为 `1` 时的零值。实际编程中，判断一个值是`+0` 还是`-0` 非常麻烦，因为它们是相等的。

```
+0 === -0 // true
```

目前，有一个提案（jfbastien.github.io/papers/Math.signbit.html）中引入了 `Math.signbit()` 方法判断一个数的符号位是否已经设置。

```
Math.signbit(2)       //false
Math.signbit(-2)      //true
Math.signbit(0)       //false
Math.signbit(-0)      //true
```

可以看到，该方法正确返回了`-0` 的符号位是设置了的。

该方法的算法如下。

- 如果参数是 `NaN`，返回 `false`
- 如果参数是`-0`，返回 `true`
- 如果参数是负值，返回 `true`

- 其他情况返回 false

6.9　指数运算符

ES2016 新增了一个指数运算符（**）。

```
2 ** 2 // 4
2 ** 3 // 8
```

指数运算符可以与等号结合，形成一个新的赋值运算符（**=）。

```
let a = 1.5;
a **= 2;
// 等同于 a = a * a;

let b = 4;
b **= 3;
// 等同于 b = b * b * b;
```

注意！

在 V8 引擎中，指数运算符与 Math.pow 的实现不相同，对于特别大的运算结果，两者会有细微的差异。

```
Math.pow(99, 99)
// 3.697296376497263e+197

99 ** 99
// 3.697296376497268e+197
```

上面的代码中，两个运算结果的最后一位有效数字是有差异的。

6.10　Integer 数据类型

6.10.1　简介

JavaScript 所有数字都保存成 64 位浮点数，这决定了整数的精确程度只能到 53 个二进制位。大于这个范围的整数，JavaScript 是无法精确表示的，这使得 JavaScript 不适合进行科学和金融方面的精确计算。

现有一个提案（github.com/tc39/proposal-bigint），其中引入了新的数据类型 Integer（整数）来解决这个问题。整数类型的数据只用来表示整数，没有位数的限制，任何位数的整数都可以精确表示。

为了与 Number 类型区别，Integer 类型的数据必须使用后缀 `n` 来表示。

```
1n + 2n // 3n
```

二进制、八进制、十六进制的表示法都要加上后缀 `n`。

```
0b1101n     // 二进制
0o777n      // 八进制
0xFFn       // 十六进制
```

对于 Integer 类型的数据，`typeof` 运算符将返回 `integer`。

```
typeof 123n
// 'integer'
```

JavaScript 原生提供 `Integer` 对象，用来生成 Integer 类型的数值。转换规则基本与 `Number()` 一致。

```
Integer(123)        // 123n
Integer('123')      // 123n
Integer(false)      // 0n
Integer(true)       // 1n
```

以下的用法会报错。

```
new Integer()       // TypeError
Integer(undefined)  //TypeError
Integer(null)       // TypeError
Integer('123n')     // SyntaxError
Integer('abc')      // SyntaxError
```

6.10.2 运算

在数学运算方面，Integer 类型的`+`、`-`、`*`和`**`这四个二元运算符与 Number 类型的行为一致。除法运算`/`会舍去小数部分，返回一个整数。

```
9n / 5n
// 1n
```

几乎所有的 Number 运算符都可以用在 Integer 中，但是有两个除外：不带符号的右移位运算符`>>>`和一元的求正运算符`+`，这两种在使用时会报错。前者是因为`>>>`要求最高位补 0，但是 Integer 类型没有最高位，导致这个运算符无意义。后者是因为一元运算符+在 asm.js 里面总是返回 Number 类型或报错。

Integer 类型不能与 Number 类型进行混合运算。

```
1n + 1
// 报错
```

这是因为无论返回的是 Integer 还是 Number，都会丢失信息。比如`(2n**53n + 1n) + 0.5`这个表达式，如果返回 Integer 类型，`0.5`这个小数部分会丢失；如果返回 Number 类型，会超过 53 位精确数字，精度下降。

相等运算符（==）会改变数据类型，也是不允许混合使用的。

```
0n == 0
// 报错 TypeError

0n == false
// 报错 TypeError
```

精确相等运算符（===）不会改变数据类型，因此可以混合使用。

```
0n === 0
// false
```

第 7 章 函数的扩展

7.1 函数参数的默认值

7.1.1 基本用法

在 ES6 之前，不能直接为函数的参数指定默认值，只能采用变通的方法。

```
function log(x, y) {
  y = y || 'World';
  console.log(x, y);
}

log('Hello')            // Hello World
log('Hello', 'China')   // Hello China
log('Hello', '')        // Hello World
```

上面的代码检查函数 log 的参数 y 有没有赋值，如果没有，则指定默认值为 World。这种写法的缺点在于，如果参数 y 赋值了，但是对应的布尔值为 false，则该赋值不起作用。就像以上代码的最后一行，参数 y 等于空字符，结果被改为默认值。

为了避免这个问题，通常需要先判断一下参数 y 是否被赋值，如果没有，再令其等于默认值。

```
if (typeof y === 'undefined') {
  y = 'World';
}
```

ES6 允许为函数的参数设置默认值，即直接写在参数定义的后面。

```
function log(x, y = 'World') {
  console.log(x, y);
}

log('Hello')            // Hello World
log('Hello', 'China')   // Hello China
log('Hello', '')        // Hello
```

可以看到，ES6 的写法比 ES5 简洁许多，而且非常自然。下面是另一个例子。

```
function Point(x = 0, y = 0) {
  this.x = x;
  this.y = y;
}

var p = new Point();
p // { x: 0, y: 0 }
```

除了简洁，ES6 的写法还有两个好处：首先，阅读代码的人可以立刻意识到哪些参数是可以省略的，不用查看函数体或文档；其次，有利于将来的代码优化，即使未来的版本彻底拿掉这个参数，也不会导致以前的代码无法运行。

参数变量是默认声明的，所以不能用 `let` 或 `const` 再次声明。

```
function foo(x = 5) {
  let x = 1;        // error
  const x = 2;      // error
}
```

上面的代码中，参数变量 `x` 是默认声明的，在函数体中不能用 `let` 或 `const` 再次声明，否则会报错。

使用参数默认值时，函数不能有同名参数。

```
function foo(x, x, y = 1) {
  // ...
}
// SyntaxError: Duplicate parameter name not allowed in this context
```

另外一个容易忽略的地方是，参数默认值不是传值的，而是每次都重新计算默认值表达式的值。也就是说，参数默认值是惰性求值的。

```
let x = 99;
```

```
function foo(p = x + 1) {
  console.log(p);
}

foo() // 100

x = 100;
foo() // 101
```

上面的代码中，参数 p 的默认值是 x + 1。这时，每次调用函数 foo 都会重新计算 x + 1，而不是默认 p 等于 100。

7.1.2　与解构赋值默认值结合使用

参数默认值可以与解构赋值的默认值结合起来使用。

```
function foo({x, y = 5}) {
  console.log(x, y);
}

foo({}) // undefined, 5
foo({x: 1}) // 1, 5
foo({x: 1, y: 2}) // 1, 2
foo() // TypeError: Cannot read property 'x' of undefined
```

上面的代码使用了对象的解构赋值默认值，而没有使用函数参数的默认值。只有当函数 foo 的参数是一个对象时，变量 x 和 y 才会通过解构赋值而生成。如果函数 foo 调用时参数不是对象，变量 x 和 y 就不会生成，从而报错。只有参数对象没有 y 属性时，y 的默认值 5 才会生效。

下面是另一个对象的解构赋值默认值的例子。

```
function fetch(url, { body = '', method = 'GET', headers = {} }) {
  console.log(method);
}

fetch('http://example.com', {})
// "GET"

fetch('http://example.com')
// 报错
```

上面的代码中，如果函数 fetch 的第二个参数是一个对象，就可以为它的 3 个属性设置默认值。

上面的写法不能省略第二个参数，如果结合函数参数的默认值，就可以省略第二个参数。这时，就出现了双重默认值。

```
function fetch(url, { method = 'GET' } = {}) {
  console.log(method);
}

fetch('http://example.com')
// "GET"
```

上面的代码中，函数 fetch 没有第二个参数时，函数参数的默认值就会生效，然后才是解构赋值的默认值生效，变量 method 取到默认值 GET。

那么下面两种写法有什么差别呢？

```
// 写法一
function m1({x = 0, y = 0} = {}) {
  return [x, y];
}

// 写法二
function m2({x, y} = { x: 0, y: 0 }) {
  return [x, y];
}
```

上面两种写法都对函数的参数设定了默认值，区别在于，写法一中函数参数的默认值是空对象，但是设置了对象解构赋值的默认值；写法二中函数参数的默认值是一个有具体属性的函数，但是没有设置对象解构赋值的默认值。

```
// 函数没有参数的情况
m1() // [0, 0]
m2() // [0, 0]

// x 和 y 都有值的情况
m1({x: 3, y: 8}) // [3, 8]
m2({x: 3, y: 8}) // [3, 8]

// x 有值，y 无值的情况
m1({x: 3}) // [3, 0]
```

```
m2({x: 3}) // [3, undefined]

// x 和 y 都无值的情况
m1({}) // [0, 0];
m2({}) // [undefined, undefined]

m1({z: 3}) // [0, 0]
m2({z: 3}) // [undefined, undefined]
```

7.1.3　参数默认值的位置

通常情况下，定义了默认值的参数应该是函数的尾参数。因为这样比较容易看出到底省略了哪些参数。如果非尾部的参数设置默认值，实际上这个参数是无法省略的。

```
// 例一
function f(x = 1, y) {
  return [x, y];
}

f() // [1, undefined]
f(2) // [2, undefined])
f(, 1) // 报错
f(undefined, 1) // [1, 1]

// 例二
function f(x, y = 5, z) {
  return [x, y, z];
}

f() // [undefined, 5, undefined]
f(1) // [1, 5, undefined]
f(1, ,2) // 报错
f(1, undefined, 2) // [1, 5, 2]
```

上面的代码中，有默认值的参数都不是尾参数。这时，无法只省略该参数而不省略其后的参数，除非显式输入 undefined。

如果传入 undefined，将触发该参数等于默认值，null 则没有这个效果。

```
function foo(x = 5, y = 6) {
```

```
  console.log(x, y);
}

foo(undefined, null)
// 5 null
```

上面的代码中，x 参数对应 undefined，结果触发了默认值，y 参数等于 null，没有触发默认值。

7.1.4 函数的 length 属性

指定了默认值以后，函数的 length 属性将返回没有指定默认值的参数个数。也就是说，指定了默认值后，length 属性将失真。

```
(function (a) {}).length // 1
(function (a = 5) {}).length // 0
(function (a, b, c = 5) {}).length // 2
```

上面的代码中，length 属性的返回值等于函数的参数个数减去指定了默认值的参数个数。比如，上面的最后一个函数定义了 3 个参数，其中有一个参数 c 指定了默认值，因此 length 属性等于 3 减去 1，即 2。

这是因为 length 属性的含义是该函数预期传入的参数个数。某个参数指定默认值以后，预期传入的参数个数就不包括这个参数了。同理，rest 参数也不会计入 length 属性。

```
(function(...args) {}).length // 0
```

如果设置了默认值的参数不是尾参数，那么 length 属性也不再计入后面的参数。

```
(function (a = 0, b, c) {}).length // 0
(function (a, b = 1, c) {}).length // 1
```

7.1.5 作用域

一旦设置了参数的默认值，函数进行声明初始化时，参数会形成一个单独的作用域（context）。等到初始化结束，这个作用域就会消失。这种语法行为在不设置参数默认值时是不会出现的。

```
var x = 1;

function f(x, y = x) {
  console.log(y);
```

```
}

f(2) // 2
```

上面的代码中，参数 y 的默认值等于变量 x。调用函数 f 时，参数形成一个单独的作用域。在这个作用域里面，默认值变量 x 指向第一个参数 x，而不是全局变量 x，所以输出是 2。

再看下面的例子。

```
let x = 1;

function f(y = x) {
  let x = 2;
  console.log(y);
}

f() // 1
```

上面的代码中，函数 f 调用时，参数 y = x 形成一个单独的作用域。在这个作用域里面，变量 x 本身没有定义，所以指向外层的全局变量 x。函数调用时，函数体内部的局部变量 x 影响不到默认值变量 x。

如果此时全局变量 x 不存在，就会报错。

```
function f(y = x) {
  let x = 2;
  console.log(y);
}

f() // ReferenceError: x is not defined
```

像下面这样写，也会报错。

```
var x = 1;

function foo(x = x) {
  // ...
}

foo() // ReferenceError: x is not defined
```

上面的代码中，参数 x = x 形成一个单独作用域，实际执行的是 let x = x。由于暂时性死区，执行这行代码会产生“定义”错误。

如果参数的默认值是一个函数，该函数的作用域也遵守这个规则。请看下面的例子。

```
let foo = 'outer';

function bar(func = x => foo) {
  let foo = 'inner';
  console.log(func());
}

bar(); // outer
```

上面代码中，函数 bar 的参数 func 的默认值是一个匿名函数，返回值为变量 foo。函数参数形成的单独作用域里面并没有定义变量 foo，所以 foo 指向外层的全局变量 foo，因此输出 outer。

如果写成下面这样，就会报错。

```
function bar(func = () => foo) {
  let foo = 'inner';
  console.log(func());
}

bar() // ReferenceError: foo is not defined
```

上面的代码中，匿名函数里面的 foo 指向函数外层，但是函数外层并没有声明变量 foo，所以报错。

下面是一个更复杂的例子。

```
var x = 1;
function foo(x, y = function() { x = 2; }) {
  var x = 3;
  y();
  console.log(x);
}

foo() // 3
x // 1
```

上面的代码中，函数 foo 的参数形成一个单独作用域。这个作用域中首先声明了变量 x，然后声明了变量 y。y 的默认值是一个匿名函数，这个匿名函数内部的变量 x 指向同一个作用域的第一个参数 x。函数 foo 内部又声明了一个内部变量 x，该变量与第一个参数 x 由于不是同一个作用域，所以不是同一个变量，因此执行 y 后，内部变量 x 和外部全局变量 x 的值都没变。

如果将 var x = 3 的 var 去除，函数 foo 的内部变量 x 就指向第一个参数 x，与匿名函数内部的 x 是一致的，所以最后输出的就是 2，而外层的全局变量 x 依然不受影响。

```
var x = 1;
function foo(x, y = function() { x = 2; }) {
  x = 3;
  y();
  console.log(x);
}

foo() // 2
x // 1
```

7.1.6 应用

利用参数默认值可以指定某一个参数不得省略，如果省略就抛出一个错误。

```
function throwIfMissing() {
  throw new Error('Missing parameter');
}

function foo(mustBeProvided = throwIfMissing()) {
  return mustBeProvided;
}

foo()
// Error: Missing parameter
```

如果调用的时候没有参数，以上代码中的 foo 函数就会调用默认值 throwIfMissing 函数，从而抛出一个错误。

从上面的代码还可以看到，参数 mustBeProvided 的默认值等于 throwIfMissing 函数的运行结果（即函数名之后有一对圆括号），这表明参数的默认值不是在定义时执行，而是在运行时执行。如果参数已经赋值，默认值中的函数就不会运行。

另外，可以将参数默认值设为 undefined，表明这个参数是可以省略的。

```
function foo(optional = undefined) { ··· }
```

7.2 rest 参数

ES6 引入了 rest 参数（形式为“...变量名”），用于获取函数的多余参数，这样就不需要使用 arguments 对象了。rest 参数搭配的变量是一个数组，该变量将多余的参数放入其中。

```
function add(...values) {
  let sum = 0;

  for (var val of values) {
    sum += val;
  }

  return sum;
}

add(2, 5, 3) // 10
```

以上代码中的 add 函数是一个求和函数，利用 rest 参数可以向该函数传入任意数目的参数。

下面是一个 rest 参数代替 arguments 变量的例子。

```
// arguments 变量的写法
function sortNumbers() {
  return Array.prototype.slice.call(arguments).sort();
}

// rest 参数的写法
const sortNumbers = (...numbers) => numbers.sort();
```

比较上面的两种写法可以发现，rest 参数的写法更自然也更简洁。

rest 参数中的变量代表一个数组，所以数组特有的方法都可以用于这个变量。下面是一个利用 rest 参数改写数组 push 方法的例子。

```
function push(array, ...items) {
  items.forEach(function(item) {
    array.push(item);
    console.log(item);
  });
}

var a = [];
```

```
push(a, 1, 2, 3)
```

注意！

rest 参数之后不能再有其他参数（即只能是最后一个参数），否则会报错。

```
// 报错
function f(a, ...b, c) {
  // ...
}
```

函数的 `length` 属性不包括 rest 参数。

```
(function(a) {}).length  // 1
(function(...a) {}).length  // 0
(function(a, ...b) {}).length  // 1
```

7.3　严格模式

从 ES5 开始，函数内部可以设定为严格模式。

```
function doSomething(a, b) {
  'use strict';
  // code
}
```

ES2016 做了一点修改，规定只要函数参数使用了默认值、解构赋值或者扩展运算符，那么函数内部就不能显式设定为严格模式，否则就会报错。

```
// 报错
function doSomething(a, b = a) {
  'use strict';
  // code
}

// 报错
const doSomething = function ({a, b}) {
  'use strict';
  // code
};

// 报错
```

```
const doSomething = (...a) => {
  'use strict';
  // code
};

const obj = {
  // 报错
  doSomething({a, b}) {
    'use strict';
    // code
  }
};
```

这样规定的原因是，函数内部的严格模式同时适用于函数体和函数参数。但是，函数执行时，先执行函数参数，然后再执行函数体。这样就有一个不合理的地方：只有从函数体之中才能知道参数是否应该以严格模式执行，但是参数却应该先于函数体执行。

```
// 报错
function doSomething(value = 070) {
  'use strict';
  return value;
}
```

上面的代码中，参数 `value` 的默认值是八进制数 `070`，但是严格模式下不能用前缀 `0` 表示八进制，所以应该报错。但是实际上，JavaScript 引擎会先成功执行 `value = 070`，然后进入函数体内部，发现需要用严格模式执行时才会报错。

虽然可以先解析函数体代码，再执行参数代码，但是这样无疑增加了复杂性。因此，标准索性禁止了这种用法，只要参数使用了默认值、解构赋值、扩展运算符，就不能显式指定严格模式。

有两种方法可以规避这种限制。第一种是设定全局性的严格模式，这是合法的。

```
'use strict';

function doSomething(a, b = a) {
  // code
}
```

第二种是把函数包在一个无参数的立即执行函数里面。

```
const doSomething = (function () {
  'use strict';
```

```
  return function(value = 42) {
    return value;
  };
}());
```

7.4　name 属性

函数的 name 属性返回该函数的函数名。

```
function foo() {}
foo.name // "foo"
```

这个属性早就被浏览器广泛支持，但是直到 ES6 才写入了标准。

需要注意的是，ES6 对这个属性的行为做出了一些修改。如果将一个匿名函数赋值给一个变量，ES5 的 name 属性会返回空字符串，而 ES6 的 name 属性会返回实际的函数名。

```
var f = function () {};

// ES5
f.name // ""

// ES6
f.name // "f"
```

上面的代码中，变量 func1 等于一个匿名函数，ES5 和 ES6 的 name 属性返回的值不一样。

如果将一个具名函数赋值给一个变量，则 ES5 和 ES6 的 name 属性都返回这个具名函数原本的名字。

```
const bar = function baz() {};

// ES5
bar.name // "baz"

// ES6
bar.name // "baz"
```

Function 构造函数返回的函数实例，name 属性的值为 anonymous。

```
(new Function).name // "anonymous"
```

bind 返回的函数，name 属性值会加上 bound 前缀。

```
function foo() {};
```

```
foo.bind({}).name // "bound foo"

(function(){}).bind({}).name // "bound "
```

7.5 箭头函数

7.5.1 基本用法

ES6 允许使用“箭头”（=>）定义函数。

```
var f = v => v;
```

上面的箭头函数等同于以下代码。

```
var f = function(v) {
  return v;
};
```

如果箭头函数不需要参数或需要多个参数，就使用圆括号代表参数部分。

```
var f = () => 5;
// 等同于
var f = function () { return 5 };

var sum = (num1, num2) => num1 + num2;
// 等同于
var sum = function(num1, num2) {
  return num1 + num2;
};
```

如果箭头函数的代码块部分多于一条语句，就要使用大括号将其括起来，并使用 return 语句返回。

```
var sum = (num1, num2) => { return num1 + num2; }
```

由于大括号被解释为代码块，所以如果箭头函数直接返回一个对象，必须在对象外面加上括号。

```
var getTempItem = id => ({ id: id, name: "Temp" });
```

箭头函数可以与变量解构结合使用。

```
const full = ({ first, last }) => first + ' ' + last;
```

```
// 等同于
function full(person) {
  return person.first + ' ' + person.last;
}
```

箭头函数使得表达更加简洁。

```
const isEven = n => n % 2 == 0;
const square = n => n * n;
```

上面的代码只用了两行就定义了两个简单的工具函数。如果不用箭头函数，可能就要占用多行，而且还不如现在这样写醒目。

箭头函数的一个用处是简化回调函数。

```
// 正常函数写法
[1,2,3].map(function (x) {
  return x * x;
});

// 箭头函数写法
[1,2,3].map(x => x * x);
```

下面是另一个例子。

```
// 正常函数写法
var result = values.sort(function (a, b) {
  return a - b;
});

// 箭头函数写法
var result = values.sort((a, b) => a - b);
```

下面是 rest 参数与箭头函数结合的例子。

```
const numbers = (...nums) => nums;

numbers(1, 2, 3, 4, 5)
// [1,2,3,4,5]

const headAndTail = (head, ...tail) => [head, tail];

headAndTail(1, 2, 3, 4, 5)
// [1,[2,3,4,5]]
```

7.5.2 注意事项

箭头函数有以下几个使用注意事项。

1. 函数体内的 this 对象就是定义时所在的对象，而不是使用时所在的对象。

2. 不可以当作构造函数。也就是说，不可以使用 new 命令，否则会抛出一个错误。

3. 不可以使用 arguments 对象，该对象在函数体内不存在。如果要用，可以用 rest 参数代替。

4. 不可以使用 yield 命令，因此箭头函数不能用作 Generator 函数。

其中，第一点尤其值得注意。this 对象的指向是可变的，但在箭头函数中它是固定的。

```
function foo() {
  setTimeout(() => {
    console.log('id:', this.id);
  }, 100);
}

var id = 21;

foo.call({ id: 42 });
// id: 42
```

上面的代码中，setTimeout 的参数是一个箭头函数，这个箭头函数的定义是在 foo 函数生成时生效的，而它真正执行要等到 100ms 后。如果是普通函数，执行时 this 应该指向全局对象 window，这时应该输出 21。但是，箭头函数导致 this 总是指向函数定义生效时所在的对象（本例是{id: 42}），所以输出的是 42。

箭头函数可以让 setTimeout 里面的 this 绑定定义时所在的作用域，而不是指向运行时所在的作用域。下面是另一个例子。

```
function Timer() {
  this.s1 = 0;
  this.s2 = 0;
  // 箭头函数
  setInterval(() => this.s1++, 1000);
  // 普通函数
  setInterval(function () {
    this.s2++;
  }, 1000);
```

```
}

var timer = new Timer();

setTimeout(() => console.log('s1: ', timer.s1), 3100);
setTimeout(() => console.log('s2: ', timer.s2), 3100);
// s1: 3
// s2: 0
```

上面的代码中，`Timer` 函数内部设置了两个定时器，分别使用了箭头函数和普通函数。前者的 `this` 绑定定义时所在的作用域（即 `Timer` 函数），后者的 `this` 指向运行时所在的作用域（即全局对象）。所以，3100ms 之后，`timer.s1` 被更新了 3 次，而 `timer.s2` 一次都没更新。

箭头函数可以让 `this` 指向固定化，这种特性非常有利于封装回调函数。下面是一个例子，DOM 事件的回调函数封装在一个对象里面。

```
var handler = {
  id: '123456',

  init: function() {
    document.addEventListener('click',
      event => this.doSomething(event.type), false);
  },

  doSomething: function(type) {
    console.log('Handling ' + type  + ' for ' + this.id);
  }
};
```

以上代码的 `init` 方法中使用了箭头函数，这导致箭头函数里面的 `this` 总是指向 `handler` 对象。否则，回调函数运行时，`this.doSomething` 一行会报错，因为此时 `this` 指向 `document` 对象。

`this` 指向的固定化并不是因为箭头函数内部有绑定 `this` 的机制，实际原因是箭头函数根本没有自己的 `this`，导致内部的 `this` 就是外层代码块的 `this`。正是因为它没有 `this`，所以不能用作构造函数。

箭头函数转成 ES5 的代码如下。

```
// ES6
function foo() {
  setTimeout(() => {
```

```
    console.log('id:', this.id);
  }, 100);
}

// ES5
function foo() {
  var _this = this;

  setTimeout(function () {
    console.log('id:', _this.id);
  }, 100);
}
```

上面的代码中，转换后的 ES5 版本清楚地说明了箭头函数里面根本没有自己的 this，而是引用外层的 this。

请问下面的代码之中有几个 this？

```
function foo() {
  return () => {
    return () => {
      return () => {
        console.log('id:', this.id);
      };
    };
  };
}

var f = foo.call({id: 1});

var t1 = f.call({id: 2})()(); // id: 1
var t2 = f().call({id: 3})(); // id: 1
var t3 = f()().call({id: 4}); // id: 1
```

上面的代码中只有一个 this，就是函数 foo 的 this，所以 t1、t2、t3 都输出同样的结果。因为所有的内层函数都是箭头函数，都没有自己的 this，它们的 this 其实都是最外层 foo 函数的 this。

除了 this，以下 3 个变量在箭头函数中也是不存在的，分别指向外层函数的对应变量：arguments、super 和 new.target。

```
function foo() {
  setTimeout(() => {
    console.log('args:', arguments);
  }, 100);
}

foo(2, 4, 6, 8)
// args: [2, 4, 6, 8]
```

上面的代码中，箭头函数内部的变量 arguments 其实是函数 foo 的 arguments 变量。

另外，由于箭头函数没有自己的 this，当然也就不能用 call()、apply()、bind()这些方法去改变 this 的指向。

```
(function() {
  return [
    (() => this.x).bind({ x: 'inner' })()
  ];
}).call({ x: 'outer' });
// ['outer']
```

上面的代码中，箭头函数没有自己的 this，所以 bind 方法无效，内部的 this 指向外部的 this。

长期以来，JavaScript 语言的 this 对象一直是一个令人头痛的问题，在对象方法中使用 this 必须非常小心。箭头函数“绑定”this，很大程度上解决了这个困扰。

7.5.3 嵌套的箭头函数

箭头函数内部还可以再使用箭头函数。下面是一个 ES5 语法的多重嵌套函数。

```
function insert(value) {
  return {into: function (array) {
    return {after: function (afterValue) {
      array.splice(array.indexOf(afterValue) + 1, 0, value);
      return array;
    }};
  }};
}

insert(2).into([1, 3]).after(1); //[1, 2, 3]
```

上面这个函数可以使用箭头函数改写如下。

```
let insert = (value) => ({into: (array) => ({after: (afterValue) => {
  array.splice(array.indexOf(afterValue) + 1, 0, value);
  return array;
}})});

insert(2).into([1, 3]).after(1); //[1, 2, 3]
```

下面是一个部署管道机制（pipeline）的例子，即前一个函数的输出是后一个函数的输入。

```
const pipeline = (...funcs) =>
  val => funcs.reduce((a, b) => b(a), val);

const plus1 = a => a + 1;
const mult2 = a => a * 2;
const addThenMult = pipeline(plus1, mult2);

addThenMult(5)
// 12
```

如果觉得上面的写法可读性比较差，也可以采用下面的写法。

```
const plus1 = a => a + 1;
const mult2 = a => a * 2;

mult2(plus1(5))
// 12
```

箭头函数还有一个功能，就是可以很方便地改写 λ 演算。

```
// λ 演算的写法
fix = λf.(λx.f(λv.x(x)(v)))(λx.f(λv.x(x)(v)))

// ES6 的写法
var fix = f => (x => f(v => x(x)(v)))
               (x => f(v => x(x)(v)));
```

上面的两种写法几乎是一一对应的。由于 λ 演算对于计算机科学非常重要，这使得我们可以用 ES6 作为替代工具，探索计算机科学。

7.6 绑定 this

箭头函数可以绑定 this 对象，大大减少了显式绑定 this 对象的写法（call、apply、bind）。但是，箭头函数并非适用于所有场合，所以 ES7 提出了“函数绑定”（function bind）运算符，用来取代 call、apply、bind 调用。虽然该语法还是 ES7 的一个提案（github.com/zenparsing/es- function-bind），但是 Babel 转码器已经支持。

函数绑定运算符是并排的双冒号（::），双冒号左边是一个对象，右边是一个函数。该运算符会自动将左边的对象作为上下文环境（即 this 对象）绑定到右边的函数上。

```
foo::bar;
// 等同于
bar.bind(foo);

foo::bar(...arguments);
// 等同于
bar.apply(foo, arguments);

const hasOwnProperty = Object.prototype.hasOwnProperty;
function hasOwn(obj, key) {
  return obj::hasOwnProperty(key);
}
```

如果双冒号左边为空，右边是一个对象的方法，则等于将该方法绑定在该对象上。

```
var method = obj::obj.foo;
// 等同于
var method = ::obj.foo;

let log = ::console.log;
// 等同于
var log = console.log.bind(console);
```

由于双冒号运算符返回的还是原对象，因此可以采用链式写法。

```
// 例一
import { map, takeWhile, forEach } from "iterlib";

getPlayers()
::map(x => x.character())
::takeWhile(x => x.strength > 100)
```

```
::forEach(x => console.log(x));

// 例二
let { find, html } = jake;

document.querySelectorAll("div.myClass")
::find("p")
::html("hahaha");
```

7.7 尾调用优化

7.7.1 什么是尾调用

尾调用（Tail Call）是函数式编程的一个重要概念，本身非常简单，一句话就能说清楚，就是指某个函数的最后一步是调用另一个函数。

```
function f(x){
  return g(x);
}
```

上面的代码中，函数 f 的最后一步是调用函数 g，这就叫尾调用。

以下情况都不属于尾调用。

```
// 情况一
function f(x){
  let y = g(x);
  return y;
}

// 情况二
function f(x){
  return g(x) + 1;
}

// 情况三
function f(x){
  g(x);
}
```

上面的代码中，情况一是调用函数 g 之后还有赋值操作，所以不属于尾调用，即使语义完全一样；情况二也属于调用后还有操作，即使写在一行内；情况三等同于下面的代码。

```
function f(x){
  g(x);
  return undefined;
}
```

尾调用不一定出现在函数尾部，只要是最后一步操作即可。

```
function f(x) {
  if (x > 0) {
    return m(x)
  }
  return n(x);
}
```

上面的代码中，函数 m 和 n 都属于尾调用，因为它们都是函数 f 的最后一步操作。

7.7.2　尾调用优化

尾调用之所以与其他调用不同，就在于其特殊的调用位置。

我们知道，函数调用会在内存形成一个“调用记录”，又称“调用帧”（call frame），保存调用位置和内部变量等信息。如果在函数 A 的内部调用函数 B，那么在 A 的调用帧上方还会形成一个 B 的调用帧。等到 B 运行结束，将结果返回到 A，B 的调用帧才会消失。如果函数 B 内部还调用函数 C，那就还有一个 C 的调用帧，以此类推。所有的调用帧就形成一个“调用栈”（call stack）。

尾调用由于是函数的最后一步操作，所以不需要保留外层函数的调用帧，因为调用位置、内部变量等信息都不会再用到了，直接用内层函数的调用帧取代外层函数的即可。

```
function f() {
  let m = 1;
  let n = 2;
  return g(m + n);
}
f();

// 等同于
function f() {
  return g(3);
}
```

```
f();

// 等同于
g(3);
```

上面的代码中，如果函数 g 不是尾调用，函数 f 就需要保存内部变量 m 和 n 的值、g 的调用位置等信息。但由于调用 g 之后，函数 f 就结束了，所以执行到最后一步，完全可以删除 f(x) 的调用帧，只保留 g(3) 的调用帧。

这就叫作“尾调用优化”（Tail Call Optimization），即只保留内层函数的调用帧。如果所有函数都是尾调用，那么完全可以做到每次执行时调用帧只有一项，这将大大节省内存。这就是“尾调用优化”的意义。

注意！

只有不再用到外层函数的内部变量，内层函数的调用帧才会取代外层函数的调用帧，否则就无法进行“尾调用优化”。

```
function addOne(a){
  var one = 1;
  function inner(b){
    return b + one;
  }
  return inner(a);
}
```

上面的函数不会进行尾调用优化，因为内层函数 inner 用到了外层函数 addOne 的内部变量 one。

7.7.3 尾递归

函数调用自身称为递归。如果尾调用自身就称为尾递归。

递归非常耗费内存，因为需要同时保存成百上千个调用帧，很容易发生“栈溢出”错误（stack overflow）。但对于尾递归来说，由于只存在一个调用帧，所以永远不会发生“栈溢出”错误。

```
function factorial(n) {
  if (n === 1) return 1;
  return n * factorial(n - 1);
}

factorial(5) // 120
```

上面的代码是一个阶乘函数，计算 n 的阶乘，最多需要保存 n 个调用记录，复杂度为 O(n)。

如果改写成尾递归，只保留一个调用记录，则复杂度为 O(1)。

```
function factorial(n, total) {
  if (n === 1) return total;
  return factorial(n - 1, n * total);
}

factorial(5, 1) // 120
```

还有一个比较著名的例子——计算 Fibonacci 数列，也能充分说明尾递归优化的重要性。

非尾递归的 Fibonacci 数列实现如下。

```
function Fibonacci (n) {
  if ( n <= 1 ) {return 1};

  return Fibonacci(n - 1) + Fibonacci(n - 2);
}

Fibonacci(10) // 89
Fibonacci(100) // 堆栈溢出
Fibonacci(500) // 堆栈溢出
```

尾递归优化的 Fibonacci 数列实现如下。

```
function Fibonacci2 (n , ac1 = 1 , ac2 = 1) {
  if( n <= 1 ) {return ac2};

  return Fibonacci2 (n - 1, ac2, ac1 + ac2);
}

Fibonacci2(100) // 573147844013817200000
Fibonacci2(1000) // 7.0330367711422765e+208
Fibonacci2(10000) // Infinity
```

由此可见，“尾调用优化”对递归操作意义重大，所以一些函数式编程语言将其写入了语言规格。ES6 也是如此，第一次明确规定，所有 ECMAScript 的实现都必须部署“尾调用优化”。这就是说，在 ES6 中，只要使用尾递归，就不会发生栈溢出，相对节省内存。

7.7.4 递归函数的改写

尾递归的实现往往需要改写递归函数，确保最后一步只调用自身。做到这一点的方法，就是把所有用到的内部变量改写成函数的参数。比如上面的例子，阶乘函数 factorial 需要用到一个中间变量 total，那就把这个中间变量改写成函数的参数。这样做的缺点是不太直观，第一眼很难看出来，为什么计算 5 的阶乘需要传入两个参数 5 和 1？

有两个方法可以解决这个问题。方法一是在尾递归函数之外再提供一个正常形式的函数。

```
function tailFactorial(n, total) {
  if (n === 1) return total;
  return tailFactorial(n - 1, n * total);
}

function factorial(n) {
  return tailFactorial(n, 1);
}

factorial(5) // 120
```

上面的代码通过一个正常形式的阶乘函数 factorial 调用尾递归函数 tailFactorial，看起来就正常多了。

函数式编程有一个概念，叫作柯里化（currying），意思是将多参数的函数转换成单参数的形式。这里也可以使用柯里化。

```
function currying(fn, n) {
  return function (m) {
    return fn.call(this, m, n);
  };
}

function tailFactorial(n, total) {
  if (n === 1) return total;
  return tailFactorial(n - 1, n * total);
}

const factorial = currying(tailFactorial, 1);

factorial(5) // 120
```

上面的代码通过柯里化将尾递归函数 tailFactorial 变为只接受 1 个参数的 factorial。

第二种方法就简单多了，那就是采用 ES6 的函数默认值。

```
function factorial(n, total = 1) {
  if (n === 1) return total;
  return factorial(n - 1, n * total);
}

factorial(5) // 120
```

上面的代码中，参数 total 有默认值 1，所以调用时不用提供这个值。

总结一下，递归本质上是一种循环操作。纯粹的函数式编程语言没有循环操作命令，所有的循环都用递归实现，这就是为什么尾递归对这些语言极其重要。对于其他支持“尾调用优化”的语言（比如 Lua、ES6），只需要知道循环可以用递归代替，而一旦使用递归，就最好使用尾递归。

7.7.5 严格模式

ES6 的尾调用优化只在严格模式下开启，正常模式下是无效的。

这是因为，在正常模式下函数内部有两个变量，可以跟踪函数的调用栈。

- func.arguments：返回调用时函数的参数。
- func.caller：返回调用当前函数的那个函数。

尾调用优化发生时，函数的调用栈会改写，因此上面两个变量就会失真。严格模式禁用这两个变量，所以尾调用模式仅在严格模式下生效。

```
function restricted() {
  'use strict';
  restricted.caller;       // 报错
  restricted.arguments;    // 报错
}
restricted();
```

7.7.6 尾递归优化的实现

尾递归优化只在严格模式下生效，那么在正常模式下，或者在那些不支持该功能的环境中，有没有办法使用尾递归优化呢？回答是肯定的——自己实现尾递归优化。

原理非常简单。尾递归之所以需要优化，原因是调用栈太多造成溢出，那么只要减少调用栈就不会溢出。怎么做可以减少调用栈呢？答案是采用“循环”替换“递归”。

下面是一个正常的递归函数。

```
function sum(x, y) {
  if (y > 0) {
    return sum(x + 1, y - 1);
  } else {
    return x;
  }
}

sum(1, 100000)
// Uncaught RangeError: Maximum call stack size exceeded(…)
```

上面的代码中，sum 是一个递归函数，参数 x 是需要累加的值，参数 y 控制递归次数。一旦指定 sum 递归 100000 次，就会报错，提示超出调用栈的最大次数。

蹦床函数（trampoline）可以将递归执行转为循环执行。

```
function trampoline(f) {
  while (f && f instanceof Function) {
    f = f();
  }
  return f;
}
```

以上代码就是蹦床函数的一个实现，它接受函数 f 作为参数。只要 f 执行后返回一个函数，就继续执行。

这里是返回一个函数，然后执行该函数，而不是在函数里面调用函数，这样就避免了递归执行，从而消除了调用栈过大的问题。

然后要做的是将原来的递归函数改写为每一步返回另一个函数。

```
function sum(x, y) {
  if (y > 0) {
    return sum.bind(null, x + 1, y - 1);
  } else {
    return x;
  }
}
```

上面的代码中，sum 函数的每次执行都会返回自身的另一个版本。

现在，使用蹦床函数执行 sum 就不会发生调用栈溢出。

```
trampoline(sum(1, 100000))
// 100001
```

蹦床函数并不是真正的尾递归优化，下面的实现才是。

```
function tco(f) {
  var value;
  var active = false;
  var accumulated = [];

  return function accumulator() {
    accumulated.push(arguments);
    if (!active) {
      active = true;
      while (accumulated.length) {
        value = f.apply(this, accumulated.shift());
      }
      active = false;
      return value;
    }
  };
}

var sum = tco(function(x, y) {
  if (y > 0) {
    return sum(x + 1, y - 1)
  }
  else {
    return x
  }
});

sum(1, 100000)
// 100001
```

上面的代码中，tco 函数是尾递归优化的实现，它的奥妙就在于状态变量 active。默认情况下，这个变量是不被激活的。一旦进入尾递归优化的过程，这个变量就被激活了。然后，每一轮递归 sum 返回的都是 undefined，所以就避免了递归执行；而 accumulated 数组存放每一轮 sum 执行的参数，总是有值的，这就保证了 accumulator 函数内部的 while 循环总会执行，很巧妙地将“递归”改成了“循环”，而后一轮的参数会取代前一轮的参数，保证了调用栈只有一层。

7.8 函数参数的尾逗号

ES2017 中有一个提案（github.com/jeffmo/es-trailing-function-commas），允许函数的最后一个参数有尾逗号（trailing comma）。

此前，函数定义和调用时都不允许最后一个参数有尾逗号。

```
function clownsEverywhere(
  param1,
  param2
) { /* ... */ }

clownsEverywhere(
  'foo',
  'bar'
);
```

上面的代码中，如果在 param2 或 bar 后面加一个逗号，就会报错。

如果像上面这样将参数写成多行（即每个参数占据一行），那么以后修改代码时，若想为函数 clownsEverywhere 添加第三个参数，或者调整参数的次序，势必要在原来最后一个参数后面添加一个逗号。这对于版本管理系统来说，就会显示添加逗号的那一行发生了变动，看上去有点冗余，因此新提案允许定义和调用时尾部有一个逗号。

```
function clownsEverywhere(
  param1,
  param2,
) { /* ... */ }

clownsEverywhere(
  'foo',
  'bar',
);
```

这样的规定也使得函数参数与数组和对象的尾逗号规则可以保持一致。

第 8 章 数组的扩展

8.1 扩展运算符

8.1.1 含义

扩展运算符（spread）是三个点（...），它如同 rest 参数的逆运算，将一个数组转为用逗号分隔的参数序列。

```
console.log(...[1, 2, 3])
// 1 2 3

console.log(1, ...[2, 3, 4], 5)
// 1 2 3 4 5

[...document.querySelectorAll('div')]
// [<div>, <div>, <div>]
```

该运算符主要用于函数调用。

```
function push(array, ...items) {
  array.push(...items);
}

function add(x, y) {
  return x + y;
```

```
}

var numbers = [4, 38];
add(...numbers) // 42
```

上面的代码中，array.push(...items)和 add(...numbers)这两行都是函数的调用，它们都使用了扩展运算符。该运算符可以将一个数组变为参数序列。

扩展运算符与正常的函数参数可以结合使用，非常灵活。

```
function f(v, w, x, y, z) { }
var args = [0, 1];
f(-1, ...args, 2, ...[3]);
```

扩展运算符后面还可以放置表达式。

```
const arr = [
  ...(x > 0 ? ['a'] : []),
  'b',
];
```

如果扩展运算符后面是一个空数组，则不产生任何效果。

```
[...[], 1]
// [1]
```

8.1.2 替代数组的 apply 方法

由于扩展运算符可以展开数组，所以不再需要使用 apply 方法将数组转为函数的参数。

```
// ES5 的写法
function f(x, y, z) {
  // ...
}
var args = [0, 1, 2];
f.apply(null, args);

// ES6 的写法
function f(x, y, z) {
  // ...
}
var args = [0, 1, 2];
```

```
f(...args);
```

下面是扩展运算符取代 apply 方法的一个实际例子：应用 Math.max 方法简化求出一个数组中的最大元素。

```
// ES5 的写法
Math.max.apply(null, [14, 3, 77])

// ES6 的写法
Math.max(...[14, 3, 77])

// 等同于
Math.max(14, 3, 77);
```

上面的代码中，由于 JavaScript 不提供求数组最大元素的函数，所以只能套用 Math.max 函数将数组转为一个参数序列，然后求最大值。有了扩展运算符以后就可以直接使用 Math.max 了。

另一个例子是通过 push 函数将一个数组添加到另一个数组的尾部。

```
// ES5 的写法
var arr1 = [0, 1, 2];
var arr2 = [3, 4, 5];
Array.prototype.push.apply(arr1, arr2);

// ES6 的写法
var arr1 = [0, 1, 2];
var arr2 = [3, 4, 5];
arr1.push(...arr2);
```

上面代码的 ES5 写法中，push 方法的参数不可以是数组，所以只好通过 apply 方法变通使用 push 方法。有了扩展运算符，可以直接将数组传入 push 方法。

下面是另外一个例子。

```
// ES5
new (Date.bind.apply(Date, [null, 2015, 1, 1]))
// ES6
new Date(...[2015, 1, 1]);
```

8.1.3 扩展运算符的应用

合并数组

扩展运算符提供了数组合并的新写法。

```
// ES5
[1, 2].concat(more)
// ES6
[1, 2, ...more]

var arr1 = ['a', 'b'];
var arr2 = ['c'];
var arr3 = ['d', 'e'];

// ES5 的合并数组
arr1.concat(arr2, arr3);
// [ 'a', 'b', 'c', 'd', 'e' ]

// ES6 的合并数组
[...arr1, ...arr2, ...arr3]
// [ 'a', 'b', 'c', 'd', 'e' ]
```

与解构赋值结合

扩展运算符可以与解构赋值结合起来，用于生成数组。

```
// ES5
a = list[0], rest = list.slice(1)
// ES6
[a, ...rest] = list
```

下面是另外一些例子。

```
const [first, ...rest] = [1, 2, 3, 4, 5];
first // 1
rest  // [2, 3, 4, 5]

const [first, ...rest] = [];
first // undefined
rest  // []
```

```
const [first, ...rest] = ["foo"];
first  // "foo"
rest   // []
```

如果将扩展运算符用于数组赋值，则只能将其放在参数的最后一位，否则会报错。

```
const [...butLast, last] = [1, 2, 3, 4, 5];
// 报错

const [first, ...middle, last] = [1, 2, 3, 4, 5];
// 报错
```

函数的返回值

JavaScript 的函数只能返回一个值，如果需要返回多个值，只能返回数组或对象。扩展运算符提供了解决这个问题的一种变通方法。

```
var dateFields = readDateFields(database);
var d = new Date(...dateFields);
```

上面的代码从数据库取出一行数据，通过扩展运算符，直接将其传入构造函数 `Date`。

字符串

扩展运算符还可以将字符串转为真正的数组。

```
[...'hello']
// [ "h", "e", "l", "l", "o" ]
```

上面的写法有一个重要的好处：能够正确识别 32 位的 Unicode 字符。

```
'x\uD83D\uDE80y'.length // 4
[...'x\uD83D\uDE80y'].length // 3
```

以上代码的第一种写法中，JavaScript 会将 32 位 Unicode 字符识别为 2 个字符，采用扩展运算符就没有这个问题。因此，正确返回字符串长度的函数可以像下面这样写。

```
function length(str) {
  return [...str].length;
}

length('x\uD83D\uDE80y') // 3
```

凡是涉及操作 32 位 Unicode 字符的函数都有这个问题。因此，最好都用扩展运算符改写。

```
let str = 'x\uD83D\uDE80y';
```

```
str.split('').reverse().join('')
// 'y\uDE80\uD83Dx'

[...str].reverse().join('')
// 'y\uD83D\uDE80x'
```

上面的代码中，如果不用扩展运算符，字符串的 `reverse` 操作就不正确。

实现了 Iterator 接口的对象

任何 Iterator 接口的对象（参见第 15 章）都可以用扩展运算符转为真正的数组。

```
var nodeList = document.querySelectorAll('div');
var array = [...nodeList];
```

上面的代码中，`querySelectorAll` 方法返回的是一个 `nodeList` 对象。它不是数组，而是一个类似数组的对象。这时，扩展运算符可以将其转为真正的数组，原因在于 `NodeList` 对象实现了 Iterator。

对于那些没有部署 Iterator 接口的类似数组的对象，扩展运算符就无法将其转为真正的数组了。

```
let arrayLike = {
  '0': 'a',
  '1': 'b',
  '2': 'c',
  length: 3
};

// TypeError: Cannot spread non-iterable object.
let arr = [...arrayLike];
```

上面的代码中，`arrayLike` 是一个类似数组的对象，但是没有部署 Iterator 接口，扩展运算符就会报错。这时，可以改为使用 `Array.from` 方法将 `arrayLike` 转为真正的数组。

Map 和 Set 结构、Generator 函数

扩展运算符内部调用的是数据结构的 Iterator 接口，因此只要具有 Iterator 接口的对象，都可以使用扩展运算符，如 Map 结构。

```
let map = new Map([
  [1, 'one'],
  [2, 'two'],
  [3, 'three'],
```

```
]);

let arr = [...map.keys()]; // [1, 2, 3]
```

Generator 函数运行后会返回一个遍历器对象，因此也可以使用扩展运算符。

```
var go = function*(){
  yield 1;
  yield 2;
  yield 3;
};

[...go()] // [1, 2, 3]
```

上面的代码中，变量 go 是一个 Generator 函数，执行后返回的是一个遍历器对象，对这个遍历器对象执行扩展运算符即可将内部遍历得到的值转为一个数组。

对于没有 Iterator 接口的对象，使用扩展运算符将会报错。

```
var obj = {a: 1, b: 2};
let arr = [...obj]; // TypeError: Cannot spread non-iterable object
```

8.2 Array.from()

Array.from 方法用于将两类对象转为真正的数组：类似数组的对象（array-like object）和可遍历（iterable）对象（包括 ES6 新增的数据结构 Set 和 Map）。

下面是一个类似数组的对象，Array.from 将它转为真正的数组。

```
let arrayLike = {
    '0': 'a',
    '1': 'b',
    '2': 'c',
    length: 3
};

// ES5 的写法
var arr1 = [].slice.call(arrayLike); // ['a', 'b', 'c']

// ES6 的写法
let arr2 = Array.from(arrayLike); // ['a', 'b', 'c']
```

实际应用中，常见的类似数组的对象是 DOM 操作返回的 NodeList 集合，以及函数内部的

arguments 对象。Array.from 都可以将它们转为真正的数组。

```
// NodeList 对象
let ps = document.querySelectorAll('p');
Array.from(ps).forEach(function (p) {
  console.log(p);
});

// arguments 对象
function foo() {
  var args = Array.from(arguments);
  // ...
}
```

上面的代码中，querySelectorAll 方法返回的是一个类似数组的对象，只有将这个对象转为真正的数组，才能使用 forEach 方法。

只要是部署了 Iterator 接口的数据结构，Array.from 都能将其转为数组。

```
Array.from('hello')
// ['h', 'e', 'l', 'l', 'o']

let namesSet = new Set(['a', 'b'])
Array.from(namesSet) // ['a', 'b']
```

上面的代码中，字符串和 Set 结构都具有 Iterator 接口，因此可以被 Array.from 转为真正的数组。

如果参数是一个真正的数组，Array.from 会返回一个一模一样的新数组。

```
Array.from([1, 2, 3])
// [1, 2, 3]
```

值得提醒的是，扩展运算符（...）也可以将某些数据结构转为数组。

```
// arguments 对象
function foo() {
  var args = [...arguments];
}

// NodeList 对象
[...document.querySelectorAll('div')]
```

扩展运算符背后调用的是遍历器接口（Symbol.iterator），如果一个对象没有部署该接口，就无法转换。Array.from 方法还支持类似数组的对象。所谓类似数组的对象，本质特征只有一点，即必须有 length 属性。因此，任何有 length 属性的对象，都可以通过 Array.from 方法转为数组，而这种情况扩展运算符无法转换。

```
Array.from({ length: 3 });
// [ undefined, undefined, undefined ]
```

上面的代码中，Array.from 返回了一个具有 3 个成员的数组，每个位置的值都是 undefined。扩展运算符转换不了这个对象。

对于还没有部署该方法的浏览器，可以用 Array.prototype.slice 方法替代。

```
const toArray = (() =>
  Array.from ? Array.from : obj => [].slice.call(obj)
)();
```

Array.from 还可以接受第二个参数，作用类似于数组的 map 方法，用来对每个元素进行处理，将处理后的值放入返回的数组。

```
Array.from(arrayLike, x => x * x);
// 等同于
Array.from(arrayLike).map(x => x * x);

Array.from([1, 2, 3], (x) => x * x)
// [1, 4, 9]
```

下面的例子是取出一组 DOM 节点的文本内容。

```
let spans = document.querySelectorAll('span.name');

// map()
let names1 = Array.prototype.map.call(spans, s => s.textContent);

// Array.from()
let names2 = Array.from(spans, s => s.textContent)
```

下面的例子将数组中布尔值为 false 的成员转为 0。

```
Array.from([1, , 2, , 3], (n) => n || 0)
// [1, 0, 2, 0, 3]
```

另一个例子是返回各种数据的类型。

```
function typesOf () {
  return Array.from(arguments, value => typeof value)
}
```

```
typesOf(null, [], NaN)
// ['object', 'object', 'number']
```

如果 map 函数里面用到了 this 关键字，还可以传入 Array.from 第三个参数，用来绑定 this。

Array.from()可以将各种值转为真正的数组，并且提供 map 功能。这实际上意味着，只要有一个原始的数据结构，就可以先对它的值进行处理，然后转成规范的数组结构，进而可以使用数量众多的数组方法。

```
Array.from({ length: 2 }, () => 'jack')
// ['jack', 'jack']
```

上面的代码中，Array.from 的第一个参数指定了第二个参数运行的次数。这种特性可以让该方法的用法变得非常灵活。

Array.from()的另一个应用是，将字符串转为数组，然后返回字符串的长度。因为它能正确处理各种 Unicode 字符，可以避免 JavaScript 将大于\uFFFF 的 Unicode 字符算作 2 个字符的 bug。

```
function countSymbols(string) {
  return Array.from(string).length;
}
```

8.3 Array.of()

Array.of 方法用于将一组值转换为数组。

```
Array.of(3, 11, 8) // [3,11,8]
Array.of(3) // [3]
Array.of(3).length // 1
```

这个方法的主要目的是弥补数组构造函数 Array()的不足。因为参数个数的不同会导致 Array()的行为有差异。

```
Array() // []
Array(3) // [, , ,]
Array(3, 11, 8) // [3, 11, 8]
```

上面的代码中，Array 方法没有参数、有 1 个参数或有 3 个参数时，返回结果都不一样。只有当参数个数不少于 2 个时，Array()才会返回由参数组成的新数组。参数个数只有 1 个时，实际上是指定数组的长度。

Array.of 基本上可以用来替代 Array()或 new Array()，并且不存在由于参数不同而导致的重载。它的行为非常统一。

```
Array.of() // []
Array.of(undefined) // [undefined]
Array.of(1) // [1]
Array.of(1, 2) // [1, 2]
```

Array.of 总是返回参数值组成的数组。如果没有参数，就返回一个空数组。

Array.of 方法可以用下面的代码模拟实现。

```
function ArrayOf(){
  return [].slice.call(arguments);
}
```

8.4　数组实例的 copyWithin()

数组实例的 copyWithin 方法会在当前数组内部将指定位置的成员复制到其他位置（会覆盖原有成员），然后返回当前数组。也就是说，使用这个方法会修改当前数组。

```
Array.prototype.copyWithin(target, start = 0, end = this.length)
```

它接受 3 个参数。

- target（必选）：从该位置开始替换数据。
- start（可选）：从该位置开始读取数据，默认为 0。如果为负值，表示倒数。
- end（可选）：到该位置前停止读取数据，默认等于数组长度。如果为负值，表示倒数。

这 3 个参数都应该是数值，如果不是，会自动转为数值。

```
[1, 2, 3, 4, 5].copyWithin(0, 3)
// [4, 5, 3, 4, 5]
```

上面的代码表示，将从 3 号位置直到数组结束的成员（4 和 5）复制到从 0 号位置开始的位置，结果覆盖了原来的 1 和 2。

下面是更多例子。

```
// 将 3 号位复制到 0 号位
[1, 2, 3, 4, 5].copyWithin(0, 3, 4)
// [4, 2, 3, 4, 5]

// -2 相当于 3 号位，-1 相当于 4 号位
[1, 2, 3, 4, 5].copyWithin(0, -2, -1)
// [4, 2, 3, 4, 5]
```

```
// 将 3 号位复制到 0 号位
[].copyWithin.call({length: 5, 3: 1}, 0, 3)
// {0: 1, 3: 1, length: 5}

// 将 2 号位到数组结束，复制到 0 号位
var i32a = new Int32Array([1, 2, 3, 4, 5]);
i32a.copyWithin(0, 2);
// Int32Array [3, 4, 5, 4, 5]

// 对于没有部署 TypedArray 的 copyWithin 方法的平台
// 需要采用下面的写法
[].copyWithin.call(new Int32Array([1, 2, 3, 4, 5]), 0, 3, 4);
// Int32Array [4, 2, 3, 4, 5]
```

8.5 数组实例的 find()和 findIndex()

数组实例的 find 方法用于找出第一个符合条件的数组成员。它的参数是一个回调函数，所有数组成员依次执行该回调函数，直到找出第一个返回值为 true 的成员，然后返回该成员。如果没有符合条件的成员，则返回 undefined。

```
[1, 4, -5, 10].find((n) => n < 0)
// -5
```

上面的代码可以找出数组中第一个小于 0 的成员。

```
[1, 5, 10, 15].find(function(value, index, arr) {
  return value > 9;
}) // 10
```

上面的代码中，find 方法的回调函数可以接受 3 个参数，依次为当前的值、当前的位置和原数组。

数组实例的 findIndex 方法的用法与 find 方法非常类似，返回第一个符合条件的数组成员的位置，如果所有成员都不符合条件，则返回-1。

```
[1, 5, 10, 15].findIndex(function(value, index, arr) {
  return value > 9;
}) // 2
```

这两个方法都可以接受第二个参数，用来绑定回调函数的 this 对象。

另外，这两个方法都可以发现 NaN，弥补了数组的 IndexOf 方法的不足。

```
[NaN].indexOf(NaN)
// -1

[NaN].findIndex(y => Object.is(NaN, y))
// 0
```

上面的代码中，indexOf 方法无法识别数组的 NaN 成员，但是 findIndex 方法可以借助 Object.is 方法做到。

8.6　数组实例的 fill()

fill 方法使用给定值填充一个数组。

```
['a', 'b', 'c'].fill(7)
// [7, 7, 7]

new Array(3).fill(7)
// [7, 7, 7]
```

上面的代码表明，fill 方法用于空数组的初始化时非常方便。数组中已有的元素会被全部抹去。

fill 方法还可以接受第二个和第三个参数，用于指定填充的起始位置和结束位置。

```
['a', 'b', 'c'].fill(7, 1, 2)
// ['a', 7, 'c']
```

上面的代码表示，fill 方法从 1 号位开始向原数组填充 7，到 2 号位之前结束。

8.7　数组实例的 entries()、keys()和 values()

ES6 提供了 3 个新方法——entries()、keys()和 values()——用于遍历数组。它们都返回一个遍历器对象（详见第 15 章），可用 for...of 循环遍历，唯一的区别在于，keys()是对键名的遍历，values()是对键值的遍历，entries()是对键值对的遍历。

```
for (let index of ['a', 'b'].keys()) {
  console.log(index);
}
// 0
// 1
```

```
for (let elem of ['a', 'b'].values()) {
  console.log(elem);
}
// 'a'
// 'b'

for (let [index, elem] of ['a', 'b'].entries()) {
  console.log(index, elem);
}
// 0 "a"
// 1 "b"
```

如果不使用 for...of 循环，可以手动调用遍历器对象的 next 方法进行遍历。

```
let letter = ['a', 'b', 'c'];
let entries = letter.entries();
console.log(entries.next().value); // [0, 'a']
console.log(entries.next().value); // [1, 'b']
console.log(entries.next().value); // [2, 'c']
```

8.8 数组实例的 includes()

Array.prototype.includes 方法返回一个布尔值，表示某个数组是否包含给定的值，与字符串的 includes 方法类似。ES2016 引入了该方法。

```
[1, 2, 3].includes(2)     // true
[1, 2, 3].includes(4)     // false
[1, 2, NaN].includes(NaN) // true
```

该方法的第二个参数表示搜索的起始位置，默认为 0。如果第二个参数为负数，则表示倒数的位置，如果这时它大于数组长度（比如第二个参数为-4，但数组长度为 3），则会重置为从 0 开始。

```
[1, 2, 3].includes(3, 3);  // false
[1, 2, 3].includes(3, -1); // true
```

没有该方法之前，我们通常使用数组的 indexOf 方法检查是否包含某个值。

```
if (arr.indexOf(el) !== -1) {
  // ...
}
```

indexOf 方法有两个缺点：一是不够语义化，其含义是找到参数值的第一个出现位置，所以要比较是否不等于-1，表达起来不够直观；二是，其内部使用严格相等运算符（===）进行判断，会导致对 NaN 的误判。

```
[NaN].indexOf(NaN)
// -1
```

includes 使用的是不一样的判断算法，就没有这个问题。

```
[NaN].includes(NaN)
// true
```

下面的代码用来检查当前环境是否支持该方法，如果不支持，就部署一个简易的替代版本。

```
const contains = (() =>
  Array.prototype.includes
    ? (arr, value) => arr.includes(value)
    : (arr, value) => arr.some(el => el === value)
)();
contains(['foo', 'bar'], 'baz'); // => false
```

另外，Map 和 Set 数据结构有一个 has 方法，需要注意与 includes 区分。

- Map 结构的 has 方法是用来查找键名的，比如 Map.prototype.has(key)、WeakMap.prototype.has(key)、Reflect.has(target, propertyKey)。
- Set 结构的 has 方法是用来查找值的，比如 Set.prototype.has(value)、WeakSet.prototype.has(value)。

8.9 数组的空位

数组的空位指数组的某一个位置没有任何值。比如，Array 构造函数返回的数组都是空位。

```
Array(3) // [, , ,]
```

上面的代码中，Array(3)返回一个具有 3 个空位的数组。

注意！

空位不是 undefined，一个位置的值等于 undefined 依然是有值的。空位是没有任何值的，in 运算符可以说明这一点。

```
0 in [undefined, undefined, undefined] // true
0 in [, , ,] // false
```

上面的代码说明，第一个数组的 0 号位置是有值的，第二个数组的 0 号位置没有值。

ES5 对空位的处理很不一致，大多数情况下会忽略空位。

- forEach()、filter()、every() 和 some() 都会跳过空位。
- map() 会跳过空位，但会保留这个值。
- join() 和 toString() 会将空位视为 undefined，而 undefined 和 null 会被处理成空字符串。

```
// forEach 方法
[,'a'].forEach((x,i) => console.log(i)); // 1

// filter 方法
['a',,'b'].filter(x => true) // ['a','b']

// every 方法
[,'a'].every(x => x==='a') // true

// some 方法
[,'a'].some(x => x !== 'a') // false

// map 方法
[,'a'].map(x => 1) // [,1]

// join 方法
[,'a',undefined,null].join('#') // "#a##"

// toString 方法
[,'a',undefined,null].toString() // ",a,,"
```

ES6 则是明确将空位转为 undefined。

Array.from 方法会将数组的空位转为 undefined。也就是说，这个方法不会忽略空位。

```
Array.from(['a',,'b'])
// [ "a", undefined, "b" ]
```

扩展运算符（...）也会将空位转为 undefined。

```
[...['a',,'b']]

// [ "a", undefined, "b" ]
```

copyWithin() 会连空位一起复制。

```
[,'a','b',,].copyWithin(2,0) // [,"a",,"a"]
```

fill()会将空位视为正常的数组位置。

```
new Array(3).fill('a') // ["a","a","a"]
```

for...of 循环也会遍历空位。

```
let arr = [, ,];
for (let i of arr) {
  console.log(1);
}
// 1
// 1
```

上面的代码中，数组 arr 有两个空位，for...of 并没有忽略它们。如果改成 map 方法遍历，是会跳过空位的。

entries()、keys()、values()、find()和 findIndex()会将空位处理成 undefined。

```
// entries()
[...[,'a'].entries()] // [[0,undefined], [1,"a"]]

// keys()
[...[,'a'].keys()] // [0,1]

// values()
[...[,'a'].values()] // [undefined,"a"]

// find()
[,'a'].find(x => true) // undefined

// findIndex()
[,'a'].findIndex(x => true) // 0
```

由于空位的处理规则非常不统一，所以建议避免出现空位。

第 9 章 对象的扩展

9.1 属性的简洁表示法

ES6 允许直接写入变量和函数作为对象的属性和方法。这样的书写更加简洁。

```
var foo = 'bar';
var baz = {foo};
baz // {foo: "bar"}

// 等同于
var baz = {foo: foo};
```

上面的代码表明，ES6 允许在对象中只写属性名，不写属性值。这时，属性值等于属性名所代表的变量。下面是另一个例子。

```
function f(x, y) {
  return {x, y};
}

// 等同于

function f(x, y) {
  return {x: x, y: y};
}

f(1, 2) // Object {x: 1, y: 2}
```

除了属性简写，方法也可以简写。

```
var o = {
  method() {
    return "Hello!";
  }
};

// 等同于

var o = {
  method: function() {
    return "Hello!";
  }
};
```

下面是一个实际的例子。

```
var birth = '2000/01/01';

var Person = {

  name: '张三',

  // 等同于birth: birth
  birth,

  // 等同于hello: function ()...
  hello() { console.log('我的名字是', this.name); }

};
```

这种写法用于函数的返回值会非常方便。

```
function getPoint() {
  var x = 1;
  var y = 10;
  return {x, y};
}

getPoint()
```

```
// {x:1, y:10}
```

CommonJS 模块输出变量就非常适合使用简洁写法。

```
var ms = {};

function getItem (key) {
  return key in ms ? ms[key] : null;
}

function setItem (key, value) {
  ms[key] = value;
}

function clear () {
  ms = {};
}

module.exports = { getItem, setItem, clear };
// 等同于
module.exports = {
  getItem: getItem,
  setItem: setItem,
  clear: clear
};
```

属性的赋值器（setter）和取值器（getter）事实上也采用了这种写法。

```
var cart = {
  _wheels: 4,

  get wheels () {
    return this._wheels;
  },

  set wheels (value) {
    if (value < this._wheels) {
      throw new Error('数值太小了！');
    }
    this._wheels = value;
  }
```

```
}
```

注意，简洁写法中属性名总是字符串，这会导致一些看上去比较奇怪的结果。

```
var obj = {
  class () {}
};

// 等同于

var obj = {
  'class': function() {}
};
```

上面的代码中，class 是字符串，所以不会因为它属于关键字而导致语法解析报错。

如果某个方法的值是一个 Generator 函数，则其前面需要加上星号。

```
var obj = {
  * m(){
    yield 'hello world';
  }
};
```

9.2 属性名表达式

JavaScript 语言定义对象的属性有两种方法。

```
// 方法一
obj.foo = true;

// 方法二
obj['a' + 'bc'] = 123;
```

上面的方法一是直接用标识符作为属性名；方法二是用表达式作为属性名，这时要将表达式放在方括号内。

但是，如果使用字面量方式定义对象（使用大括号），则在 ES5 中只能使用方法一（标识符）定义属性。

```
var obj = {
  foo: true,
  abc: 123
```

```
};
```

ES6 允许字面量定义对象时用方法二（表达式作为对象的属性名），即把表达式放在方括号内。

```
let propKey = 'foo';

let obj = {
  [propKey]: true,
  ['a' + 'bc']: 123
};
```

下面是另一个例子。

```
var lastWord = 'last word';

var a = {
  'first word': 'hello',
  [lastWord]: 'world'
};

a['first word'] // "hello"
a[lastWord] // "world"
a['last word'] // "world"
```

表达式还可以用于定义方法名。

```
let obj = {
  ['h' + 'ello']() {
    return 'hi';
  }
};

obj.hello() // hi
```

注意，属性名表达式与简洁表示法不能同时使用，否则会报错。

```
// 报错
var foo = 'bar';
var bar = 'abc';
var baz = { [foo] };

// 正确
```

```
var foo = 'bar';
var baz = { [foo]: 'abc'};
```

注意，属性名表达式如果是一个对象，默认情况下会自动将对象转为字符串[object Object]，这一点要特别小心。

```
const keyA = {a: 1};
const keyB = {b: 2};

const myObject = {
  [keyA]: 'valueA',
  [keyB]: 'valueB'
};

myObject // Object {[object Object]: "valueB"}
```

上面的代码中，[keyA]和[keyB]得到的都是[object Object]，所以[keyB]会把[keyA]覆盖掉，而 myObject 最后只有一个[object Object]属性。

9.3 方法的 name 属性

函数的 name 属性返回函数名。对象方法也是函数，因此也有 name 属性。

```
const person = {
  sayName() {
    console.log('hello!');
  },
};

person.sayName.name   // "sayName"
```

上面的代码中，方法的 name 属性返回函数名（即方法名）。

如果对象的方法使用了取值函数（getter）和存值函数（setter），则 name 属性不是在该方法上面，而是在该方法属性的描述对象的 get 和 set 属性上面，返回值是方法名前加上 get 和 set。

```
const obj = {
  get foo() {},
  set foo(x) {}
};
```

```
obj.foo.name
// TypeError: Cannot read property 'name' of undefined

const descriptor = Object.getOwnPropertyDescriptor(obj, 'foo');

descriptor.get.name // "get foo"
descriptor.set.name // "set foo"
```

有两种特殊情况：bind 方法创造的函数，name 属性返回“bound”加上原函数的名字；Function 构造函数创造的函数，name 属性返回“anonymous”。

```
(new Function()).name // "anonymous"

var doSomething = function() {
  // ...
};
doSomething.bind().name // "bound doSomething"
```

如果对象的方法是一个 Symbol 值，那么 name 属性返回的是这个 Symbol 值的描述。

```
const key1 = Symbol('description');
const key2 = Symbol();
let obj = {
  [key1]() {},
  [key2]() {},
};
obj[key1].name // "[description]"
obj[key2].name // ""
```

上面的代码中，key1 对应的 Symbol 值有描述，key2 没有。

9.4 Object.is()

ES5 比较两个值是否相等，只有两个运算符：相等运算符（==）和严格相等运算符（===）。它们都有缺点，前者会自动转换数据类型，后者的 NaN 不等于自身，以及+0 等于-0。JavaScript 缺乏这样一种运算：在所有环境中，只要两个值是一样的，它们就应该相等。

ES6 提出了“Same-value equality”（同值相等）算法用来解决这个问题。Object.is 就是部署这个算法的新方法。它用来比较两个值是否严格相等，与严格相等运算符（===）的行为基本一致。

```
Object.is('foo', 'foo')
```

```
// true
Object.is({}, {})
// false
```

不同之处只有两个：一是+0 不等于-0，二是 NaN 等于自身。

```
+0 === -0 //true
NaN === NaN // false

Object.is(+0, -0) // false
Object.is(NaN, NaN) // true
```

ES5 可以通过下面的代码部署 Object.is。

```
Object.defineProperty(Object, 'is', {
  value: function(x, y) {
    if (x === y) {
      // 针对+0 不等于 -0 的情况
      return x !== 0 || 1 / x === 1 / y;
    }
    // 针对 NaN 的情况
    return x !== x && y !== y;
  },
  configurable: true,
  enumerable: false,
  writable: true
});
```

9.5 Object.assign()

9.5.1 基本用法

Object.assign 方法用于将源对象（source）的所有可枚举属性复制到目标对象（target）。

```
var target = { a: 1 };

var source1 = { b: 2 };
var source2 = { c: 3 };

Object.assign(target, source1, source2);
```

```
target // {a:1, b:2, c:3}
```

Object.assign 方法的第一个参数是目标对象，后面的参数都是源对象。

注意！

如果目标对象与源对象有同名属性，或多个源对象有同名属性，则后面的属性会覆盖前面的属性。

```
var target = { a: 1, b: 1 };

var source1 = { b: 2, c: 2 };
var source2 = { c: 3 };

Object.assign(target, source1, source2);
target // {a:1, b:2, c:3}
```

如果只有一个参数，Object.assign 会直接返回该参数。

```
var obj = {a: 1};
Object.assign(obj) === obj // true
```

如果该参数不是对象，则会先转成对象，然后返回。

```
typeof Object.assign(2) // "object"
```

由于 undefined 和 null 无法转成对象，所以如果将它们作为参数，就会报错。

```
Object.assign(undefined)    // 报错
Object.assign(null)         // 报错
```

如果非对象参数出现在源对象的位置（即非首参数），那么处理规则将有所不同。首先，这些参数都会转成对象，如果无法转成对象便会跳过。这意味着，如果 undefined 和 null 不在首参数便不会报错。

```
let obj = {a: 1};
Object.assign(obj, undefined) === obj // true
Object.assign(obj, null) === obj // true
```

其他类型的值（即数值、字符串和布尔值）不在首参数也不会报错。但是，除了字符串会以数组形式复制到目标对象，其他值都不会产生效果。

```
var v1 = 'abc';
var v2 = true;
var v3 = 10;
```

```
var obj = Object.assign({}, v1, v2, v3);
console.log(obj); // { "0": "a", "1": "b", "2": "c" }
```

上面的代码中，v1、v2、v3 分别是字符串、布尔值和数值，结果只有字符串合入目标对象（以字符数组的形式），数值和布尔值都会被忽略。这是因为只有字符串的包装对象会产生可枚举属性。

```
Object(true) // {[[PrimitiveValue]]: true}
Object(10)  //  {[[PrimitiveValue]]: 10}
Object('abc')
// {0: "a", 1: "b", 2: "c", length: 3, [[PrimitiveValue]]: "abc"}
```

上面的代码中，布尔值、数值、字符串分别转成对应的包装对象，可以看到它们的原始值都在包装对象的内部属性[[PrimitiveValue]]上面，这个属性是不会被 Object.assign 复制的。只有字符串的包装对象会产生可枚举的实义属性，那些属性则会被拷贝。

Object.assign 复制的属性是有限制的，只复制源对象的自身属性（不复制继承属性），也不复制不可枚举的属性（enumerable: false）。

```
Object.assign({b: 'c'},
  Object.defineProperty({}, 'invisible', {
    enumerable: false,
    value: 'hello'
  })
)
// { b: 'c' }
```

上面的代码中，Object.assign 要复制的对象只有一个不可枚举属性 invisible，这个属性并没有被复制进去。

属性名为 Symbol 值的属性也会被 Object.assign 复制。

```
Object.assign({ a: 'b' }, { [Symbol('c')]: 'd' })
// { a: 'b', Symbol(c): 'd' }
```

9.5.2 注意点

Object.assign 方法实行的是浅复制，而不是深复制。也就是说，如果源对象某个属性的值是对象，那么目标对象复制得到的是这个对象的引用。

```
var obj1 = {a: {b: 1}};
var obj2 = Object.assign({}, obj1);
```

```
obj1.a.b = 2;
obj2.a.b // 2
```

上面的代码中，源对象 obj1 的 a 属性的值是一个对象，Object.assign 复制得到的是这个对象的引用。这个对象的任何变化都会反映到目标对象上面。

对于这种嵌套的对象，一旦遇到同名属性，Object.assign 的处理方法是替换而不是添加。

```
var target = { a: { b: 'c', d: 'e' } }
var source = { a: { b: 'hello' } }
Object.assign(target, source)
// { a: { b: 'hello' } }
```

上面的代码中，target 对象的 a 属性被 source 对象的 a 属性整个替换掉了，而不会得到{ a: { b: 'hello', d: 'e' } }的结果。这通常不是开发者想要的，需要特别小心。

有一些函数库提供 Object.assign 的定制版本（比如 Lodash 的_.defaultsDeep 方法），可以解决浅复制的问题，得到深复制的合并。

注意，Object.assign 可以用来处理数组，但是会把数组视为对象来处理。

```
Object.assign([1, 2, 3], [4, 5])
// [4, 5, 3]
```

上面的代码中，Object.assign 把数组视为属性名为 0、1、2 的对象，因此目标数组的 0 号属性 4 覆盖了原数组的 0 号属性 1。

9.5.3　常见用途

Object.assign 方法有很多用处。

为对象添加属性

```
class Point {
  constructor(x, y) {
    Object.assign(this, {x, y});
  }
}
```

上面的方法通过 assign 方法将 x 属性和 y 属性添加到了 Point 类的对象实例中。

为对象添加方法

```
Object.assign(SomeClass.prototype, {
  someMethod(arg1, arg2) {
```

```
    ...
  },
  anotherMethod() {
    ...
  }
});

// 等同于下面的写法
SomeClass.prototype.someMethod = function (arg1, arg2) {
  ...
};
SomeClass.prototype.anotherMethod = function () {
  ...
};
```

上面的代码使用了对象属性的简洁表示法，直接将两个函数放在大括号中，再使用 assign 方法添加到 SomeClass.prototype 中。

克隆对象

```
function clone(origin) {
  return Object.assign({}, origin);
}
```

上面的代码将原始对象复制到一个空对象中，就得到了原始对象的克隆。

不过，采用这种方法只能克隆原始对象自身的值，不能克隆它继承的值。如果想要保持继承链，可以采用下面的代码。

```
function clone(origin) {
  let originProto = Object.getPrototypeOf(origin);
  return Object.assign(Object.create(originProto), origin);
}
```

合并多个对象

将多个对象合并到某个对象。

```
const merge =
  (target, ...sources) => Object.assign(target, ...sources);
```

如果希望合并后返回一个新对象，可以改写上面的函数，对一个空对象合并。

```
const merge =
  (...sources) => Object.assign({}, ...sources);
```

为属性指定默认值

```
const DEFAULTS = {
  logLevel: 0,
  outputFormat: 'html'
};

function processContent(options) {
  options = Object.assign({}, DEFAULTS, options);
  console.log(options);
  // ...
}
```

上面的代码中，DEFAULTS 对象是默认值，options 对象是用户提供的参数。Object.assign 方法将 DEFAULTS 和 options 合并成一个新对象，如果两者有同名属性，则 option 的属性值会覆盖 DEFAULTS 的属性值。

> **注意！**
>
> 由于存在深复制的问题，DEFAULTS 对象和 options 对象的所有属性的值都只能是简单类型，而不能指向另一个对象，否则将导致 DEFAULTS 对象的该属性不起作用。

```
const DEFAULTS = {
  url: {
    host: 'example.com',
    port: 7070
  },
};

processContent({ url: {port: 8000} })
// {
//   url: {port: 8000}
// }
```

上面代码的原意是将 url.port 改成 8000，而 url.host 保持不变。实际结果却是 options.url 覆盖了 DEFAULTS.url，所以 url.host 就不存在了。

9.6 属性的可枚举性

对象的每一个属性都具有一个描述对象（Descriptor），用于控制该属性的行为。

Object.getOwnPropertyDescriptor 方法可以获取该属性的描述对象。

```
let obj = { foo: 123 };
Object.getOwnPropertyDescriptor(obj, 'foo')
// {
//   value: 123,
//   writable: true,
//   enumerable: true,
//   configurable: true
// }
```

描述对象的 enumerable 属性称为“可枚举性”，如果该属性为 false，就表示某些操作会忽略当前属性。

ES5 有 3 个操作会忽略 enumerable 为 false 的属性。

- for...in 循环：只遍历对象自身的和继承的可枚举属性。
- Object.keys()：返回对象自身的所有可枚举属性的键名。
- JSON.stringify()：只串行化对象自身的可枚举属性。

ES6 新增了 1 个操作 Object.assign()，会忽略 enumerable 为 false 的属性，只复制对象自身的可枚举属性。

这 4 个操作之中，只有 for...in 会返回继承的属性。实际上，引入 enumerable 的最初目的就是让某些属性可以规避掉 for...in 操作。比如，对象原型的 toString 方法以及数组的 length 属性，就通过这种手段而不会被 for...in 遍历到。

```
Object.getOwnPropertyDescriptor(Object.prototype, 'toString').enumerable
// false

Object.getOwnPropertyDescriptor([], 'length').enumerable
// false
```

上面的代码中，toString 和 length 属性的 enumerable 都是 false，因此 for...in 不会遍历到这两个继承自原型的属性。

另外，ES6 规定，所有 Class 的原型的方法都是不可枚举的。

```
Object.getOwnPropertyDescriptor(class {foo() {}}.prototype, 'foo').enumerable
// false
```

总的来说，操作中引入继承的属性会让问题复杂化，大多数时候，我们只关心对象自身的属性。所以，尽量不要用 for...in 循环，而用 Object.keys()代替。

9.7 属性的遍历

ES6 一共有 5 种方法可以遍历对象的属性。

1. **for...in**

`for...in` 循环遍历对象自身的和继承的可枚举属性（不含 Symbol 属性）。

2. **Object.keys(obj)**

`Object.keys` 返回一个数组，包括对象自身的（不含继承的）所有可枚举属性（不含 Symbol 属性）。

3. **Object.getOwnPropertyNames(obj)**

`Object.getOwnPropertyNames` 返回一个数组，包含对象自身的所有属性（不含 Symbol 属性，但是包括不可枚举属性）

4. **Object.getOwnPropertySymbols(obj)**

`Object.getOwnPropertySymbols` 返回一个数组，包含对象自身的所有 Symbol 属性。

5. **Reflect.ownKeys(obj)**

`Reflect.ownKeys` 返回一个数组，包含对象自身的所有属性，不管属性名是 Symbol 还是字符串，也不管是否可枚举。

以上 5 种方法遍历对象的属性时都遵守同样的属性遍历次序规则。

- 首先遍历所有属性名为数值的属性，按照数字排序。
- 其次遍历所有属性名为字符串的属性，按照生成时间排序。
- 最后遍历所有属性名为 Symbol 值的属性，按照生成时间排序。

```
Reflect.ownKeys({ [Symbol()]:0, b:0, 10:0, 2:0, a:0 })
// ['2', '10', 'b', 'a', Symbol()]
```

上面的代码中，`Reflect.ownKeys` 方法返回一个数组，包含了参数对象的所有属性。这个数组的属性次序是这样的，首先是数值属性 `2` 和 `10`，其次是字符串属性 `b` 和 `a`，最后是 Symbol 属性。

9.8 __proto__ 属性、Object.setPrototypeOf()、Object.getPrototypeOf()

9.8.1 __proto__ 属性

__proto__ 属性（前后各两个下画线）用来读取或设置当前对象的 prototype 对象。目前，所有浏览器（包括 IE11）都部署了这个属性。

```
// ES6 的写法
var obj = {
  method: function() { ... }
};
obj.__proto__ = someOtherObj;

// ES5 的写法
var obj = Object.create(someOtherObj);
obj.method = function() { ... };
```

该属性没有写入 ES6 的正文，而是写入了附录，原因是 __proto__ 前后的双下画线说明它本质上是一个内部属性，而不是一个正式的对外的 API，只是由于浏览器广泛支持，才被加入了 ES6。标准明确规定，只有浏览器必须部署这个属性，其他运行环境不一定要部署，而且新的代码最好认为这个属性是不存在的。因此，无论从语义的角度，还是从兼容性的角度，都不要使用这个属性，而是使用 Object.setPrototypeOf()（写操作）、Object.getPrototypeOf()（读操作）或 Object.create()（生成操作）代替。

在实现上，__proto__ 调用的是 Object.prototype.__proto__，具体实现如下。

```
Object.defineProperty(Object.prototype, '__proto__', {
  get() {
    let _thisObj = Object(this);
    return Object.getPrototypeOf(_thisObj);
  },
  set(proto) {
    if (this === undefined || this === null) {
      throw new TypeError();
    }
    if (!isObject(this)) {
```

```
      return undefined;
    }
    if (!isObject(proto)) {
      return undefined;
    }
    let status = Reflect.setPrototypeOf(this, proto);
    if (!status) {
      throw new TypeError();
    }
  },
});
function isObject(value) {
  return Object(value) === value;
}
```

如果一个对象本身部署了 __proto__ 属性，则该属性的值就是对象的原型。

```
Object.getPrototypeOf({ __proto__: null })
// null
```

9.8.2 Object.setPrototypeOf()

Object.setPrototypeOf 方法的作用与 __proto__ 相同，用来设置一个对象的 prototype 对象，返回参数对象本身。它是 ES6 正式推荐的设置原型对象的方法。

```
// 格式
Object.setPrototypeOf(object, prototype)

// 用法
var o = Object.setPrototypeOf({}, null);
```

该方法等同于下面的函数。

```
function (obj, proto) {
  obj.__proto__ = proto;
  return obj;
}
```

下面是一个例子。

```
let proto = {};
let obj = { x: 10 };
```

```
Object.setPrototypeOf(obj, proto);

proto.y = 20;
proto.z = 40;

obj.x // 10
obj.y // 20
obj.z // 40
```

上面的代码将 proto 对象设置为 obj 对象的原型，所以从 obj 对象可以读取 proto 对象的属性。

如果第一个参数不是对象，则会自动转为对象。但是由于返回的还是第一个参数，所以这个操作不会产生任何效果。

```
Object.setPrototypeOf(1, {}) === 1 // true
Object.setPrototypeOf('foo', {}) === 'foo' // true
Object.setPrototypeOf(true, {}) === true // true
```

由于 undefined 和 null 无法转为对象，所以如果第一个参数是 undefined 或 null，就会报错。

```
Object.setPrototypeOf(undefined, {})
// TypeError: Object.setPrototypeOf called on null or undefined

Object.setPrototypeOf(null, {})
// TypeError: Object.setPrototypeOf called on null or undefined
```

9.8.3 Object.getPrototypeOf()

该方法与 setPrototypeOf 方法配套，用于读取一个对象的 prototype 对象。

```
Object.getPrototypeOf(obj);
```

下面是一个例子。

```
function Rectangle() {
  // ...
}

var rec = new Rectangle();

Object.getPrototypeOf(rec) === Rectangle.prototype
```

```
// true

Object.setPrototypeOf(rec, Object.prototype);
Object.getPrototypeOf(rec) === Rectangle.prototype
// false
```

如果参数不是对象，则会被自动转为对象。

```
// 等同于 Object.getPrototypeOf(Number(1))
Object.getPrototypeOf(1)
// Number {[[PrimitiveValue]]: 0}

// 等同于 Object.getPrototypeOf(String('foo'))
Object.getPrototypeOf('foo')
// String {length: 0, [[PrimitiveValue]]: ""}

// 等同于 Object.getPrototypeOf(Boolean(true))
Object.getPrototypeOf(true)
// Boolean {[[PrimitiveValue]]: false}

Object.getPrototypeOf(1) === Number.prototype // true
Object.getPrototypeOf('foo') === String.prototype // true
Object.getPrototypeOf(true) === Boolean.prototype // true
```

如果参数是 `undefined` 或 `null`，它们无法转为对象，所以会报错。

```
Object.getPrototypeOf(null)
// TypeError: Cannot convert undefined or null to object

Object.getPrototypeOf(undefined)
// TypeError: Cannot convert undefined or null to object
```

9.9　Object.keys()、Object.values()、Object.entries()

9.9.1　Object.keys()

ES5 引入了 `Object.keys` 方法，返回一个数组，成员是参数对象自身的（不含继承的）所有可遍历（enumerable）属性的键名。

```
var obj = { foo: 'bar', baz: 42 };
```

```
Object.keys(obj)
// ["foo", "baz"]
```

ES2017 中有一个提案（github.com/tc39/proposal-object-values-entries），其中引入了与 `Object.keys` 配套的 `Object.values` 和 `Object.entries` 作为遍历一个对象的补充手段，供 `for...of` 循环使用。

```
let {keys, values, entries} = Object;
let obj = { a: 1, b: 2, c: 3 };

for (let key of keys(obj)) {
  console.log(key); // 'a', 'b', 'c'
}

for (let value of values(obj)) {
  console.log(value); // 1, 2, 3
}

for (let [key, value] of entries(obj)) {
  console.log([key, value]); // ['a', 1], ['b', 2], ['c', 3]
}
```

9.9.2 Object.values()

`Object.values` 方法返回一个数组，成员是参数对象自身的（不含继承的）所有可遍历（enumerable）属性的键值。

```
var obj = { foo: 'bar', baz: 42 };
Object.values(obj)
// ["bar", 42]
```

返回数组的成员顺序，与本章的“属性的遍历”部分介绍的排列规则一致。

```
var obj = { 100: 'a', 2: 'b', 7: 'c' };
Object.values(obj)
// ["b", "c", "a"]
```

上面的代码中，属性名为数值的属性，是按照数值大小从小到大遍历的，因此返回的顺序是 `b`、`c`、`a`。

`Object.values` 只返回对象自身的可遍历属性。

```
var obj = Object.create({}, {p: {value: 42}});
Object.values(obj) // []
```

上面的代码中，`Object.create` 方法的第二个参数添加的对象属性（属性 `p`）如果不显式声明，默认是不可遍历的，因为 `p` 的属性描述对象的 `enumerable` 默认是 `false`，`Object.values` 不会返回这个属性。只要把 `enumerable` 改成 `true`，`Object.values` 就会返回属性 `p` 的值。

```
var obj = Object.create({}, {p:
  {
    value: 42,
    enumerable: true
  }
});
Object.values(obj) // [42]
```

`Object.values` 会过滤属性名为 Symbol 值的属性。

```
Object.values({ [Symbol()]: 123, foo: 'abc' });
// ['abc']
```

如果 `Object.values` 方法的参数是一个字符串，则会返回各个字符组成的一个数组。

```
Object.values('foo')
// ['f', 'o', 'o']
```

上面的代码中，字符串会先转成一个类似数组的对象。字符串的每个字符就是该对象的一个属性。因此，`Object.values` 返回每个属性的键值就是各个字符组成的一个数组。

如果参数不是对象，`Object.values` 会先将其转为对象。由于数值和布尔值的包装对象都不会为实例添加非继承的属性，所以 `Object.values` 会返回空数组。

```
Object.values(42) // []
Object.values(true) // []
```

9.9.3 Object.entries

`Object.entries` 方法返回一个数组，成员是参数对象自身的（不含继承的）所有可遍历（enumerable）属性的键值对数组。

```
var obj = { foo: 'bar', baz: 42 };
Object.entries(obj)
// [ ["foo", "bar"], ["baz", 42] ]
```

除了返回值不一样，该方法的行为与 Object.values 基本一致。

如果原对象的属性名是一个 Symbol 值，该属性会被忽略。

```
Object.entries({ [Symbol()]: 123, foo: 'abc' });
// [ [ 'foo', 'abc' ] ]
```

上面的代码中，原对象有两个属性，Object.entries 只输出属性名为非 Symbol 值的属性。将来可能会有 Reflect.ownEntries() 方法返回对象自身的所有属性。

Object.entries 的基本用途是遍历对象的属性。

```
let obj = { one: 1, two: 2 };
for (let [k, v] of Object.entries(obj)) {
  console.log(
    `${JSON.stringify(k)}: ${JSON.stringify(v)}`
  );
}
// "one": 1
// "two": 2
```

Object.entries 方法的另一个用处是将对象转为真正的 Map 结构。

```
var obj = { foo: 'bar', baz: 42 };
var map = new Map(Object.entries(obj));
map // Map { foo: "bar", baz: 42 }
```

自己实现 Object.entries 方法非常简单。

```
// Generator 函数的版本
function* entries(obj) {
  for (let key of Object.keys(obj)) {
    yield [key, obj[key]];
  }
}

// 非 Generator 函数的版本
function entries(obj) {
  let arr = [];
  for (let key of Object.keys(obj)) {
    arr.push([key, obj[key]]);
  }
  return arr;
}
```

9.10 对象的扩展运算符

第 8 章中，我们已经介绍过扩展运算符（`...`）了。

```
const [a, ...b] = [1, 2, 3];
a // 1
b // [2, 3]
```

ES2017 将这个运算符引入了对象（github.com/sebmarkbage/ecmascript-rest-spread）。

解构赋值

对象的解构赋值用于从一个对象取值，相当于将所有可遍历的、但尚未被读取的属性分配到指定的对象上面。所有的键和它们的值都会复制到新对象上面。

```
let { x, y, ...z } = { x: 1, y: 2, a: 3, b: 4 };
x // 1
y // 2
z // { a: 3, b: 4 }
```

上面的代码中，变量 `z` 是解构赋值所在的对象。它获取等号右边的所有尚未读取的键（`a` 和 `b`），将它们连同值一起复制过来。

由于解构赋值要求等号右边是一个对象，所以如果等号右边是 `undefined` 或 `null` 就会报错，因为它们无法转为对象。

```
let { x, y, ...z } = null;          // 运行时错误
let { x, y, ...z } = undefined;     // 运行时错误
```

解构赋值必须是最后一个参数，否则会报错。

```
let { ...x, y, z } = obj;           // 句法错误
let { x, ...y, ...z } = obj;        // 句法错误
```

上面的代码中，解构赋值不是最后一个参数，所以会报错。

> **注意！**
>
> 解构赋值的复制是浅复制，即如果一个键的值是复合类型的值（数组、对象、函数），那么解构赋值复制的是这个值的引用，而不是这个值的副本。

```
let obj = { a: { b: 1 } };
let { ...x } = obj;
obj.a.b = 2;
x.a.b // 2
```

上面的代码中，x 是解构赋值所在的对象，复制了对象 obj 的 a 属性。a 属性引用了一个对象，修改这个对象的值会影响到解构赋值对它的引用。

另外，解构赋值不会复制继承自原型对象的属性。

```
let o1 = { a: 1 };
let o2 = { b: 2 };
o2.__proto__ = o1;
let { ...o3 } = o2;
o3 // { b: 2 }
o3.a // undefined
```

上面的代码中，对象 o3 复制了 o2，但是只复制了 o2 自身的属性，没有复制它的原型对象 o1 的属性。

下面是另一个例子。

```
var o = Object.create({ x: 1, y: 2 });
o.z = 3;

let { x, ...{ y, z } } = o;
x // 1
y // undefined
z // 3
```

上面的代码中，变量 x 是单纯的解构赋值，所以可以读取对象 o 继承的属性；变量 y 和 z 是双重解构赋值，只能读取对象 o 自身的属性，所以只有变量 z 可以赋值成功。

解构赋值的一个用处是扩展某个函数的参数，引入其他操作。

```
function baseFunction({ a, b }) {
  // ...
}
function wrapperFunction({ x, y, ...restConfig }) {
  // 使用 x 和 y 参数进行操作
  // 其余参数传给原始函数
  return baseFunction(restConfig);
}
```

上面的代码中，原始函数 baseFunction 接受 a 和 b 作为参数，函数 wrapperFunction 在 baseFunction 的基础上进行了扩展，能够接受多余的参数并且保留原始函数的行为。

扩展运算符

扩展运算符（...）用于取出参数对象的所有可遍历属性，并将其复制到当前对象之中。

```
let z = { a: 3, b: 4 };
let n = { ...z };
n // { a: 3, b: 4 }
```

这等同于使用 Object.assign 方法。

```
let aClone = { ...a };
// 等同于
let aClone = Object.assign({}, a);
```

上面的例子只是复制了对象实例的属性，如果想完整克隆一个对象，还要复制对象原型的属性，可以采用以下方法。

```
// 写法一
const clone1 = {
  __proto__: Object.getPrototypeOf(obj),
  ...obj
};

// 写法二
const clone2 = Object.assign(
  Object.create(Object.getPrototypeOf(obj)),
  obj
);
```

上面的代码中，写法一的 __proto__ 属性在非浏览器的环境不一定部署，因此推荐使用写法二。

扩展运算符可用于合并两个对象

```
let ab = { ...a, ...b };
// 等同于
let ab = Object.assign({}, a, b);
```

如果用户自定义的属性放在扩展运算符后面，则扩展运算符内部的同名属性会被覆盖。

```
let aWithOverrides = { ...a, x: 1, y: 2 };
// 等同于
let aWithOverrides = { ...a, ...{ x: 1, y: 2 } };
// 等同于
let x = 1, y = 2, aWithOverrides = { ...a, x, y };
```

```
// 等同于
let aWithOverrides = Object.assign({}, a, { x: 1, y: 2 });
```

上面的代码中，a 对象的 x 属性和 y 属性复制到新对象后会被覆盖。

这用来修改现有对象部分的属性就很方便了。

```
let newVersion = {
  ...previousVersion,
  name: 'New Name' // Override the name property
};
```

上面的代码中，newVersion 对象自定义了一个 name 属性，其他属性全部复制自 previousVersion 对象。

如果把自定义属性放在扩展运算符前面，就变成了设置新对象的默认属性值。

```
let aWithDefaults = { x: 1, y: 2, ...a };
// 等同于
let aWithDefaults = Object.assign({}, { x: 1, y: 2 }, a);
// 等同于
let aWithDefaults = Object.assign({ x: 1, y: 2 }, a);
```

与数组的扩展运算符一样，对象的扩展运算符后面可以带有表达式。

```
const obj = {
  ...(x > 1 ? {a: 1} : {}),
  b: 2,
};
```

如果扩展运算符后面是一个空对象，则没有任何效果。

```
{...{}, a: 1}
// { a: 1 }
```

如果扩展运算符的参数是 null 或 undefined，则这两个值会被忽略，不会报错。

```
let emptyObject = { ...null, ...undefined }; // 不报错
```

扩展运算符的参数对象之中如果有取值函数 get，这个函数将会执行。

```
// 并不会抛出错误，因为 x 属性只是被定义，但没有执行
let aWithXGetter = {
  ...a,
  get x() {
    throw new Error('not throw yet');
  }
```

```
};

// 会抛出错误，因为 x 属性被执行了
let runtimeError = {
  ...a,
  ...{
    get x() {
      throw new Error('throw now');
    }
  }
};
```

9.11　Object.getOwnPropertyDescriptors()

ES5 的 `Object.getOwnPropertyDescriptor` 方法用来返回某个对象属性的描述对象（descriptor）。

```
var obj = { p: 'a' };

Object.getOwnPropertyDescriptor(obj, 'p')
// Object { value: "a",
//   writable: true,
//   enumerable: true,
//   configurable: true
// }
```

ES2017 引入了 `Object.getOwnPropertyDescriptors` 方法，返回指定对象所有自身属性（非继承属性）的描述对象。

```
const obj = {
  foo: 123,
  get bar() { return 'abc' }
};

Object.getOwnPropertyDescriptors(obj)
// { foo:
//    { value: 123,
//      writable: true,
//      enumerable: true,
```

```
//      configurable: true },
//   bar:
//    { get: [Function: bar],
//      set: undefined,
//      enumerable: true,
//      configurable: true } }
```

上面的代码中，Object.getOwnPropertyDescriptors 方法返回一个对象，所有原对象的属性名都是该对象的属性名，对应的属性值就是该属性的描述对象。

该方法的实现非常容易。

```
function getOwnPropertyDescriptors(obj) {
  const result = {};
  for (let key of Reflect.ownKeys(obj)) {
    result[key] = Object.getOwnPropertyDescriptor(obj, key);
  }
  return result;
}
```

该方法的引入主要是为了解决 Object.assign()无法正确复制 get 属性和 set 属性的问题。

```
const source = {
  set foo(value) {
    console.log(value);
  }
};

const target1 = {};
Object.assign(target1, source);

Object.getOwnPropertyDescriptor(target1, 'foo')
// { value: undefined,
//   writable: true,
//   enumerable: true,
//   configurable: true }
```

上面的代码中，source 对象的 foo 属性值是一个赋值函数，Object.assign 方法将这个属性复制给了 target1 对象，结果该属性的值变成了 undefined。这是因为 Object.assign 方法总是复制一个属性的值，而不会复制它背后的赋值方法或取值方法。

Object.getOwnPropertyDescriptors 方法配合 Object.defineProperties 方法就可以实现正确复制。

```
const source = {
  set foo(value) {
    console.log(value);
  }
};

const target2 = {};
Object.defineProperties(target2, Object.getOwnPropertyDescriptors(source));
Object.getOwnPropertyDescriptor(target2, 'foo')
// { get: undefined,
//   set: [Function: foo],
//   enumerable: true,
//   configurable: true }
```

上面的代码中，将两个对象合并的逻辑提炼出来便会得到以下代码。

```
const shallowMerge = (target, source) => Object.defineProperties(
  target,
  Object.getOwnPropertyDescriptors(source)
);
```

Object.getOwnPropertyDescriptors 方法的另一个用处是，配合 Object.create 方法将对象属性克隆到一个新对象。这属于浅复制。

```
const clone = Object.create(Object.getPrototypeOf(obj),
  Object.getOwnPropertyDescriptors(obj));

// 或者

const shallowClone = (obj) => Object.create(
  Object.getPrototypeOf(obj),
  Object.getOwnPropertyDescriptors(obj)
);
```

上面的代码会克隆对象 obj。

另外，Object.getOwnPropertyDescriptors 方法可以实现一个对象继承另一个对象。以前，继承另一个对象常常写成下面这样。

```
const obj = {
```

```
  __proto__: prot,
  foo: 123,
};
```

ES6 规定 `__proto__` 只需部署浏览器，无须部署其他环境。如果去除 `__proto__` ，上面的代码就要改成下面这样。

```
const obj = Object.create(prot);
obj.foo = 123;

// 或者

const obj = Object.assign(
  Object.create(prot),
  {
    foo: 123,
  }
);
```

有了 `Object.getOwnPropertyDescriptors`，我们就有了另一种写法。

```
const obj = Object.create(
  prot,
  Object.getOwnPropertyDescriptors({
    foo: 123,
  })
);
```

`Object.getOwnPropertyDescriptors` 也可以用来实现 Mixin（混入）模式。

```
let mix = (object) => ({
  with: (...mixins) => mixins.reduce(
    (c, mixin) => Object.create(
      c, Object.getOwnPropertyDescriptors(mixin)
    ), object)
});

// multiple mixins example
let a = {a: 'a'};
let b = {b: 'b'};
let c = {c: 'c'};
let d = mix(c).with(a, b);
```

```
d.c // "c"
d.b // "b"
d.a // "a"
```

上面的代码返回一个新的对象 d，代表了对象 a 和 b 被混入了对象 c 的操作。

出于完整性考虑，Object.getOwnPropertyDescriptors 进入标准以后还会有 Reflect.getOwnPropertyDescriptors 方法。

9.12 Null 传导运算符

编程实务中，如果读取对象内部的某个属性，往往需要判断该对象是否存在。比如，要读取 message.body.user.firstName，安全的写法如下。

```
const firstName = (message
  && message.body
  && message.body.user
  && message.body.user.firstName) || 'default';
```

这样层层判断非常麻烦，因此现在有一个提案（github.com/tc39/proposal-object-values-entries），其中引入了“Null 传导运算符”（null propagation operator）?.，可以简化上面的写法。

```
const firstName = message?.body?.user?.firstName || 'default';
```

上面的代码有 3 个?.运算符，只要其中一个返回 null 或 undefined，就不再继续运算，而是返回 undefined。

“Null 传导运算符”有 4 种用法。

- obj?.prop：读取对象属性
- obj?.[expr]：同上
- func?.(...args)：函数或对象方法的调用
- new C?.(...args)：构造函数的调用

传导运算符之所以写成 obj?.prop，而不是 obj?prop，是为了方便编译器能够区分三元运算符?:（比如 obj?prop:123）。

下面是更多的例子。

```
// 如果 a 是 null 或 undefined，返回 undefined
// 否则返回 a.b.c().d
a?.b.c().d
```

```
// 如果 a 是 null 或 undefined，下面的语句不产生任何效果
// 否则执行 a.b = 42
a?.b = 42

// 如果 a 是 null 或 undefined，下面的语句不产生任何效果
delete a?.b
```

第 10 章 Symbol

10.1 概述

ES5 的对象属性名都是字符串，这容易造成属性名的冲突。比如，我们使用了一个他人提供的对象，但又想为这个对象添加新的方法（mixin 模式），新方法的名字就有可能与现有方法产生冲突。如果有一种机制，能够保证每个属性的名字都是独一无二的就好了，这样就能从根本上防止属性名冲突。这就是 ES6 引入类型 `Symbol` 的原因。

ES6 引入了一种新的原始数据类型 `Symbol`，表示独一无二的值。它是 JavaScript 语言的第 7 种数据类型，前 6 种分别是：Undefined、Null、布尔值（Boolean）、字符串（String）、数值（Number）和对象（Object）。

Symbol 值通过 `Symbol` 函数生成。也就是说，对象的属性名现在可以有两种类型：一种是原来就有的字符串，另一种就是新增的 Symbol 类型。只要属性名属于 Symbol 类型，就是独一无二的，可以保证不会与其他属性名产生冲突。

```
let s = Symbol();

typeof s
// "symbol"
```

上面的代码中，变量 `s` 就是一个独一无二的值。`typeof` 运算符的结果表明变量 `s` 是 Symbol 数据类型，而不是字符串之类的其他类型。

注意！

> Symbol 函数前不能使用 new 命令，否则会报错。这是因为生成的 Symbol 是一个原始类型的值，不是对象。也就是说，由于 Symbol 值不是对象，所以不能添加属性。基本上，它是一种类似于字符串的数据类型。

Symbol 函数可以接受一个字符串作为参数，表示对 Symbol 实例的描述，主要是为了在控制台显示，或者转为字符串时比较容易区分。

```
var s1 = Symbol('foo');
var s2 = Symbol('bar');

s1 // Symbol(foo)
s2 // Symbol(bar)

s1.toString() // "Symbol(foo)"
s2.toString() // "Symbol(bar)"
```

上面的代码中，s1 和 s2 是两个 Symbol 值。如果不加参数，它们在控制台的输出都是 Symbol()，不利于区分。有了参数以后，就等于为它们加上了描述，输出时就能够分清到底是哪一个值。

如果 Symbol 的参数是一个对象，就会调用该对象的 toString 方法，将其转为字符串，然后才生成一个 Symbol 值。

```
const obj = {
  toString() {
    return 'abc';
  }
};
const sym = Symbol(obj);
sym // Symbol(abc)
```

注意！

> Symbol 函数的参数只表示对当前 Symbol 值的描述，因此相同参数的 Symbol 函数的返回值是不相等的。

```
// 没有参数的情况
var s1 = Symbol();
var s2 = Symbol();
```

```
s1 === s2 // false

// 有参数的情况
var s1 = Symbol('foo');
var s2 = Symbol('foo');

s1 === s2 // false
```

上面的代码中，s1 和 s2 都是 Symbol 函数的返回值，而且参数相同，但是它们是不相等的。

Symbol 值不能与其他类型的值进行运算，否则会报错。

```
var sym = Symbol('My symbol');

"your symbol is " + sym
// TypeError: can't convert symbol to string
`your symbol is ${sym}`
// TypeError: can't convert symbol to string
```

但是，Symbol 值可以显式转为字符串。

```
var sym = Symbol('My symbol');

String(sym) // 'Symbol(My symbol)'
sym.toString() // 'Symbol(My symbol)'
```

另外，Symbol 值也可以转为布尔值，但是不能转为数值。

```
var sym = Symbol();
Boolean(sym) // true
!sym  // false

if (sym) {
  // ...
}

Number(sym) // TypeError
sym + 2 // TypeError
```

10.2 作为属性名的 Symbol

由于每一个 Symbol 值都是不相等的，这意味着 Symbol 值可以作为标识符用于对象的属性名，保证不会出现同名的属性。这对于一个对象由多个模块构成的情况非常有用，能防止某一个键被不小心改写或覆盖。

```
var mySymbol = Symbol();

// 第一种写法
var a = {};
a[mySymbol] = 'Hello!';

// 第二种写法
var a = {
  [mySymbol]: 'Hello!'
};

// 第三种写法
var a = {};
Object.defineProperty(a, mySymbol, { value: 'Hello!' });

// 以上写法都得到同样结果
a[mySymbol] // "Hello!"
```

上面的代码通过方括号结构和 `Object.defineProperty` 将对象的属性名指定为一个 Symbol 值。

注意，Symbol 值作为对象属性名时不能使用点运算符。

```
var mySymbol = Symbol();
var a = {};

a.mySymbol = 'Hello!';
a[mySymbol] // undefined
a['mySymbol'] // "Hello!"
```

上面的代码中，因为点运算符后面总是字符串，所以不会读取 `mySymbol` 作为标识名所指代的值，导致 `a` 的属性名实际上是一个字符串，而不是一个 Symbol 值。

同理，在对象的内部，使用 Symbol 值定义属性时，Symbol 值必须放在方括号中。

```
let s = Symbol();

let obj = {
  [s]: function (arg) { ... }
```

```
};

obj[s](123);
```

上面的代码中，如果 s 不放在方括号中，该属性的键名就是字符串 s，而不是 s 所代表的 Symbol 值。

采用增强的对象写法，上面的 obj 对象可以写得更简洁一些。

```
let obj = {
  [s](arg) { ... }
};
```

Symbol 类型还可用于定义一组常量，保证这组常量的值都是不相等的。

```
log.levels = {
  DEBUG: Symbol('debug'),
  INFO: Symbol('info'),
  WARN: Symbol('warn')
};
log(log.levels.DEBUG, 'debug message');
log(log.levels.INFO, 'info message');
```

下面是另外一个例子。

```
const COLOR_RED    = Symbol();
const COLOR_GREEN  = Symbol();

function getComplement(color) {
  switch (color) {
    case COLOR_RED:
      return COLOR_GREEN;
    case COLOR_GREEN:
      return COLOR_RED;
    default:
      throw new Error('Undefined color');
    }
}
```

常量使用 Symbol 值的最大好处就是，其他任何值都不可能有相同的值了，因此可以保证上面的 switch 语句按设计的方式工作。

> 注意！
>
> Symbol 值作为属性名时，该属性还是公开属性，不是私有属性。

10.3 实例：消除魔术字符串

魔术字符串指的是，在代码之中多次出现、与代码形成强耦合的某一个具体的字符串或数值。风格良好的代码，应该尽量消除魔术字符串，而由含义清晰的变量代替。

```
function getArea(shape, options) {
  var area = 0;

  switch (shape) {
    case 'Triangle': // 魔术字符串
      area = .5 * options.width * options.height;
      break;
    /* ... more code ... */
  }

  return area;
}

getArea('Triangle', { width: 100, height: 100 }); // 魔术字符串
```

上面的代码中，字符串`'Triangle'`就是一个魔术字符串。它多次出现，与代码形成“强耦合”，不利于将来的修改和维护。

常用的消除魔术字符串的方法，就是把它写成一个变量。

```
var shapeType = {
  triangle: 'Triangle'
};

function getArea(shape, options) {
  var area = 0;
  switch (shape) {
    case shapeType.triangle:
      area = .5 * options.width * options.height;
      break;
  }
```

```
  return area;
}

getArea(shapeType.triangle, { width: 100, height: 100 });
```

上面的代码中，我们把`'Triangle'`写成 `shapeType` 对象的 `triangle` 属性，这样就消除了强耦合。

如果仔细分析，可以发现 `shapeType.triangle` 等于哪个值并不重要，只要确保不会和其他 `shapeType` 属性的值冲突即可。因此，这里就很适合改用 Symbol 值。

```
const shapeType = {
  triangle: Symbol()
};
```

上面的代码中，除了将 `shapeType.triangle` 的值设为一个 Symbol，其他地方都不用修改。

10.4 属性名的遍历

Symbol 作为属性名，该属性不会出现在 `for...in`、`for...of` 循环中，也不会被 `Object.keys()`、`Object.getOwnPropertyNames()` 返回。但它也不是私有属性，有一个 `Object.getOwnPropertySymbols` 方法可以获取指定对象的所有 Symbol 属性名。

`Object.getOwnPropertySymbols` 方法返回一个数组，成员是当前对象的所有用作属性名的 Symbol 值。

```
var obj = {};
var a = Symbol('a');
var b = Symbol('b');

obj[a] = 'Hello';
obj[b] = 'World';

var objectSymbols = Object.getOwnPropertySymbols(obj);

objectSymbols
// [Symbol(a), Symbol(b)]
```

下面是另一个例子，将 `Object.getOwnPropertySymbols` 方法与 `for...in` 循环、`Object.getOwnPropertyNames` 方法进行了对比。

```
var obj = {};

var foo = Symbol("foo");

Object.defineProperty(obj, foo, {
  value: "foobar",
});

for (var i in obj) {
  console.log(i); // 无输出
}

Object.getOwnPropertyNames(obj)
// []

Object.getOwnPropertySymbols(obj)
// [Symbol(foo)]
```

上面的代码中，使用 Object.getOwnPropertyNames 方法得不到 Symbol 属性名，需要使用 Object.getOwnPropertySymbols 方法。

另一个新的 API——Reflect.ownKeys 方法可以返回所有类型的键名，包括常规键名和 Symbol 键名。

```
let obj = {
  [Symbol('my_key')]: 1,
  enum: 2,
  nonEnum: 3
};

Reflect.ownKeys(obj)
//  ["enum", "nonEnum", Symbol(my_key)]
```

以 Symbol 值作为名称的属性不会被常规方法遍历得到。我们可以利用这个特性为对象定义一些非私有但又希望只用于内部的方法。

```
var size = Symbol('size');

class Collection {
  constructor() {
    this[size] = 0;
```

```
  }

  add(item) {
    this[this[size]] = item;
    this[size]++;
  }

  static sizeOf(instance) {
    return instance[size];
  }
}

var x = new Collection();
Collection.sizeOf(x) // 0

x.add('foo');
Collection.sizeOf(x) // 1

Object.keys(x) // ['0']
Object.getOwnPropertyNames(x) // ['0']
Object.getOwnPropertySymbols(x) // [Symbol(size)]
```

上面的代码中，对象 `x` 的 `size` 属性是一个 Symbol 值，所以 `Object.keys(x)`、`Object.getOwnPropertyNames(x)` 都无法获取它。这就造成了一种非私有的内部方法的效果。

10.5 Symbol.for()、Symbol.keyFor()

有时，我们希望重新使用同一个 Symbol 值，`Symbol.for` 方法可以做到这一点。它接受一个字符串作为参数，然后搜索有没有以该参数作为名称的 Symbol 值。如果有，就返回这个 Symbol 值，否则就新建并返回一个以该字符串为名称的 Symbol 值。

```
var s1 = Symbol.for('foo');
var s2 = Symbol.for('foo');

s1 === s2 // true
```

上面的代码中，`s1` 和 `s2` 都是 Symbol 值，但它们都是同样参数的 `Symbol.for` 方法生成的，所以实际上是同一个值。

`Symbol.for()` 与 `Symbol()` 这两种写法都会生成新的 Symbol。它们的区别是，前者会被登记在全局环境中供搜索，而后者不会。`Symbol.for()`不会在每次调用时都返回一个新的 Symbol 类型的值，而是会先检查给定的 key 是否已经存在，如果不存在才会新建一个值。比如，如果调用 `Symbol.for("cat")`30 次，每次都会返回同一个 Symbol 值，但是调用 `Symbol("cat")`30 次则会返回 30 个不同的 Symbol 值。

```
Symbol.for("bar") === Symbol.for("bar")
// true

Symbol("bar") === Symbol("bar")
// false
```

上面的代码中，由于 `Symbol()`写法没有登记机制，所以每次调用都会返回一个不同的值。

`Symbol.keyFor` 方法返回一个已登记的 Symbol 类型值的 `key`。

```
var s1 = Symbol.for("foo");
Symbol.keyFor(s1) // "foo"

var s2 = Symbol("foo");
Symbol.keyFor(s2) // undefined
```

上面的代码中，变量 `s2` 属于未登记的 Symbol 值，所以返回 `undefined`。

> **注意！**
> `Symbol.for` 为 Symbol 值登记的名字是全局环境的，可以在不同的 iframe 或 service worker 中取到同一个值。

```
iframe = document.createElement('iframe');
iframe.src = String(window.location);
document.body.appendChild(iframe);

iframe.contentWindow.Symbol.for('foo') === Symbol.for('foo')
// true
```

上面的代码中，iframe 窗口生成的 Symbol 值可以在主页面得到。

10.6 实例：模块的 Singleton 模式

Singleton 模式指的是，调用一个类并且在任何时候都返回同一个实例。

对于 Node 来说，模块文件可以看成是一个类。怎么保证每次执行这个模块文件返回的都是同一个实例呢？

很容易想到，可以把实例放到顶层对象 `global` 中。

```
// mod.js
function A() {
  this.foo = 'hello';
}

if (!global._foo) {
  global._foo = new A();
}

module.exports = global._foo;
```

然后，加载上面的 `mod.js`。

```
var a = require('./mod.js');
console.log(a.foo);
```

上面的代码中，变量 `a` 任何时候加载的都是 `A` 的同一个实例。

但是，这里有一个问题，全局变量 `global._foo` 是可写的，任何文件都可以修改。

```
var a = require('./mod.js');
global._foo = 123;
```

上面的代码会使别的脚本在加载 `mod.js` 时都产生失真。

为了防止这种情况出现，我们可以使用 Symbol。

```
// mod.js
const FOO_KEY = Symbol.for('foo');

function A() {
  this.foo = 'hello';
}

if (!global[FOO_KEY]) {
  global[FOO_KEY] = new A();
}

module.exports = global[FOO_KEY];
```

上面的代码中，可以保证 `global[FOO_KEY]` 不会被无意间覆盖，但还是可以被改写。

```
var a = require('./mod.js');
```

```
global[Symbol.for('foo')] = 123;
```

如果键名使用 Symbol 方法生成，那么外部将无法引用这个值，当然也就无法改写。

```
// mod.js
const FOO_KEY = Symbol('foo');

// 后面代码相同
```

上面的代码将导致其他脚本都无法引用 FOO_KEY。但这样也有一个问题，多次执行这个脚本时，每次得到的 FOO_KEY 都是不一样的。虽然 Node 会将脚本的执行结果缓存，一般情况下不会多次执行同一个脚本，但是用户可以手动清除缓存，所以也不是完全可靠。

10.7 内置的 Symbol 值

除了定义自己使用的 Symbol 值，ES6 还提供了 11 个内置的 Symbol 值，指向语言内部使用的方法。

10.7.1 Symbol.hasInstance

对象的 Symbol.hasInstance 属性指向一个内部方法，对象使用 instanceof 运算符时会调用这个方法，判断该对象是否为某个构造函数的实例。比如，foo instanceof Foo 在语言内部实际调用的是 Foo[Symbol.hasInstance](foo)。

```
class MyClass {
  [Symbol.hasInstance](foo) {
    return foo instanceof Array;
  }
}

[1, 2, 3] instanceof new MyClass() // true
```

上面的代码中，MyClass 是一个类，new MyClass() 会返回一个实例。该实例的 Symbol.hasInstance 方法会在进行 instanceof 运算时自动调用，判断左侧的运算子是否为 Array 的实例。

下面是另一个例子。

```
class Even {
  static [Symbol.hasInstance](obj) {
    return Number(obj) % 2 === 0;
```

```
  }
}

1 instanceof Even // false
2 instanceof Even // true
12345 instanceof Even // false
```

10.7.2 Symbol.isConcatSpreadable

对象的 Symbol.isConcatSpreadable 属性等于一个布尔值，表示该对象使用 Array.prototype.concat()时是否可以展开。

```
let arr1 = ['c', 'd'];
['a', 'b'].concat(arr1, 'e') // ['a', 'b', 'c', 'd', 'e']
arr1[Symbol.isConcatSpreadable] // undefined

let arr2 = ['c', 'd'];
arr2[Symbol.isConcatSpreadable] = false;
['a', 'b'].concat(arr2, 'e') // ['a', 'b', ['c','d'], 'e']
```

上面的代码说明，数组的默认行为是可以展开的。Symbol.isConcatSpreadable 属性等于 true 或 undefined，都有这个效果。

类似数组的对象也可以展开，但它的 Symbol.isConcatSpreadable 属性默认为 false，必须手动打开。

```
let obj = {length: 2, 0: 'c', 1: 'd'};
['a', 'b'].concat(obj, 'e') // ['a', 'b', obj, 'e']

obj[Symbol.isConcatSpreadable] = true;
['a', 'b'].concat(obj, 'e') // ['a', 'b', 'c', 'd', 'e']
```

对于一个类而言，Symbol.isConcatSpreadable 属性必须写成实例的属性。

```
class A1 extends Array {
  constructor(args) {
    super(args);
    this[Symbol.isConcatSpreadable] = true;
  }
}
class A2 extends Array {
```

```
  constructor(args) {
    super(args);
    this[Symbol.isConcatSpreadable] = false;
  }
}
let a1 = new A1();
a1[0] = 3;
a1[1] = 4;
let a2 = new A2();
a2[0] = 5;
a2[1] = 6;
[1, 2].concat(a1).concat(a2)
// [1, 2, 3, 4, [5, 6]]
```

上面的代码中，类 A1 是可扩展的，类 A2 是不可扩展的，所以使用 concat 时有不一样的结果。

10.7.3 Symbol.species

对象的 Symbol.species 属性指向当前对象的构造函数。创造实例时默认会调用这个方法，即使用这个属性返回的函数当作构造函数来创造新的实例对象。

```
class MyArray extends Array {
  // 覆盖父类 Array 的构造函数
  static get [Symbol.species]() { return Array; }
}
```

上面的代码中，子类 MyArray 继承了父类 Array。创建 MyArray 的实例对象时，本来会调用它自己的构造函数（本例中被省略了），但是由于定义了 Symbol.species 属性，所以会使用这个属性返回的函数来创建 MyArray 的实例。

这个例子也说明，定义 Symbol.species 属性要采用 get 读取器。默认的 Symbol.species 属性等同于下面的写法。

```
static get [Symbol.species]() {
  return this;
}
```

下面是一个例子。

```
class MyArray extends Array {
  static get [Symbol.species]() { return Array; }
```

```
}
var a = new MyArray(1,2,3);
var mapped = a.map(x => x * x);

mapped instanceof MyArray // false
mapped instanceof Array // true
```

上面的代码中，由于构造函数被替换成了 Array，所以，mapped 对象不是 MyArray 的实例，而是 Array 的实例。

10.7.4　Symbol.match

对象的 Symbol.match 属性指向一个函数，当执行 str.match(myObject)时，如果该属性存在，会调用它返回该方法的返回值。

```
String.prototype.match(regexp)
// 等同于
regexp[Symbol.match](this)

class MyMatcher {
  [Symbol.match](string) {
    return 'hello world'.indexOf(string);
  }
}

'e'.match(new MyMatcher()) // 1
```

10.7.5　Symbol.replace

对象的 Symbol.replace 属性指向一个方法，当对象被 String.prototype.replace 方法调用时会返回该方法的返回值。

```
String.prototype.replace(searchValue, replaceValue)
// 等同于
searchValue[Symbol.replace](this, replaceValue)
```

下面是一个例子。

```
const x = {};
x[Symbol.replace] = (...s) => console.log(s);
```

```
'Hello'.replace(x, 'World') // ["Hello", "World"]
```

`Symbol.replace` 方法会收到两个参数，第一个参数是 `replace` 方法正在作用的对象，在上面例子中是 `Hello`，第二个参数是替换后的值，在上面例子中是 `World`。

10.7.6 Symbol.search

对象的 `Symbol.search` 属性指向一个方法，当对象被 `String.prototype.search` 方法调用时会返回该方法的返回值。

```
String.prototype.search(regexp)
// 等同于
regexp[Symbol.search](this)

class MySearch {
  constructor(value) {
    this.value = value;
  }
  [Symbol.search](string) {
    return string.indexOf(this.value);
  }
}
'foobar'.search(new MySearch('foo')) // 0
```

10.7.7 Symbol.split

对象的 `Symbol.split` 属性指向一个方法，当对象被 `String.prototype.split` 方法调用时会返回该方法的返回值。

```
String.prototype.split(separator, limit)
// 等同于
separator[Symbol.split](this, limit)
```

下面是一个例子。

```
class MySplitter {
  constructor(value) {
    this.value = value;
  }
```

```
  [Symbol.split](string) {
    var index = string.indexOf(this.value);
    if (index === -1) {
      return string;
    }
    return [
      string.substr(0, index),
      string.substr(index + this.value.length)
    ];
  }
}

'foobar'.split(new MySplitter('foo'))
// ['', 'bar']

'foobar'.split(new MySplitter('bar'))
// ['foo', '']

'foobar'.split(new MySplitter('baz'))
// 'foobar'
```

上面的代码使用 `Symbol.split` 方法，重新定义了字符串对象的 `split` 方法的行为。

10.7.8 Symbol.iterator

对象的 `Symbol.iterator` 属性指向该对象的默认遍历器方法。

```
var myIterable = {};
myIterable[Symbol.iterator] = function* () {
  yield 1;
  yield 2;
  yield 3;
};

[...myIterable] // [1, 2, 3]
```

对象进行 `for...of` 循环时，会调用 `Symbol.iterator` 方法返回该对象的默认遍历器，详细介绍参见第 15 章。

```
class Collection {
```

```
  *[Symbol.iterator]() {
    let i = 0;
    while(this[i] !== undefined) {
      yield this[i];
      ++i;
    }
  }
}

let myCollection = new Collection();
myCollection[0] = 1;
myCollection[1] = 2;

for(let value of myCollection) {
  console.log(value);
}
// 1
// 2
```

10.7.9 Symbol.toPrimitive

对象的 `Symbol.toPrimitive` 属性指向一个方法，对象被转为原始类型的值时会调用这个方法，返回该对象对应的原始类型值。

`Symbol.toPrimitive` 被调用时会接受一个字符串参数，表示当前运算的模式。一共有 3 种模式。

- Number：该场合需要转成数值。
- String：该场合需要转成字符串。
- Default：该场合可以转成数值，也可以转成字符串。

```
let obj = {
  [Symbol.toPrimitive](hint) {
    switch (hint) {
      case 'number':
        return 123;
      case 'string':
        return 'str';
      case 'default':
```

```
        return 'default';
      default:
        throw new Error();
    }
  }
};

2 * obj // 246
3 + obj // '3default'
obj == 'default' // true
String(obj) // 'str'
```

10.7.10 Symbol.toStringTag

对象的 `Symbol.toStringTag` 属性指向一个方法，在对象上调用 `Object.prototype.toString` 方法时，如果这个属性存在，其返回值会出现在 `toString` 方法返回的字符串中，表示对象的类型。也就是说，这个属性可用于定制 `[object Object]` 或 `[object Array]` 中 `object` 后面的字符串。

```
// 例一
({[Symbol.toStringTag]: 'Foo'}.toString())
// "[object Foo]"

// 例二
class Collection {
  get [Symbol.toStringTag]() {
    return 'xxx';
  }
}
var x = new Collection();
Object.prototype.toString.call(x) // "[object xxx]"
```

ES6 新增内置对象的 `Symbol.toStringTag` 属性值如下。

- `JSON[Symbol.toStringTag]: 'JSON'`
- `Math[Symbol.toStringTag]: 'Math'`
- Module 对象 `M[Symbol.toStringTag]: 'Module'`
- `ArrayBuffer.prototype[Symbol.toStringTag]: 'ArrayBuffer'`

- DataView.prototype[Symbol.toStringTag]: 'DataView'
- Map.prototype[Symbol.toStringTag]: 'Map'
- Promise.prototype[Symbol.toStringTag]: 'Promise'
- Set.prototype[Symbol.toStringTag]: 'Set'
- %TypedArray%.prototype[Symbol.toStringTag]: 'Uint8Array'等
- WeakMap.prototype[Symbol.toStringTag]: 'WeakMap'
- WeakSet.prototype[Symbol.toStringTag]: 'WeakSet'
- %MapIteratorPrototype%[Symbol.toStringTag]: 'Map Iterator'
- %SetIteratorPrototype%[Symbol.toStringTag]: 'Set Iterator'
- %StringIteratorPrototype%[Symbol.toStringTag]: 'String Iterator'
- Symbol.prototype[Symbol.toStringTag]: 'Symbol'
- Generator.prototype[Symbol.toStringTag]: 'Generator'
- GeneratorFunction.prototype[Symbol.toStringTag]: 'GeneratorFunction'

10.7.11 Symbol.unscopables

对象的 Symbol.unscopables 属性指向一个对象，指定了使用 with 关键字时哪些属性会被 with 环境排除。

```
Array.prototype[Symbol.unscopables]
// {
//   copyWithin: true,
//   entries: true,
//   fill: true,
//   find: true,
//   findIndex: true,
//   includes: true,
//   keys: true
// }

Object.keys(Array.prototype[Symbol.unscopables])
// ['copyWithin', 'entries', 'fill', 'find',
// 'findIndex', 'includes', 'keys']
```

上面代码说明，数组有 7 个属性会被 with 命令排除。

```
// 没有 unscopables 时
class MyClass {
  foo() { return 1; }
}

var foo = function () { return 2; };

with (MyClass.prototype) {
  foo(); // 1
}

// 有 unscopables 时
class MyClass {
  foo() { return 1; }
  get [Symbol.unscopables]() {
    return { foo: true };
  }
}

var foo = function () { return 2; };

with (MyClass.prototype) {
  foo(); // 2
}
```

上面的代码通过指定 Symbol.unscopables 属性使 with 语法块不会在当前作用域寻找 foo 属性，即 foo 将指向外层作用域的变量。

第 11 章 Set 和 Map 数据结构

11.1 Set

11.1.1 基本用法

ES6 提供了新的数据结构——Set。它类似于数组，但是成员的值都是唯一的，没有重复。

Set 本身是一个构造函数，用来生成 Set 数据结构。

```
const s = new Set();

[2, 3, 5, 4, 5, 2, 2].forEach(x => s.add(x));

for (let i of s) {
  console.log(i);
}
// 2 3 5 4
```

上面的代码通过 `add` 方法向 Set 结构加入成员，结果表明 Set 结构不会添加重复的值。

Set 函数可以接受一个数组（或者具有 iterable 接口的其他数据结构）作为参数，用来初始化。

```
// 例一
const set = new Set([1, 2, 3, 4, 4]);
[...set]
// [1, 2, 3, 4]
```

```
// 例二
const items = new Set([1, 2, 3, 4, 5, 5, 5, 5]);
items.size // 5

// 例三
function divs () {
  return [...document.querySelectorAll('div')];
}

const set = new Set(divs());
set.size // 56

// 类似于
divs().forEach(div => set.add(div));
set.size // 56
```

上面的代码中，例一和例二是 `Set` 函数接受数组作为参数，例三是接受类似数组的对象作为参数。

上面的代码中也展示了一种去除数组重复成员的方法。

```
// 去除数组的重复成员
[...new Set(array)]
```

向 Set 加入值时不会发生类型转换，所以 `5` 和`"5"`是两个不同的值。Set 内部判断两个值是否相同时使用的算法叫作“Same-value equality”，它类似于精确相等运算符（`===`），主要的区别是 `NaN` 等于自身，而精确相等运算符认为 `NaN` 不等于自身。

```
let set = new Set();
let a = NaN;
let b = NaN;
set.add(a);
set.add(b);
set // Set {NaN}
```

上面的代码向 Set 实例添加了两个 `NaN`，但是实际上只能添加一个。这表明，在 Set 内部，两个 `NaN` 是相等的。

另外，两个对象总是不相等的。

```
let set = new Set();

set.add({});
```

```
set.size // 1

set.add({});
set.size // 2
```

上面的代码表示，由于两个空对象不是精确相等，所以它们被视为两个值。

11.1.2　Set 实例的属性和方法

Set 结构的实例有以下属性。

- `Set.prototype.constructor`：构造函数，默认就是 `Set` 函数。
- `Set.prototype.size`：返回 `Set` 实例的成员总数。

Set 实例的方法分为两大类：操作方法（用于操作数据）和遍历方法（用于遍历成员）。下面先介绍 4 个操作方法。

- `add(value)`：添加某个值，返回 Set 结构本身。
- `delete(value)`：删除某个值，返回一个布尔值，表示删除是否成功。
- `has(value)`：返回一个布尔值，表示参数是否为 Set 的成员。
- `clear()`：清除所有成员，没有返回值。

上面这些属性和方法的实例如下。

```
s.add(1).add(2).add(2);
// 注意 2 被加入了两次

s.size // 2

s.has(1) // true
s.has(2) // true
s.has(3) // false

s.delete(2);
s.has(2) // false
```

下面是一个对比，判断是否包括一个键上 Object 结构和 Set 结构的写法不同。

```
// 对象的写法
const properties = {
  'width': 1,
```

```
  'height': 1
};

if (properties[someName]) {
  // do something
}

// Set 的写法
const properties = new Set();

properties.add('width');
properties.add('height');

if (properties.has(someName)) {
  // do something
}
```

Array.from 方法可以将 Set 结构转为数组。

```
const items = new Set([1, 2, 3, 4, 5]);
const array = Array.from(items);
```

这就提供了一种去除数组的重复元素的方法。

```
function dedupe(array) {
  return Array.from(new Set(array));
}

dedupe([1, 1, 2, 3]) // [1, 2, 3]
```

11.1.3 遍历操作

Set 结构的实例有 4 个遍历方法，可用于遍历成员。

- keys()：返回键名的遍历器。
- values()：返回键值的遍历器。
- entries()：返回键值对的遍历器。
- forEach()：使用回调函数遍历每个成员。

需要特别指出的是，Set 的遍历顺序就是插入顺序。这个特性有时非常有用，比如使用 Set 保存一个回调函数列表，调用时就能保证按照添加顺序调用。

keys()、values()、entries()

keys 方法、values 方法、entries 方法返回的都是遍历器对象（详见第 15 章）。由于 Set 结构没有键名，只有键值（或者说键名和键值是同一个值），所以 keys 方法和 values 方法的行为完全一致。

```
let set = new Set(['red', 'green', 'blue']);

for (let item of set.keys()) {
  console.log(item);
}
// red
// green
// blue

for (let item of set.values()) {
  console.log(item);
}
// red
// green
// blue

for (let item of set.entries()) {
  console.log(item);
}
// ["red", "red"]
// ["green", "green"]
// ["blue", "blue"]
```

上面的代码中，entries 方法返回的遍历器同时包括键名和键值，所以每次输出一个数组，其两个成员完全相等。

Set 结构的实例默认可遍历，其默认遍历器生成函数就是它的 values 方法。

```
Set.prototype[Symbol.iterator] === Set.prototype.values
// true
```

这意味着，可以省略 values 方法，直接用 for...of 循环遍历 Set。

```
let set = new Set(['red', 'green', 'blue']);

for (let x of set) {
  console.log(x);
}
// red
// green
// blue
```

forEach()

Set 结构实例的 forEach 方法用于对每个成员执行某种操作，没有返回值。

```
let set = new Set([1, 2, 3]);
set.forEach((value, key) => console.log(value * 2) )
// 2
// 4
// 6
```

上面的代码说明，forEach 方法的参数就是一个处理函数。该函数的参数依次为键值、键名、集合本身（上例省略了该参数）。另外，forEach 方法还可以有第二个参数，表示绑定的 this 对象。

遍历的应用

扩展运算符（...）内部使用 for...of 循环，所以也可以用于 Set 结构。

```
let set = new Set(['red', 'green', 'blue']);
let arr = [...set];
// ['red', 'green', 'blue']
```

扩展运算符和 Set 结构相结合就可以去除数组的重复成员。

```
let arr = [3, 5, 2, 2, 5, 5];
let unique = [...new Set(arr)];
// [3, 5, 2]
```

而且，数组的 map 和 filter 方法也可以用于 Set。

```
let set = new Set([1, 2, 3]);
set = new Set([...set].map(x => x * 2));
// 返回 Set 结构：{2, 4, 6}

let set = new Set([1, 2, 3, 4, 5]);
```

```
set = new Set([...set].filter(x => (x % 2) == 0));
// 返回 Set 结构：{2, 4}
```

因此使用 Set 可以很容易地实现并集（Union）、交集（Intersect）和差集（Difference）。

```
let a = new Set([1, 2, 3]);
let b = new Set([4, 3, 2]);

// 并集
let union = new Set([...a, ...b]);
// Set {1, 2, 3, 4}

// 交集
let intersect = new Set([...a].filter(x => b.has(x)));
// set {2, 3}

// 差集
let difference = new Set([...a].filter(x => !b.has(x)));
// Set {1}
```

如果想在遍历操作中同步改变原来的 Set 结构，目前没有直接的方法，但有两种变通方法。一种是利用原 Set 结构映射出一个新的结构，然后赋值给原来的 Set 结构；另一种是利用 `Array.from` 方法。

```
// 方法一
let set = new Set([1, 2, 3]);
set = new Set([...set].map(val => val * 2));
// set 的值是 2, 4, 6

// 方法二
let set = new Set([1, 2, 3]);
set = new Set(Array.from(set, val => val * 2));
// set 的值是 2, 4, 6
```

上面的代码提供了两种方法，直接在遍历操作中改变了原来的 Set 结构。

11.2 WeakSet

11.2.1 含义

WeakSet 结构与 Set 类似，也是不重复的值的集合。但是，它与 Set 有两个区别。

第一，WeakSet 的成员只能是对象，而不能是其他类型的值。

```
const ws = new WeakSet();
ws.add(1)
// TypeError: Invalid value used in weak set
ws.add(Symbol())
// TypeError: invalid value used in weak set
```

上面的代码试图向 WeakSet 添加一个数值 `Symbol` 值，结果报错，因为 WeakSet 只能放置对象。

第二，WeakSet 中的对象都是弱引用，即垃圾回收机制不考虑 WeakSet 对该对象的引用，也就是说，如果其他对象都不再引用该对象，那么垃圾回收机制会自动回收该对象所占用的内存，不考虑该对象是否还存在于 WeakSet 之中。

这是因为垃圾回收机制依赖引用计数，如果一个值的引用次数不为 `0`，垃圾回收机制就不会释放这块内存。结束使用该值之后，有时会忘记取消引用，导致内存无法释放，进而可能会引发内存泄漏。WeakSet 里面的引用都不计入垃圾回收机制，所以就不存在这个问题。因此，WeakSet 适合临时存放一组对象，以及存放跟对象绑定的信息。只要这些对象在外部消失，它在 WeakSet 里面的引用就会自动消失。

由于上面这个特点，WeakSet 的成员是不适合引用的，因为它会随时消失。另外，WeakSet 内部有多少个成员取决于垃圾回收机制有没有运行，运行前后很可能成员个数是不一样的，而垃圾回收机制何时运行是不可预测的，因此 ES6 规定 WeakSet 不可遍历。

这些特点同样适用于本章后面要介绍的 WeakMap 结构。

11.2.2 语法

WeakSet 是一个构造函数，可以使用 `new` 命令创建 WeakSet 数据结构。

```
const ws = new WeakSet();
```

作为构造函数，WeakSet 可以接受一个数组或类似数组的对象作为参数。实际上，任何具有 `iterable` 接口的对象都可以作为 WeakSet 的参数。该数组的所有成员都会自动成为 WeakSet

实例对象的成员。

```
const a = [[1, 2], [3, 4]];
const ws = new WeakSet(a);
// WeakSet {[1, 2], [3, 4]}
```

上面的代码中，a 是一个数组，它有两个成员，也都是数组。将 a 作为 WeakSet 构造函数的参数，a 的成员会自动成为 WeakSet 的成员。

注意！

成为 WeakSet 的成员的是 a 数组的成员，而不是 a 数组本身。这意味着，数组的成员只能是对象。

```
const b = [3, 4];
const ws = new WeakSet(b);
// Uncaught TypeError: Invalid value used in weak set(…)
```

上面的代码中，数组 b 的成员不是对象，因此加入 WeakSet 就会报错。

WeakSet 结构有以下 3 个方法。

- `WeakSet.prototype.add(value)`：向 WeakSet 实例添加一个新成员。
- `WeakSet.prototype.delete(value)`：清除 WeakSet 实例的指定成员。
- `WeakSet.prototype.has(value)`：返回一个布尔值，表示某个值是否在 WeakSet 实例中。

下面是一个例子。

```
const ws = new WeakSet();
const obj = {};
const foo = {};

ws.add(window);
ws.add(obj);

ws.has(window); // true
ws.has(foo);    // false

ws.delete(window);
ws.has(window);    // false
```

WeakSet 没有 size 属性，没有办法遍历其成员。

```
ws.size // undefined
ws.forEach // undefined

ws.forEach(function(item){ console.log('WeakSet has ' + item)})
// TypeError: undefined is not a function
```

上面的代码试图获取 `size` 和 `forEach` 属性，结果都不能成功。

WeakSet 不能遍历，因为成员都是弱引用，随时可能消失，遍历机制无法保证成员存在，很可能刚刚遍历结束，成员就取不到了。WeakSet 的一个用处是储存 DOM 节点，而不用担心这些节点从文档移除时会引发内存泄漏。

下面是 WeakSet 的另一个例子。

```
const foos = new WeakSet()
class Foo {
  constructor() {
    foos.add(this)
  }
  method () {
    if (!foos.has(this)) {
      throw new TypeError('Foo.prototype.method 只能在 Foo 的实例上调用！');
    }
  }
}
```

上面的代码保证了 `Foo` 的实例方法只能在 `Foo` 的实例上调用。这里使用 WeakSet 的好处是，数组 `foos` 对实例的引用不会被计入内存回收机制，所以删除实例的时候不用考虑 `foos`，也不会出现内存泄漏。

11.3 Map

11.3.1 含义和基本用法

JavaScript 的对象（Object）本质上是键值对的集合（Hash 结构），但是只能用字符串作为键。这给它的使用带来了很大的限制。

```
const data = {};
const element = document.getElementById('myDiv');
```

```
data[element] = 'metadata';
data['[object HTMLDivElement]'] // "metadata"
```

上面的代码原意是将一个 DOM 节点作为对象 data 的键，但是由于对象只接受字符串作为键名，所以 element 被自动转为字符串[Object HTMLDivElement]。

为了解决这个问题，ES6 提供了 Map 数据结构。它类似于对象，也是键值对的集合，但是"键"的范围不限于字符串，各种类型的值（包括对象）都可以当作键。也就是说，Object 结构提供了"字符串—值"的对应，Map 结构提供了"值—值"的对应，是一种更完善的 Hash 结构实现。如果需要"键值对"的数据结构，Map 比 Object 更合适。

```
const m = new Map();
const o = {p: 'Hello World'};

m.set(o, 'content')
m.get(o) // "content"

m.has(o) // true
m.delete(o) // true
m.has(o) // false
```

上面的代码使用 Map 结构的 set 方法，将对象 o 当作 m 的一个键，然后又使用 get 方法读取这个键，接着使用 delete 方法删除了这个键。

上面的例子展示了如何向 Map 添加成员。作为构造函数，Map 也可以接受一个数组作为参数。该数组的成员是一个个表示键值对的数组。

```
const map = new Map([
  ['name', '张三'],
  ['title', 'Author']
]);

map.size // 2
map.has('name') // true
map.get('name') // "张三"
map.has('title') // true
map.get('title') // "Author"
```

上面的代码在新建 Map 实例时就指定了两个键——name 和 title。

Map 构造函数接受数组作为参数，实际上执行的是下面的算法。

```
const items = [
```

```
  ['name', '张三'],
  ['title', 'Author']
];

const map = new Map();

items.forEach(
  ([key, value]) => map.set(key, value)
);
```

事实上，不仅仅是数组，任何具有 Iterator 接口且每个成员都是一个双元素数组的数据结构（详见第 15 章）都可以当作 `Map` 构造函数的参数。也就是说，`Set` 和 `Map` 都可以用来生成新的 Map。

```
const set = new Set([
  ['foo', 1],
  ['bar', 2]
]);
const m1 = new Map(set);
m1.get('foo') // 1

const m2 = new Map([['baz', 3]]);
const m3 = new Map(m2);
m3.get('baz') // 3
```

上面的代码中，我们分别使用 Set 对象和 Map 对象当作 `Map` 构造函数的参数，结果都生成了新的 Map 对象。

如果对同一个键多次赋值，后面的值将覆盖前面的值。

```
const map = new Map();

map
.set(1, 'aaa')
.set(1, 'bbb');

map.get(1) // "bbb"
```

上面的代码对键 `1` 连续赋值两次，后一次的值覆盖了前一次的值。

如果读取一个未知的键，则返回 `undefined`。

```
new Map().get('asfddfsasadf')
```

```
// undefined
```

注意！

只有对同一个对象的引用，Map 结构才将其视为同一个键。这一点要非常小心。

```
const map = new Map();

map.set(['a'], 555);
map.get(['a']) // undefined
```

上面的 set 和 get 方法表面上是针对同一个键，实际上却是两个值，内存地址是不一样的，因此 get 方法无法读取该键，返回 undefined。

同理，同样的值的两个实例在 Map 结构中被视为两个键。

```
const map = new Map();

const k1 = ['a'];
const k2 = ['a'];

map
.set(k1, 111)
.set(k2, 222);

map.get(k1) // 111
map.get(k2) // 222
```

上面的代码中，变量 k1 和 k2 的值是一样的，但它们在 Map 结构中被视为两个键。

由上可知，Map 的键实际上是和内存地址绑定的，只要内存地址不一样，就视为两个键。这就解决了同名属性碰撞（clash）的问题，我们扩展别人的库时，如果使用对象作为键名，不用担心自己的属性与原作者的属性同名。

如果 Map 的键是一个简单类型的值（数字、字符串、布尔值），则只要两个值严格相等，Map 就将其视为一个键，包括 0 和-0。另外，虽然 NaN 不严格等于自身，但 Map 将其视为同一个键。

```
let map = new Map();

map.set(-0, 123);
map.get(+0) // 123

map.set(true, 1);
```

```
map.set('true', 2);
map.get(true) // 1

map.set(undefined, 3);
map.set(null, 4);
map.get(undefined) // 3

map.set(NaN, 123);
map.get(NaN) // 123
```

11.3.2 实例的属性和操作方法

Map 结构的实例有以下几个属性和操作方法。

size 属性

`size` 属性返回 Map 结构的成员总数。

```
const map = new Map();
map.set('foo', true);
map.set('bar', false);

map.size // 2
```

set(key, value)

`set` 方法设置 `key` 所对应的键值，然后返回整个 Map 结构。如果 `key` 已经有值，则键值会被更新，否则就新生成该键。

```
const m = new Map();

m.set('edition', 6)        // 键是字符串
m.set(262, 'standard')     // 键是数值
m.set(undefined, 'nah')    // 键是 undefined
```

`set` 方法返回的是当前的 `Map` 对象，因此可以采用链式写法。

```
let map = new Map()
  .set(1, 'a')
  .set(2, 'b')
  .set(3, 'c');
```

get(key)

get 方法读取 key 对应的键值，如果找不到 key，则返回 undefined。

```
const m = new Map();

const hello = function() {console.log('hello');};
m.set(hello, 'Hello ES6!')      // 键是函数

m.get(hello)                    // Hello ES6!
```

has(key)

has 方法返回一个布尔值，表示某个键是否在 Map 数据结构中。

```
const m = new Map();

m.set('edition', 6);
m.set(262, 'standard');
m.set(undefined, 'nah');

m.has('edition')        // true
m.has('years')          // false
m.has(262)              // true
m.has(undefined)        // true
```

delete(key)

delete 方法删除某个键，返回 true。如果删除失败，则返回 false。

```
const m = new Map();
m.set(undefined, 'nah');
m.has(undefined)        // true

m.delete(undefined)
m.has(undefined)        // false
```

clear()

clear 方法清除所有成员，没有返回值。

```
let map = new Map();
map.set('foo', true);
map.set('bar', false);
```

```
map.size // 2
map.clear()
map.size // 0
```

11.3.3 遍历方法

Map 原生提供了 3 个遍历器生成函数和 1 个遍历方法。

- `keys()`：返回键名的遍历器。
- `values()`：返回键值的遍历器。
- `entries()`：返回所有成员的遍历器。
- `forEach()`：遍历 Map 的所有成员。

需要特别注意的是，Map 的遍历顺序就是插入顺序。

```
const map = new Map([
  ['F', 'no'],
  ['T',  'yes'],
]);

for (let key of map.keys()) {
  console.log(key);
}
// "F"
// "T"

for (let value of map.values()) {
  console.log(value);
}
// "no"
// "yes"

for (let item of map.entries()) {
  console.log(item[0], item[1]);
}
// "F" "no"
// "T" "yes"

// 或者
```

```
for (let [key, value] of map.entries()) {
  console.log(key, value);
}
// "F" "no"
// "T" "yes"

// 等同于使用 map.entries()
for (let [key, value] of map) {
  console.log(key, value);
}
// "F" "no"
// "T" "yes"
```

上面代码中最后的例子表示，Map 结构的默认遍历器接口（Symbol.iterator 属性）就是 entries 方法。

```
map[Symbol.iterator] === map.entries
// true
```

Map 结构转为数组结构的比较快速的方法是结合扩展运算符（...）。

```
const map = new Map([
  [1, 'one'],
  [2, 'two'],
  [3, 'three'],
]);

[...map.keys()]
// [1, 2, 3]

[...map.values()]
// ['one', 'two', 'three']

[...map.entries()]
// [[1,'one'], [2, 'two'], [3, 'three']]

[...map]
// [[1,'one'], [2, 'two'], [3, 'three']]
```

结合数组的 map 方法、filter 方法，可以实现 Map 的遍历和过滤（Map 本身没有 map 和 filter 方法）。

```
const map0 = new Map()
  .set(1, 'a')
  .set(2, 'b')
  .set(3, 'c');

const map1 = new Map(
  [...map0].filter(([k, v]) => k < 3)
);
// 产生 Map 结构 {1 => 'a', 2 => 'b'}

const map2 = new Map(
  [...map0].map(([k, v]) => [k * 2, '_' + v])
    );
// 产生 Map 结构 {2 => '_a', 4 => '_b', 6 => '_c'}
```

此外，Map 还有一个 forEach 方法，与数组的 forEach 方法类似，也可以实现遍历。

```
map.forEach(function(value, key, map) {
  console.log("Key: %s, Value: %s", key, value);
});
```

forEach 方法还可以接受第二个参数，用于绑定 this。

```
const reporter = {
  report: function(key, value) {
    console.log("Key: %s, Value: %s", key, value);
  }
};

map.forEach(function(value, key, map) {
  this.report(key, value);
}, reporter);
```

上面的代码中，forEach 方法的回调函数的 this 就指向 reporter。

11.3.4 与其他数据结构的互相转换

Map 转为数组

前面已经提过，Map 转为数组最方便的方法就是使用扩展运算符（...）。

```
const myMap = new Map()
```

```
  .set(true, 7)
  .set({foo: 3}, ['abc']);
[...myMap]
// [ [ true, 7 ], [ { foo: 3 }, [ 'abc' ] ] ]
```

数组转为 Map

将数组传入 Map 构造函数就可以转为 Map。

```
new Map([
  [true, 7],
  [{foo: 3}, ['abc']]
])
// Map {
//   true => 7,
//   Object {foo: 3} => ['abc']
// }
```

Map 转为对象

如果 Map 的所有键都是字符串，则可以转为对象。

```
function strMapToObj(strMap) {
  let obj = Object.create(null);
  for (let [k,v] of strMap) {
    obj[k] = v;
  }
  return obj;
}

const myMap = new Map()
  .set('yes', true)
  .set('no', false);
strMapToObj(myMap)
// { yes: true, no: false }
```

对象转为 Map

```
function objToStrMap(obj) {
  let strMap = new Map();
  for (let k of Object.keys(obj)) {
    strMap.set(k, obj[k]);
  }
```

```
  return strMap;
}

objToStrMap({yes: true, no: false})
// Map {"yes" => true, "no" => false}
```

Map 转为 JSON

Map 转为 JSON 要区分两种情况。一种情况是，Map 的键名都是字符串，这时可以选择转为对象 JSON。

```
function strMapToJson(strMap) {
  return JSON.stringify(strMapToObj(strMap));
}

let myMap = new Map().set('yes', true).set('no', false);
strMapToJson(myMap)
// '{"yes":true,"no":false}'
```

另一种情况是，Map 的键名有非字符串，这时可以选择转为数组 JSON。

```
function mapToArrayJson(map) {
  return JSON.stringify([...map]);
}

let myMap = new Map().set(true, 7).set({foo: 3}, ['abc']);
mapToArrayJson(myMap)
// '[[true,7],[{"foo":3},["abc"]]]'
```

JSON 转为 Map

JSON 转为 Map，正常情况下所有键名都是字符串。

```
function jsonToStrMap(jsonStr) {
  return objToStrMap(JSON.parse(jsonStr));
}

jsonToStrMap('{"yes": true, "no": false}')
// Map {'yes' => true, 'no' => false}
```

但是，有一种特殊情况：整个 JSON 就是一个数组，且每个数组成员本身又是一个具有两个成员的数组。这时，它可以一一对应地转为 Map。这往往是数组转为 JSON 的逆操作。

```
function jsonToMap(jsonStr) {
```

```
  return new Map(JSON.parse(jsonStr));
}

jsonToMap('[[true,7],[{"foo":3},["abc"]]]')
// Map {true => 7, Object {foo: 3} => ['abc']}
```

11.4 WeakMap

11.4.1 含义

WeakMap 结构与 Map 结构类似，也用于生成键值对的集合。

```
// WeakMap 可以使用 set 方法添加成员
const wm1 = new WeakMap();
const key = {foo: 1};
wm1.set(key, 2);
wm1.get(key) // 2

// WeakMap 也可以接受一个数组，作为构造函数的参数
const k1 = [1, 2, 3];
const k2 = [4, 5, 6];
const wm2 = new WeakMap([[k1, 'foo'], [k2, 'bar']]);
wm2.get(k2) // "bar"
```

WeakMap 与 Map 的区别有以下两点。

第一，WeakMap 只接受对象作为键名（null 除外），不接受其他类型的值作为键名。

```
const map = new WeakMap();
map.set(1, 2)
// TypeError: 1 is not an object!
map.set(Symbol(), 2)
// TypeError: Invalid value used as weak map key
map.set(null, 2)
// TypeError: Invalid value used as weak map key
```

上面的代码中，如果将数值 1 和 Symbol 值作为 WeakMap 的键名，都会报错。

第二，WeakMap 的键名所指向的对象不计入垃圾回收机制。

WeakMap 的设计目的在于，有时我们想在某个对象上面存放一些数据，但是这会形成对这

个对象的引用。请看下面的例子。

```
const e1 = document.getElementById('foo');
const e2 = document.getElementById('bar');
const arr = [
  [e1, 'foo 元素'],
  [e2, 'bar 元素'],
];
```

上面的代码中，e1 和 e2 是两个对象，我们通过 arr 数组对这两个对象添加一些文字说明，这就形成了 arr 对 e1 和 e2 的引用。

一旦不再需要这两个对象，我们必须手动删除这个引用，否则垃圾回收机制就不会释放 e1 和 e2 占用的内存。

```
// 不需要 e1 和 e2 的时候
// 必须手动删除引用
arr [0] = null;
arr [1] = null;
```

上面这样的写法显然很不方便。一旦忘了写，就会造成内存泄漏。

WeakMap 就是为了解决这个问题而诞生的，它的键名所引用的对象都是弱引用，即垃圾回收机制不将该引用考虑在内。因此，只要所引用的对象的其他引用都被清除，垃圾回收机制就会释放该对象所占用的内存。也就是说，一旦不再需要，WeakMap 里面的键名对象和所对应的键值对会自动消失，不用手动删除引用。

基本上，如果要向对象中添加数据又不想干扰垃圾回收机制，便可以使用 WeakMap。一个典型应用场景是，在网页的 DOM 元素上添加数据时就可以使用 WeakMap 结构。当该 DOM 元素被清除，其所对应的 WeakMap 记录就会自动被移除。

```
const wm = new WeakMap();

const element = document.getElementById('example');

wm.set(element, 'some information');
wm.get(element) // "some information"
```

上面的代码中首先新建了一个 WeakMap 实例，然后将一个 DOM 节点作为键名存入该实例，并将一些附加信息作为键值一起存放在 WeakMap 里面。这时，WeakMap 里面对 element 的引用就是弱引用，不会被计入垃圾回收机制。

上面的 DOM 节点对象的引用计数是 1，而不是 2。这时，一旦消除对该节点的引用，它占用的内存就会被垃圾回收机制释放。WeakMap保存的这个键值对也会自动消失。

总之，WeakMap的专用场景就是它的键所对应的对象可能会在将来消失的场景。WeakMap结构有助于防止内存泄漏。

```
const wm = new WeakMap();
let key = {};
let obj = {foo: 1};

wm.set(key, obj)
obj = null;
wm.get(key)
// Object {foo: 1}
```

上面的代码中，键值obj是正常引用的。所以，即使在WeakMap外部消除了obj的引用，WeakMap内部的引用依然存在。

注意！

WeakMap弱引用的只是键名而不是键值。键值依然是正常引用的。

11.4.2 WeakMap的语法

WeakMap与Map在API上的区别主要有两个。一是没有遍历操作(即没有key()、values()和entries()方法)，也没有size属性。因为没有办法列出所有键名，某个键名是否存在完全不可预测，和垃圾回收机制是否运行相关。这一刻可以取到键名，下一刻垃圾回收机制突然运行，这个键名就消失了，为了防止出现不确定性，因此统一规定不能取到键名。二是无法清空，即不支持clear方法。因此，WeakMap只有4个方法可用：get()、set()、has()、delete()。

```
const wm = new WeakMap();

// size、forEach、clear方法都不存在
wm.size // undefined
wm.forEach // undefined
wm.clear // undefined
```

11.4.3 WeakMap示例

WeakMap的例子很难演示，因为无法观察它里面的引用自动消失。此时，其他引用都已解

除，已经没有引用指向 WeakMap 的键名，导致无法证实键名是不是存在。

> **提示！**
> 贺师俊老师提示，如果引用所指向的值占用特别多的内存，就可以通过 Node 的 process.memoryUsage 方法看出来。

根据以上思路，网友 vtxf 补充了下面的例子。

首先，打开 Node 命令行。

```
$ node --expose-gc
```

上面的代码中，--expose-gc 参数表示允许手动执行垃圾回收机制。

然后，执行下面的代码。

```
// 手动执行一次垃圾回收，保证获取的内存使用状态准确
> global.gc();
undefined

// 查看内存占用的初始状态，heapUsed 为 4MB 左右
> process.memoryUsage();
{ rss: 21106688,
  heapTotal: 7376896,
  heapUsed: 4153936,
  external: 9059 }

> let wm = new WeakMap();
undefined

// 新建一个变量 key，指向一个 5*1024*1024 的数组
> let key = new Array(5*1024*1024);
undefined

// 设置 WeakMap 实例的键名，也指向 key 数组
// 这时，key 数组的引用计数为 2
// 变量 key 引用一次，WeakMap 的键名引用第二次
> wm.set(key,1);
WeakMap {}

> global.gc();
undefined
```

```
// 这时内存占用 heapUsed 增加到 45MB 了
> process.memoryUsage();
{ rss: 67538944,
  heapTotal: 7376896,
  heapUsed: 45782816,
  external: 8945 }

// 清除变量 key 对数组的引用，
// 但没有手动清除 WeakMap 实例的键名对数组的引用
> key = null;
null

// 再次执行垃圾回收
> global.gc();
undefined

// 内存占用 heapUsed 变回 4MB 左右，
// 可以看到 WeakMap 的键名引用没有阻止 gc 对内存的回收
> process.memoryUsage();
{ rss: 20639744,
  heapTotal: 8425472,
  heapUsed: 3979792,
  external: 8956 }
```

上面的代码中，只要外部的引用消失，WeakMap 内部的引用就会自动被垃圾回收清除。由此可见，有了 WeakMap 的帮助，解决内存泄漏就会简单很多。

11.4.4 WeakMap 的用途

前文说过，WeakMap 应用的典型场景就是以 DOM 节点作为键名的场景。下面是一个例子。

```
let myElement = document.getElementById('logo');
let myWeakmap = new WeakMap();

myWeakmap.set(myElement, {timesClicked: 0});

myElement.addEventListener('click', function() {
  let logoData = myWeakmap.get(myElement);
```

```
  logoData.timesClicked++;
}, false);
```

上面的代码中，myElement 是一个 DOM 节点，每当发生 click 事件就更新一下状态。我们将这个状态作为键值放在 WeakMap 里，对应的键名就是 myElement。一旦这个 DOM 节点删除，该状态就会自动消失，不存在内存泄漏风险。

进一步说，注册监听事件的 listener 对象很适合用 WeakMap 来实现。

```
const listener = new WeakMap();

listener.set(element1, handler1);
listener.set(element2, handler2);

element1.addEventListener('click', listener.get(element1), false);
element2.addEventListener('click', listener.get(element2), false);
```

上面的代码中，监听函数放在 WeakMap 里面。一旦 DOM 对象消失，与它绑定的监听函数也会自动消失。

WeakMap 的另一个用处是部署私有属性。

```
const _counter = new WeakMap();
const _action = new WeakMap();

class Countdown {
  constructor(counter, action) {
    _counter.set(this, counter);
    _action.set(this, action);
  }
  dec() {
    let counter = _counter.get(this);
    if (counter < 1) return;
    counter--;
    _counter.set(this, counter);
    if (counter === 0) {
      _action.get(this)();
    }
  }
}

const c = new Countdown(2, () => console.log('DONE'));
```

```
c.dec()
c.dec()
// DONE
```

上面的代码中，Countdown 类的两个内部属性——_counter 和_action——是实例的弱引用，如果删除实例，它们也会随之消失，不会造成内存泄漏。

第 12 章 Proxy

12.1 概述

Proxy 用于修改某些操作的默认行为，等同于在语言层面做出修改，所以属于一种“元编程”（meta programming），即对编程语言进行编程。

Proxy 可以理解成在目标对象前架设一个“拦截”层，外界对该对象的访问都必须先通过这层拦截，因此提供了一种机制可以对外界的访问进行过滤和改写。Proxy 这个词的原意是代理，用在这里表示由它来“代理”某些操作，可以译为“代理器”

```
var obj = new Proxy({}, {
  get: function (target, key, receiver) {
    console.log(`getting ${key}!`);
    return Reflect.get(target, key, receiver);
  },
  set: function (target, key, value, receiver) {
    console.log(`setting ${key}!`);
    return Reflect.set(target, key, value, receiver);
  }
});
```

上面的代码对一个空对象进行了一层拦截，重定义了属性的读取（get）和设置（set）行为。这里暂时先不解释具体的语法，只看运行结果。读取设置了拦截行为的对象 obj 的属性就会得到下面的结果。

```
obj.count = 1
//  setting count!
```

```
++obj.count
//  getting count!
//  setting count!
//  2
```

上面的代码说明，Proxy 实际上重载（overload）了点运算符，即用自己的定义覆盖了语言的原始定义。

ES6 原生提供 Proxy 构造函数，用于生成 Proxy 实例。

```
var proxy = new Proxy(target, handler);
```

Proxy 对象的所有用法都是上面这种形式，不同的只是 `handler` 参数的写法。其中，`new Proxy()` 表示生成一个 Proxy 实例，`target` 参数表示所要拦截的目标对象，`handler` 参数也是一个对象，用来定制拦截行为。

下面是另一个拦截读取属性行为的例子。

```
var proxy = new Proxy({}, {
  get: function(target, property) {
    return 35;
  }
});

proxy.time // 35
proxy.name // 35
proxy.title // 35
```

上面的代码中，构造函数 Proxy 接受两个参数：第一个参数是所要代理的目标对象（上例中是一个空对象），即如果没有 Proxy 介入，操作原来要访问的就是这个对象；第二个参数是一个配置对象，对于每一个被代理的操作，需要提供一个对应的处理函数，该函数将拦截对应的操作。比如，上面的代码中，配置对象有一个 `get` 方法用来拦截对目标对象属性的访问请求。`get` 方法的两个参数分别是目标对象和所要访问的属性。可以看到，由于拦截函数总是返回 `35`，所以访问任何属性都将得到 `35`。

注意！

要使 Proxy 起作用，必须针对 Proxy 实例（上例中是 `proxy` 对象）进行操作，而不是针对目标对象（上例中是空对象）进行操作。

如果 `handler` 没有设置任何拦截，那就等同于直接通向原对象。

```
var target = {};
var handler = {};
```

```
var proxy = new Proxy(target, handler);
proxy.a = 'b';
target.a // "b"
```

上面的代码中，handler 是一个空对象，没有任何拦截效果，访问 handler 就等同于访问 target。

一个技巧是将 Proxy 对象设置到 object.proxy 属性，从而可以在 object 对象上调用。

```
var object = { proxy: new Proxy(target, handler) };
```

Proxy 实例也可以作为其他对象的原型对象。

```
var proxy = new Proxy({}, {
  get: function(target, property) {
    return 35;
  }
});

let obj = Object.create(proxy);
obj.time // 35
```

上面的代码中，proxy 对象是 obj 对象的原型，obj 对象本身并没有 time 属性，所以根据原型链会在 proxy 对象上读取该属性，导致被拦截。

同一个拦截器函数可以设置拦截多个操作。

```
var handler = {
  get: function(target, name) {
    if (name === 'prototype') {
      return Object.prototype;
    }
    return 'Hello, ' + name;
  },

  apply: function(target, thisBinding, args) {
    return args[0];
  },

  construct: function(target, args) {
    return {value: args[1]};
  }
};
```

```
var fproxy = new Proxy(function(x, y) {
  return x + y;
}, handler);

fproxy(1, 2) // 1
new fproxy(1,2) // {value: 2}
fproxy.prototype === Object.prototype // true
fproxy.foo // "Hello, foo"
```

下面是 Proxy 支持的所有拦截操作。

对于可以设置但没有设置拦截的操作，则直接落在目标对象上，按照原先的方式产生结果。

get(target, propKey, receiver)

拦截对象属性的读取，比如 `proxy.foo` 和 `proxy['foo']`。最后一个参数 `receiver` 是一个可选对象，参见下面 `Reflect.get` 的部分。

set(target, propKey, value, receiver)

拦截对象属性的设置，比如 `proxy.foo = v` 或 `proxy['foo'] = v`，返回一个布尔值。

has(target, propKey)

拦截 `propKey in proxy` 的操作，返回一个布尔值。

deleteProperty(target, propKey)

拦截 `delete proxy[propKey]` 的操作，返回一个布尔值。

ownKeys(target)

拦截 `Object.getOwnPropertyNames(proxy)`、`Object.getOwnPropertySymbols(proxy)`、`Object.keys(proxy)`，返回一个数组。该方法返回目标对象所有自身属性的属性名，而 `Object.keys()` 的返回结果仅包括目标对象自身的可遍历属性。

getOwnPropertyDescriptor(target, propKey)

拦截 `Object.getOwnPropertyDescriptor(proxy, propKey)`，返回属性的描述对象。

defineProperty(target, propKey, propDesc)

拦截 `Object.defineProperty(proxy, propKey, propDesc)`、`Object.defineProperties(proxy, propDescs)`，返回一个布尔值。

preventExtensions(target)

拦截 `Object.preventExtensions(proxy)`，返回一个布尔值。

getPrototypeOf(target)

拦截 `Object.getPrototypeOf(proxy)`，返回一个对象。

isExtensible(target)

拦截 `Object.isExtensible(proxy)`，返回一个布尔值。

setPrototypeOf(target, proto)

拦截 `Object.setPrototypeOf(proxy, proto)`，返回一个布尔值。如果目标对象是函数，那么还有两种额外操作可以拦截。

apply(target, object, args)

拦截 Proxy 实例，并将其作为函数调用的操作，比如 `proxy(...args)`、`proxy.call(object, ...args)`、`proxy.apply(...)`。

construct(target, args)

拦截 Proxy 实例作为构造函数调用的操作，比如 `new proxy(...args)`。

12.2 Proxy 实例的方法

下面是上述拦截方法的详细介绍。

12.2.1 get()

`get` 方法用于拦截某个属性的读取操作。前面已经有一个例子，下面是另一个拦截读取操作的例子。

```
var person = {
  name: "张三"
};

var proxy = new Proxy(person, {
  get: function(target, property) {
    if (property in target) {
      return target[property];
```

```
    } else {
      throw new ReferenceError("Property \"" + property + "\" does not exist.");
    }
  }
});

proxy.name // "张三"
proxy.age // 抛出一个错误
```

上面的代码表示，如果访问目标对象不存在的属性，会抛出一个错误。如果没有这个拦截函数，访问不存在的属性只会返回 undefined。

get 方法可以继承。

```
let proto = new Proxy({}, {
  get(target, propertyKey, receiver) {
    console.log('GET '+propertyKey);
    return target[propertyKey];
  }
});

let obj = Object.create(proto);
obj.xxx // "GET xxx"
```

上面的代码中，拦截操作定义在 Prototype 对象上，所以如果读取 obj 对象继承的属性，拦截会生效。

下面的例子使用 get 拦截实现数组读取负数索引。

```
function createArray(...elements) {
  let handler = {
    get(target, propKey, receiver) {
      let index = Number(propKey);
      if (index < 0) {
        propKey = String(target.length + index);
      }
      return Reflect.get(target, propKey, receiver);
    }
  };

  let target = [];
```

```
  target.push(...elements);
  return new Proxy(target, handler);
}

let arr = createArray('a', 'b', 'c');
arr[-1] // c
```

上面的代码中，如果数组的位置参数是-1，就会输出数组的最后一个成员。

利用 Proxy，可以将读取属性的操作（get）转变为执行某个函数，从而实现属性的链式操作。

```
var pipe = (function () {
  return function (value) {
    var funcStack = [];
    var oproxy = new Proxy({} , {
      get : function (pipeObject, fnName) {
        if (fnName === 'get') {
          return funcStack.reduce(function (val, fn) {
            return fn(val);
          },value);
        }
        funcStack.push(window[fnName]);
        return oproxy;
      }
    });

    return oproxy;
  }
}());

var double = n => n * 2;
var pow    = n => n * n;
var reverseInt = n => n.toString().split("").reverse().join("") | 0;

pipe(3).double.pow.reverseInt.get; // 63
```

上面的代码设置 Proxy 后达到了链式使用函数名的效果。

下面的例子则是利用 get 拦截实现一个生成各种 DOM 节点的通用函数 dom。

```
const dom = new Proxy({}, {
```

```
    get(target, property) {
      return function(attrs = {}, ...children) {
        const el = document.createElement(property);
        for (let prop of Object.keys(attrs)) {
          el.setAttribute(prop, attrs[prop]);
        }
        for (let child of children) {
          if (typeof child === 'string') {
            child = document.createTextNode(child);
          }
          el.appendChild(child);
        }
        return el;
      }
    }
});

const el = dom.div({},
  'Hello, my name is ',
  dom.a({href: '//example.com'}, 'Mark'),
  '. I like:',
  dom.ul({},
    dom.li({}, 'The web'),
    dom.li({}, 'Food'),
    dom.li({}, '…actually that\'s it')
  )
);

document.body.appendChild(el);
```

如果一个属性不可配置（configurable）或不可写（writable），则该属性不能被代理，通过Proxy 对象访问该属性将会报错。

```
const target = Object.defineProperties({}, {
  foo: {
    value: 123,
    writable: false,
    configurable: false
  },
```

```
});

const handler = {
  get(target, propKey) {
    return 'abc';
  }
};

const proxy = new Proxy(target, handler);

proxy.foo
// TypeError: Invariant check failed
```

12.2.2 set()

set 方法用于拦截某个属性的赋值操作。

假定 Person 对象有一个 age 属性，该属性应该是一个不大于 200 的整数，那么可以使用 Proxy 对象保证 age 的属性值符合要求。

```
let validator = {
  set: function(obj, prop, value) {
    if (prop === 'age') {
      if (!Number.isInteger(value)) {
        throw new TypeError('The age is not an integer');
      }
      if (value > 200) {
        throw new RangeError('The age seems invalid');
      }
    }

    // 对于 age 以外的属性，直接保存
    obj[prop] = value;
  }
};

let person = new Proxy({}, validator);

person.age = 100;
```

```
person.age // 100
person.age = 'young'    // 报错
person.age = 300        // 报错
```

上面的代码中，由于设置了存值函数 set，任何不符合要求的 age 属性赋值都会抛出一个错误，这是数据验证的一种实现方法。利用 set 方法还可以实现数据绑定，即每当对象发生变化时，会自动更新 DOM。

有时，我们会在对象上设置内部属性，属性名的第一个字符使用下画线开头，表示这些属性不应该被外部使用。结合 get 和 set 方法，就可以做到防止这些内部属性被外部读/写。

```
var handler = {
  get (target, key) {
    invariant(key, 'get');
    return target[key];
  },
  set (target, key, value) {
    invariant(key, 'set');
    target[key] = value;
    return true;
  }
};
function invariant (key, action) {
  if (key[0] === '_') {
    throw new Error(`Invalid attempt to ${action} private "${key}" property`);
  }
}
var target = {};
var proxy = new Proxy(target, handler);
proxy._prop
// Error: Invalid attempt to get private "_prop" property
proxy._prop = 'c'
// Error: Invalid attempt to set private "_prop" property
```

上面的代码中，只要读/写的属性名的第一个字符是下画线，一律抛出错误，从而达到禁止读/写内部属性的目的。

> **注意！**
>
> 如果目标对象自身的某个属性不可写也不可配置，那么 set 不得改变这个属性的值，只能返回同样的值，否则报错。

12.2.3 apply()

apply 方法拦截函数的调用、call 和 apply 操作。

apply 方法可以接受 3 个参数，分别是目标对象、目标对象的上下文对象（this）和目标对象的参数数组。

```
var handler = {
  apply (target, ctx, args) {
    return Reflect.apply(...arguments);
  }
};
```

下面是一个例子。

```
var target = function () { return 'I am the target'; };
var handler = {
  apply: function () {
    return 'I am the proxy';
  }
};

var p = new Proxy(target, handler);

p()
// "I am the proxy"
```

上面的代码中，变量 p 是 Proxy 的实例，作为函数调用时（p()）就会被 apply 方法拦截，返回一个字符串。

下面是另外一个例子。

```
var twice = {
  apply (target, ctx, args) {
    return Reflect.apply(...arguments) * 2;
  }
};
```

```
function sum (left, right) {
  return left + right;
};
var proxy = new Proxy(sum, twice);
proxy(1, 2) // 6
proxy.call(null, 5, 6) // 22
proxy.apply(null, [7, 8]) // 30
```

上面的代码中，每当执行 proxy 函数（直接调用或 call 和 apply 调用）就会被 apply 方法拦截。

另外，直接调用 Reflect.apply 方法也会被拦截。

```
Reflect.apply(proxy, null, [9, 10]) // 38
```

12.2.4 has()

has 方法用来拦截 HasProperty 操作，即判断对象是否具有某个属性时，这个方法会生效。典型的操作就是 in 运算符。

下面的例子使用 has 方法隐藏了某些属性，使其不被 in 运算符发现。

```
var handler = {
  has (target, key) {
    if (key[0] === '_') {
      return false;
    }
    return key in target;
  }
};
var target = { _prop: 'foo', prop: 'foo' };
var proxy = new Proxy(target, handler);
'_prop' in proxy // false
```

上面代码中，如果原对象的属性名的第一个字符是下画线，proxy.has 就会返回 false，从而不会被 in 运算符发现。

如果原对象不可配置或者禁止扩展，那么这时 has 拦截会报错。

```
var obj = { a: 10 };
Object.preventExtensions(obj);

var p = new Proxy(obj, {
```

```
  has: function(target, prop) {
    return false;
  }
});

'a' in p // TypeError is thrown
```

上面的代码中，obj 对象禁止扩展，结果使用 has 拦截就会报错。也就是说，如果某个属性不可配置（或者目标对象不可扩展），则 has 方法就不得“隐藏”（即返回 false）目标对象的该属性。

注意！

has 方法拦截的是 HasProperty 操作，而不是 HasOwnProperty 操作，即 has 方法不判断一个属性是对象自身的属性还是继承的属性。

另外，虽然 for...in 循环也用到了 in 运算符，但是 has 拦截对 for...in 循环不生效。

```
let stu1 = {name: '张三', score: 59};
let stu2 = {name: '李四', score: 99};

let handler = {
  has(target, prop) {
    if (prop === 'score' && target[prop] < 60) {
      console.log(`${target.name} 不及格`);
      return false;
    }
    return prop in target;
  }
}

let oproxy1 = new Proxy(stu1, handler);
let oproxy2 = new Proxy(stu2, handler);

'score' in oproxy1
// 张三 不及格
// false

'score' in oproxy2
// true
```

```
for (let a in oproxy1) {
  console.log(oproxy1[a]);
}
// 张三
// 59

for (let b in oproxy2) {
  console.log(oproxy2[b]);
}
// 李四
// 99
```

上面的代码中，has 拦截只对 in 循环生效，对 for...in 循环不生效，导致不符合要求的属性没有被排除在 for...in 循环之外。

12.2.5 construct()

construct 方法用于拦截 new 命令，下面是拦截对象的写法。

```
var handler = {
  construct (target, args, newTarget) {
    return new target(...args);
  }
};
```

construct 方法可以接受两个参数。

- target：目标对象
- args：构建函数的参数对象

下面是一个例子。

```
var p = new Proxy(function () {}, {
  construct: function(target, args) {
    console.log('called: ' + args.join(', '));
    return { value: args[0] * 10 };
  }
});

(new p(1)).value
// "called: 1"
// 10
```

construct 方法返回的必须是一个对象，否则会报错。

```
var p = new Proxy(function() {}, {
  construct: function(target, argumentsList) {
    return 1;
  }
});

new p() // 报错
```

12.2.6 deleteProperty()

deleteProperty 方法用于拦截 delete 操作，如果这个方法抛出错误或者返回 false，当前属性就无法被 delete 命令删除。

```
var handler = {
  deleteProperty (target, key) {
    invariant(key, 'delete');
    return true;
  }
};
function invariant (key, action) {
  if (key[0] === '_') {
    throw new Error(`Invalid attempt to ${action} private "${key}"
property`);
  }
}

var target = { _prop: 'foo' };
var proxy = new Proxy(target, handler);
delete proxy._prop
// Error: Invalid attempt to delete private "_prop" property
```

上面的代码中，deleteProperty 方法拦截了 delete 操作符，删除第一个字符为下画线的属性会报错。

注意！

目标对象自身的不可配置（configurable）的属性不能被 deleteProperty 方法删除，否则会报错。

12.2.7 defineProperty()

defineProperty 方法拦截了 Object.defineProperty 操作。

```
var handler = {
  defineProperty (target, key, descriptor) {
    return false;
  }
};
var target = {};
var proxy = new Proxy(target, handler);
proxy.foo = 'bar'
// TypeError: proxy defineProperty handler returned false for property
'"foo"'
```

上面的代码中，defineProperty 方法返回 false，导致添加新属性会抛出错误。

> **注意！**
> 如果目标对象不可扩展（extensible），则 defineProperty 不能增加目标对象中不存在的属性，否则会报错。另外，如果目标对象的某个属性不可写（writable）或不可配置（configurable），则 defineProperty 方法不得改变这两个设置。

12.2.8 getOwnPropertyDescriptor()

getOwnPropertyDescriptor 方法拦截 Object.getOwnPropertyDescriptor()，返回一个属性描述对象或者 undefined。

```
var handler = {
  getOwnPropertyDescriptor (target, key) {
    if (key[0] === '_') {
      return;
    }
    return Object.getOwnPropertyDescriptor(target, key);
  }
};
var target = { _foo: 'bar', baz: 'tar' };
var proxy = new Proxy(target, handler);
Object.getOwnPropertyDescriptor(proxy, 'wat')
// undefined
```

```
Object.getOwnPropertyDescriptor(proxy, '_foo')
// undefined
Object.getOwnPropertyDescriptor(proxy, 'baz')
// { value: 'tar', writable: true, enumerable: true, configurable: true }
```

上面的代码中，handler.getOwnPropertyDescriptor 方法对于第一个字符为下画线的属性名会返回 undefined。

12.2.9 getPrototypeOf()

getPrototypeOf 方法主要用来拦截获取对象原型。具体来说，用于拦截以下操作。

- Object.prototype.__proto__
- Object.prototype.isPrototypeOf()
- Object.getPrototypeOf()
- Reflect.getPrototypeOf()
- instanceof

下面是一个例子。

```
var proto = {};
var p = new Proxy({}, {
  getPrototypeOf(target) {
    return proto;
  }
});
Object.getPrototypeOf(p) === proto // true
```

上面的代码中，getPrototypeOf 方法拦截 Object.getPrototypeOf()，返回 proto 对象。

注意！

getPrototypeOf 方法的返回值必须是对象或者 null，否则会报错。另外，如果目标对象不可扩展（extensible），getPrototypeOf 方法必须返回目标对象的原型对象。

12.2.10 isExtensible()

isExtensible 方法拦截 Object.isExtensible 操作。

```
var p = new Proxy({}, {
```

```
  isExtensible: function(target) {
    console.log("called");
    return true;
  }
});

Object.isExtensible(p)
// "called"
// true
```

上面的代码设置了 isExtensible 方法，在调用 Object.isExtensible 时会输出 called。

注意，以上方法只能返回布尔值，否则返回值会被自动转为布尔值。

这个方法有一个强限制，它的返回值必须与目标对象的 isExtensible 属性保持一致，否则就会抛出错误。

```
Object.isExtensible(proxy) === Object.isExtensible(target)
```

下面是一个例子。

```
var p = new Proxy({}, {
  isExtensible: function(target) {
    return false;
  }
});

Object.isExtensible(p) // 报错
```

12.2.11 ownKeys()

ownKeys 方法用来拦截对象自身属性的读取操作。具体来说，拦截以下操作。

- Object.getOwnPropertyNames()
- Object.getOwnPropertySymbols()
- Object.keys()

下面是拦截 Object.keys()的例子。

```
let target = {
  a: 1,
  b: 2,
```

```
  c: 3
};

let handler = {
  ownKeys(target) {
    return ['a'];
  }
};

let proxy = new Proxy(target, handler);

Object.keys(proxy)
// [ 'a' ]
```

上面的代码拦截了对于 `target` 对象的 `Object.keys()` 操作，只返回 `a`、`b`、`c` 三个属性之中的 `a` 属性。

下面的例子是拦截第一个字符为下画线的属性名。

```
let target = {
  _bar: 'foo',
  _prop: 'bar',
  prop: 'baz'
};

let handler = {
  ownKeys (target) {
    return Reflect.ownKeys(target).filter(key => key[0] !== '_');
  }
};

let proxy = new Proxy(target, handler);
for (let key of Object.keys(proxy)) {
  console.log(target[key]);
}
// "baz"
```

需要注意的是，使用 `Object.keys` 方法时，有三类属性会被 `ownKeys` 方法自动过滤，不会返回。

- 目标对象上不存在的属性。

- 属性名为 Symbol 值。
- 不可遍历（enumerable）的属性。

```
let target = {
  a: 1,
  b: 2,
  c: 3,
  [Symbol.for('secret')]: '4',
};

Object.defineProperty(target, 'key', {
  enumerable: false,
  configurable: true,
  writable: true,
  value: 'static'
});

let handler = {
  ownKeys(target) {
    return ['a', 'd', Symbol.for('secret'), 'key'];
  }
};

let proxy = new Proxy(target, handler);

Object.keys(proxy)
// ['a']
```

上面的代码中，`ownKeys` 方法显式返回不存在的属性（`d`）、Symbol 值（`Symbol.for('secret')`）、不可遍历的属性（`key`），结果都被自动过滤掉了。

`ownKeys` 方法还可以拦截 `Object.getOwnPropertyNames()`。

```
var p = new Proxy({}, {
  ownKeys: function(target) {
    return ['a', 'b', 'c'];
  }
});

Object.getOwnPropertyNames(p)
```

```
// [ 'a', 'b', 'c' ]
```

ownKeys 方法返回的数组成员只能是字符串或 Symbol 值。如果有其他类型的值，或者返回的根本不是数组，就会报错。

```
var obj = {};

var p = new Proxy(obj, {
  ownKeys: function(target) {
    return [123, true, undefined, null, {}, []];
  }
});

Object.getOwnPropertyNames(p)
// Uncaught TypeError: 123 is not a valid property name
```

上面的代码中，ownKeys 方法虽然返回一个数组，但是每一个数组成员都不是字符串或 Symbol 值，因此就会报错。

如果目标对象自身包含不可配置的属性，则该属性必须被 ownKeys 方法返回，否则会报错。

```
var obj = {};
Object.defineProperty(obj, 'a', {
  configurable: false,
  enumerable: true,
  value: 10 }
);

var p = new Proxy(obj, {
  ownKeys: function(target) {
    return ['b'];
  }
});

Object.getOwnPropertyNames(p)
// Uncaught TypeError: 'ownKeys' on proxy: trap result did not include 'a'
```

上面的代码中，obj 对象的 a 属性是不可配置的，这时 ownKeys 方法返回的数组之中必须包含 a，否则会报错。

另外，如果目标对象是不可扩展的（non-extension），这时 ownKeys 方法返回的数组之中必须包含原对象的所有属性，且不能包含多余的属性，否则会报错。

```
var obj = {
  a: 1
};

Object.preventExtensions(obj);

var p = new Proxy(obj, {
  ownKeys: function(target) {
    return ['a', 'b'];
  }
});

Object.getOwnPropertyNames(p)
// Uncaught TypeError: 'ownKeys' on proxy:
// trap returned extra keys but proxy target is non-extensible
```

上面的代码中，Obj 对象是不可扩展的，这时 ownKeys 方法返回的数组之中包含了 obj 对象的多余属性 b，所以导致了出错。

12.2.12 preventExtensions()

preventExtensions 方法拦截 Object.preventExtensions()。该方法必须返回一个布尔值，否则会被自动转为布尔值。

这个方法有一个限制，只有目标对象不可扩展时（即 Object.isExtensible(proxy) 为 false），proxy.preventExtensions 才能返回 true，否则会报错。

```
var p = new Proxy({}, {
  preventExtensions: function(target) {
    return true;
  }
});

Object.preventExtensions(p) // 报错
```

上面的代码中，proxy.preventExtensions 方法返回 true，但此时 Object.isExtensible(proxy)会返回 true，因此报错。

为了防止出现这个问题，通常要在 proxy.preventExtensions 方法中调用一次

Object.preventExtensions，代码如下。

```
var p = new Proxy({}, {
  preventExtensions: function(target) {
    console.log('called');
    Object.preventExtensions(target);
    return true;
  }
});

Object.preventExtensions(p)
// "called"
// true
```

12.2.13 setPrototypeOf()

setPrototypeOf 方法主要用于拦截 Object.setPrototypeOf 方法。

下面是一个例子。

```
var handler = {
  setPrototypeOf (target, proto) {
    throw new Error('Changing the prototype is forbidden');
  }
};
var proto = {};
var target = function () {};
var proxy = new Proxy(target, handler);
Object.setPrototypeOf(proxy, proto);
// Error: Changing the prototype is forbidden
```

上面的代码中，只要修改 target 的原型对象就会报错。

注意！

该方法只能返回布尔值，否则会被自动转为布尔值。另外，如果目标对象不可扩展（extensible），setPrototypeOf 方法不得改变目标对象的原型。

12.3 Proxy.revocable()

Proxy.revocable 方法返回一个可取消的 Proxy 实例。

```
let target = {};
let handler = {};

let {proxy, revoke} = Proxy.revocable(target, handler);

proxy.foo = 123;
proxy.foo // 123

revoke();
proxy.foo // TypeError: Revoked
```

Proxy.revocable 方法返回一个对象，其 proxy 属性是 Proxy 实例，revoke 属性是一个函数，可以取消 Proxy 实例。上面的代码中，当执行 revoke 函数后再访问 Proxy 实例，就会抛出一个错误。

Proxy.revocable 的一个使用场景是，目标对象不允许直接访问，必须通过代理访问，一旦访问结束，就收回代理权，不允许再次访问。

12.4 this 问题

虽然 Proxy 可以代理针对目标对象的访问，但它不是目标对象的透明代理，即不做任何拦截的情况下也无法保证与目标对象的行为一致。主要原因就是在 Proxy 代理的情况下，目标对象内部的 this 关键字会指向 Proxy 代理。

```
const target = {
  m: function () {
    console.log(this === proxy);
  }
};
const handler = {};

const proxy = new Proxy(target, handler);

target.m() // false
proxy.m()  // true
```

上面的代码中，一旦 proxy 代理 target.m，后者内部的 this 就指向 proxy，而不是 target。

下面是一个例子，由于 this 指向的变化导致 Proxy 无法代理目标对象。

```
const _name = new WeakMap();

class Person {
  constructor(name) {
    _name.set(this, name);
  }
  get name() {
    return _name.get(this);
  }
}

const jane = new Person('Jane');
jane.name // 'Jane'

const proxy = new Proxy(jane, {});
proxy.name // undefined
```

上面的代码中，目标对象 jane 的 name 属性实际保存在外部 WeakMap 对象_name 上面，通过 this 键区分。由于通过 proxy.name 访问时，this 指向 proxy，导致无法取到值，所以返回 undefined。

此外，有些原生对象的内部属性只有通过正确的 this 才能获取，所以 Proxy 也无法代理这些原生对象的属性。

```
const target = new Date();
const handler = {};
const proxy = new Proxy(target, handler);

proxy.getDate();
// TypeError: this is not a Date object.
```

上面的代码中，getDate 方法只能在 Date 对象实例上面获取，如果 this 不是 Date 对象实例就会报错。这时，this 绑定原始对象就可以解决这个问题。

```
const target = new Date('2015-01-01');
const handler = {
  get(target, prop) {
    if (prop === 'getDate') {
      return target.getDate.bind(target);
    }
    return Reflect.get(target, prop);
```

```
  }
};
const proxy = new Proxy(target, handler);

proxy.getDate() // 1
```

12.5 实例：Web 服务的客户端

Proxy 对象可以拦截目标对象的任意属性，这使得它很合适用来编写 Web 服务的客户端。

```
const service = createWebService('http://example.com/data');

service.employees().then(json => {
  const employees = JSON.parse(json);
  // ···
});
```

上面的代码新建了一个 Web 服务的接口，这个接口返回各种数据。Proxy 可以拦截这个对象的任意属性，所以不用为每一种数据写一个适配方法，只要写一个 Proxy 拦截即可。

```
function createWebService(baseUrl) {
  return new Proxy({}, {
    get(target, propKey, receiver) {
      return () => httpGet(baseUrl+'/' + propKey);
    }
  });
}
```

同理，Proxy 也可以用来实现数据库的 ORM 层。

第 13 章 Reflect

13.1 概述

Reflect 对象与 Proxy 对象一样，也是 ES6 为了操作对象而提供的新的 API。Reflect 对象的设计目的有以下几个。

1．将 Object 对象的一些明显属于语言内部的方法（比如 Object.defineProperty）放到 Reflect 对象上。现阶段，某些方法同时在 Object 和 Reflect 对象上部署，未来的新方法将只在 Reflect 对象上部署。也就是说，从 Reflect 对象上可以获得语言内部的方法。

2．修改某些 Object 方法的返回结果，让其变得更合理。比如，Object.defineProperty(obj, name, desc) 在无法定义属性时会抛出一个错误，而 Reflect.defineProperty(obj, name, desc)则会返回 false。

```
// 旧写法
try {
  Object.defineProperty(target, property, attributes);
  // success
} catch (e) {
  // failure
}

// 新写法
if (Reflect.defineProperty(target, property, attributes)) {
  // success
} else {
```

```
  // failure
}
```

3. 让 Object 操作都变成函数行为。某些 Object 操作是命令式，比如 name in obj 和 delete obj[name]，而 Reflect.has(obj, name) 和 Reflect.deleteProperty(obj, name) 让它们变成了函数行为。

```
// 旧写法
'assign' in Object // true

// 新写法
Reflect.has(Object, 'assign') // true
```

4. Reflect 对象的方法与 Proxy 对象的方法一一对应，只要是 Proxy 对象的方法，就能在 Reflect 对象上找到对应的方法。这就使 Proxy 对象可以方便地调用对应的 Reflect 方法来完成默认行为，作为修改行为的基础。也就是说，无论 Proxy 怎么修改默认行为，我们总可以在 Reflect 上获取默认行为。

```
Proxy(target, {
  set: function(target, name, value, receiver) {
    var success = Reflect.set(target,name, value, receiver);
    if (success) {
      log('property ' + name + ' on ' + target + ' set to ' + value);
    }
    return success;
  }
});
```

上面的代码中，Proxy 方法拦截 target 对象的属性赋值行为。它采用 Reflect.set 方法将值赋给对象的属性，确保完成原有的行为，然后再部署额外的功能。

下面是另一个例子。

```
var loggedObj = new Proxy(obj, {
  get(target, name) {
    console.log('get', target, name);
    return Reflect.get(target, name);
  },
  deleteProperty(target, name) {
    console.log('delete' + name);
    return Reflect.deleteProperty(target, name);
  },
```

```
  has(target, name) {
    console.log('has' + name);
    return Reflect.has(target, name);
  }
});
```

上面的代码中，每一个 `Proxy` 对象的拦截操作（`get`、`delete`、`has`）内部都调用对应的 `Reflect` 方法，保证原生行为能够正常执行。添加的工作就是将每一个操作输出一行日志。

有了 `Reflect` 对象以后，很多操作会更易读。

```
// 旧写法
Function.prototype.apply.call(Math.floor, undefined, [1.75]) // 1

// 新写法
Reflect.apply(Math.floor, undefined, [1.75]) // 1
```

13.2 静态方法

`Reflect` 对象一共有 13 个静态方法，如下所示。

- Reflect.apply(target,thisArg,args)
- Reflect.construct(target,args)
- Reflect.get(target,name,receiver)
- Reflect.set(target,name,value,receiver)
- Reflect.defineProperty(target,name,desc)
- Reflect.deleteProperty(target,name)
- Reflect.has(target,name)
- Reflect.ownKeys(target)
- Reflect.isExtensible(target)
- Reflect.preventExtensions(target)
- Reflect.getOwnPropertyDescriptor(target, name)
- Reflect.getPrototypeOf(target)
- Reflect.setPrototypeOf(target, prototype)

上面这些方法的作用大部分与 `Object` 对象的同名方法的作用是相同的，而且与 `Proxy` 对象的方法是一一对应的，具体解释如下。

13.2.1 Reflect.get(target, name, receiver)

Reflect.get 方法查找并返回 target 对象的 name 属性，如果没有该属性，则返回 undefined。

```
var myObject = {
  foo: 1,
  bar: 2,
  get baz() {
    return this.foo + this.bar;
  },
}

Reflect.get(myObject, 'foo') // 1
Reflect.get(myObject, 'bar') // 2
Reflect.get(myObject, 'baz') // 3
```

如果 name 属性部署了读取函数（getter），则读取函数的 this 绑定 receiver。

```
var myObject = {
  foo: 1,
  bar: 2,
  get baz() {
    return this.foo + this.bar;
  },
};

var myReceiverObject = {
  foo: 4,
  bar: 4,
};

Reflect.get(myObject, 'baz', myReceiverObject) // 8
```

如果第一个参数不是对象，Reflect.get 方法会报错。

```
Reflect.get(1, 'foo')       // 报错
Reflect.get(false, 'foo')   // 报错
```

13.2.2 Reflect.set(target, name, value, receiver)

Reflect.set 方法设置 target 对象的 name 属性等于 value。

```
var myObject = {
  foo: 1,
  set bar(value) {
    return this.foo = value;
  },
}

myObject.foo // 1

Reflect.set(myObject, 'foo', 2);
myObject.foo // 2

Reflect.set(myObject, 'bar', 3)
myObject.foo // 3
```

如果 name 属性设置了赋值函数，则赋值函数的 this 绑定 receiver。

```
var myObject = {
  foo: 4,
  set bar(value) {
    return this.foo = value;
  },
};

var myReceiverObject = {
  foo: 0,
};

Reflect.set(myObject, 'bar', 1, myReceiverObject);
myObject.foo // 4
myReceiverObject.foo // 1
```

如果第一个参数不是对象，Reflect.set 会报错。

```
Reflect.set(1, 'foo', {})       // 报错
Reflect.set(false, 'foo', {})  // 报错
```

注意，Reflect.set 会触发 Proxy.defineProperty 拦截。

```
let p = {
  a: 'a'
};

let handler = {
  set(target,key,value,receiver) {
    console.log('set');
    Reflect.set(target,key,value,receiver)
  },
  defineProperty(target, key, attribute) {
    console.log('defineProperty');
    Reflect.defineProperty(target,key,attribute);
  }
};

let obj = new Proxy(p, handler);
obj.a = 'A';
// set
// defineProperty
```

上面的代码中，Proxy.set 拦截使用了 Reflect.set，导致触发了 Proxy.defineProperty 拦截。

13.2.3 Reflect.has(obj, name)

Reflect.has 方法对应 name in obj 中的 in 运算符。

```
var myObject = {
  foo: 1,
};

// 旧写法
'foo' in myObject // true

// 新写法
Reflect.has(myObject, 'foo') // true
```

如果第一个参数不是对象，Reflect.has 和 in 运算符都会报错。

13.2.4 Reflect.deleteProperty(obj, name)

Reflect.deleteProperty 方法等同于 delete obj[name]，用于删除对象的属性。

```
const myObj = { foo: 'bar' };

// 旧写法
delete myObj.foo;

// 新写法
Reflect.deleteProperty(myObj, 'foo');
```

该方法返回一个布尔值。如果删除成功或者被删除的属性不存在，就返回 true；如果删除失败或者被删除的属性依然存在，则返回 false。

13.2.5 Reflect.construct(target, args)

Reflect.construct 方法等同于 new target(...args)，提供了一种不使用 new 来调用构造函数的方法。

```
function Greeting(name) {
  this.name = name;
}

// new 的写法
const instance = new Greeting('张三');

// Reflect.construct 的写法
const instance = Reflect.construct(Greeting, ['张三']);
```

13.2.6 Reflect.getPrototypeOf(obj)

Reflect.getPrototypeOf 方法用于读取对象的 __proto__ 属性，对应 Object.getPrototypeOf(obj)。

```
const myObj = new FancyThing();

// 旧写法
Object.getPrototypeOf(myObj) === FancyThing.prototype;
```

```
// 新写法
Reflect.getPrototypeOf(myObj) === FancyThing.prototype;
```

Reflect.getPrototypeOf 和 Object.getPrototypeOf 的一个区别是，如果参数不是对象，Object.getPrototypeOf 会先将这个参数转为对象，然后再运行，而 Reflect.getPrototypeOf 会报错。

```
Object.getPrototypeOf(1)   // Number {[[PrimitiveValue]]: 0}
Reflect.getPrototypeOf(1)  // 报错
```

13.2.7 Reflect.setPrototypeOf(obj, newProto)

Reflect.setPrototypeOf 方法用于设置对象的 __proto__ 属性，返回第一个参数对象，对应 Object.setPrototypeOf(obj, newProto)。

```
const myObj = new FancyThing();

// 旧写法
Object.setPrototypeOf(myObj, OtherThing.prototype);

// 新写法
Reflect.setPrototypeOf(myObj, OtherThing.prototype);
```

如果第一个参数不是对象，Object.setPrototypeOf 会返回第一个参数本身，而 Reflect.setPrototypeOf 会报错。

```
Object.setPrototypeOf(1, {})
// 1

Reflect.setPrototypeOf(1, {})
// TypeError: Reflect.setPrototypeOf called on non-object
```

如果第一个参数是 undefined 或 null，Object.setPrototypeOf 和 Reflect.setPrototypeOf 都会报错。

```
Object.setPrototypeOf(null, {})
// TypeError: Object.setPrototypeOf called on null or undefined

Reflect.setPrototypeOf(null, {})
// TypeError: Reflect.setPrototypeOf called on non-object
```

13.2.8 Reflect.apply(func, thisArg, args)

Reflect.apply 方法等同于 Function.prototype.apply.call(func, thisArg, args)，用于绑定 this 对象后执行给定函数。

一般来说，如果要绑定一个函数的 this 对象，可以写成 fn.apply(obj, args)的形式，但是如果函数定义了自己的 apply 方法，那么就只能写成 Function.prototype.apply.call(fn, obj, args)的形式，采用 Reflect 对象可以简化这种操作。

```
const ages = [11, 33, 12, 54, 18, 96];

// 旧写法
const youngest = Math.min.apply(Math, ages);
const oldest = Math.max.apply(Math, ages);
const type = Object.prototype.toString.call(youngest);

// 新写法
const youngest = Reflect.apply(Math.min, Math, ages);
const oldest = Reflect.apply(Math.max, Math, ages);
const type = Reflect.apply(Object.prototype.toString, youngest, []);
```

13.2.9 Reflect.defineProperty(target, propertyKey, attributes)

Reflect.defineProperty 方法基本等同于 Object.defineProperty，用来为对象定义属性。今后，后者会被逐渐废除，因此从现在开始请使用 Reflect.defineProperty 来代替它。

```
function MyDate() {
  /*…*/
}

// 旧写法
Object.defineProperty(MyDate, 'now', {
  value: () => Date.now()
});

// 新写法
Reflect.defineProperty(MyDate, 'now', {
  value: () => Date.now()
```

```
});
```

如果 Reflect.defineProperty 的第一个参数不是对象，就会抛出错误，比如 Reflect.defineProperty(1, 'foo')。

13.2.10 Reflect.getOwnPropertyDescriptor (target, propertyKey)

Reflect.getOwnPropertyDescriptor 基本等同于 Object.getOwnPropertyDescriptor，用于获得指定属性的描述对象，将来会替代后者。

```
var myObject = {};
Object.defineProperty(myObject, 'hidden', {
  value: true,
  enumerable: false,
});

// 旧写法
var theDescriptor = Object.getOwnPropertyDescriptor(myObject, 'hidden');

// 新写法
var theDescriptor = Reflect.getOwnPropertyDescriptor(myObject, 'hidden');
```

Reflect.getOwnPropertyDescriptor 和 Object.getOwnPropertyDescriptor 的一个区别是，如果第一个参数不是对象，Object.getOwnPropertyDescriptor(1, 'foo')不会报错，并返回 undefined，而 Reflect.getOwnPropertyDescriptor(1, 'foo')会抛出错误，表示参数非法。

13.2.11 Reflect.isExtensible (target)

Reflect.isExtensible 方法对应 Object.isExtensible，返回一个布尔值，表示当前对象是否可扩展。

```
const myObject = {};

// 旧写法
Object.isExtensible(myObject) // true
```

```
// 新写法
Reflect.isExtensible(myObject) // true
```

如果参数不是对象，Object.isExtensible 会返回 false（因为非对象本来就是不可扩展的），而 Reflect.isExtensible 会报错。

```
Object.isExtensible(1) // false
Reflect.isExtensible(1) // 报错
```

13.2.12 Reflect.preventExtensions(target)

Reflect.preventExtensions 对应 Object.preventExtensions 方法，用于使一个对象变为不可扩展的。它返回一个布尔值，表示是否操作成功。

```
var myObject = {};

// 旧写法
Object.preventExtensions(myObject) // Object {}

// 新写法
Reflect.preventExtensions(myObject) // true
```

如果参数不是对象，Object.preventExtensions 在 ES5 环境下将报错，在 ES6 环境下将返回传入的参数，而 Reflect.preventExtensions 会报错。

```
// ES5 环境
Object.preventExtensions(1) // 报错

// ES6 环境
Object.preventExtensions(1) // 1

// 新写法
Reflect.preventExtensions(1) // 报错
```

13.2.13 Reflect.ownKeys (target)

Reflect.ownKeys 方法用于返回对象的所有属性，基本等同于 Object.getOwnPropertyNames 与 Object.getOwnPropertySymbols 之和。

```
var myObject = {
  foo: 1,
```

```
  bar: 2,
  [Symbol.for('baz')]: 3,
  [Symbol.for('bing')]: 4,
};

// 旧写法
Object.getOwnPropertyNames(myObject)
// ['foo', 'bar']

Object.getOwnPropertySymbols(myObject)
//[Symbol(baz), Symbol(bing)]

// 新写法
Reflect.ownKeys(myObject)
// ['foo', 'bar', Symbol(baz), Symbol(bing)]
```

13.3 实例：使用 Proxy 实现观察者模式

观察者模式（Observer mode）指的是函数自动观察数据对象的模式，一旦对象有变化，函数就会自动执行。

```
const person = observable({
  name: '张三',
  age: 20
});

function print() {
  console.log(`${person.name}, ${person.age}`)
}

observe(print);
person.name = '李四';
// 输出
// 李四, 20
```

上面的代码中，数据对象 `person` 是观察目标，函数 `print` 是观察者。一旦数据对象发生变化，`print` 就会自动执行。

下面使用 Proxy 编写一个观察者模式的最简单实现，即实现 `observable` 和 `observe` 这两个函数。思路是，observable 函数返回一个原始对象的 Proxy 代理，拦截赋值操作，触发充当观察者的各个函数。

```
const queuedObservers = new Set();

const observe = fn => queuedObservers.add(fn);
const observable = obj => new Proxy(obj, {set});

function set(target, key, value, receiver) {
  const result = Reflect.set(target, key, value, receiver);
  queuedObservers.forEach(observer => observer());
  return result;
}
```

上面的代码先定义了一个 Set 集合，所有观察者函数都放进这个集合中。然后，observable 函数返回原始对象的代理，拦截赋值操作。拦截函数 set 会自动执行所有观察者。

第 14 章 Promise 对象

14.1 Promise 的含义

Promise 是异步编程的一种解决方案，比传统的解决方案——回调函数和事件——更合理且更强大。它最早由社区提出并实现，ES6 将其写进了语言标准，统一了用法，并原生提供了 Promise 对象。

所谓 Promise，简单来说就是一个容器，里面保存着某个未来才会结束的事件（通常是一个异步操作）的结果。从语法上来说，Promise 是一个对象，从它可以获取异步操作的消息。Promise 提供统一的 API，各种异步操作都可以用同样的方法进行处理。

Promise 对象有以下两个特点。

1．对象的状态不受外界影响。Promise 对象代表一个异步操作，有 3 种状态：Pending（进行中）、Fulfilled（已成功）和 Rejected（已失败）。只有异步操作的结果可以决定当前是哪一种状态，任何其他操作都无法改变这个状态。这也是“Promise”这个名字的由来，它在英语中意思就是“承诺”，表示其他手段无法改变。

2．一旦状态改变就不会再变，任何时候都可以得到这个结果。Promise 对象的状态改变只有两种可能：从 Pending 变为 Fulfilled 和从 Pending 变为 Rejected。只要这两种情况发生，状态就凝固了，不会再变，而是一直保持这个结果，这时就称为 Resolved（已定型）。就算改变已经发生，再对 Promise 对象添加回调函数，也会立即得到这个结果。这与事件（Event）完全不同。事件的特点是，如果错过了它，再去监听是得不到结果的。

注意！

为了行文方便，本章后面的 Resolved 统一指 Fulfilled 状态，不包含 Rejected 状态。

有了 Promise 对象，就可以将异步操作以同步操作的流程表达出来，避免了层层嵌套的回调函数。此外，Promise 对象提供统一的接口，使得控制异步操作更加容易。

Promise 也有一些缺点。首先，无法取消 Promise，一旦新建它就会立即执行，无法中途取消。其次，如果不设置回调函数，Promise 内部抛出的错误不会反应到外部。再者，当处于 Pending 状态时，无法得知目前进展到哪一个阶段（刚刚开始还是即将完成）。

如果某些事件不断地反复发生，一般来说，使用 Stream 模式（nodejs.org/api/stream.html）是比部署 Promise 更好的选择。

14.2 基本用法

ES6 规定，Promise 对象是一个构造函数，用来生成 Promise 实例。

下面的代码创造了一个 Promise 实例。

```
var promise = new Promise(function(resolve, reject) {
  // ... some code

  if (/* 异步操作成功 */){
    resolve(value);
  } else {
    reject(error);
  }
});
```

Promise 构造函数接受一个函数作为参数，该函数的两个参数分别是 `resolve` 和 `reject`。它们是两个函数，由 JavaScript 引擎提供，不用自己部署。

`resolve` 函数的作用是，将 Promise 对象的状态从“未完成”变为“成功”（即从 Pending 变为 Resolved），在异步操作成功时调用，并将异步操作的结果作为参数传递出去；`reject` 函数的作用是，将 Promise 对象的状态从“未完成”变为“失败”（即从 Pending 变为 Rejected），在异步操作失败时调用，并将异步操作报出的错误作为参数传递出去。

Promise 实例生成以后，可以用 `then` 方法分别指定 Resolved 状态和 Rejected 状态的回调函数。

```
promise.then(function(value) {
  // success
}, function(error) {
  // failure
});
```

then 方法可以接受两个回调函数作为参数。第一个回调函数是 Promise 对象的状态变为 Resolved 时调用，第二个回调函数是 Promise 对象的状态变为 Rejected 时调用。其中，第二个函数是可选的，不一定要提供。这两个函数都接受 Promise 对象传出的值作为参数。

下面是一个 Promise 对象的简单例子。

```
function timeout(ms) {
  return new Promise((resolve, reject) => {
    setTimeout(resolve, ms, 'done');
  });
}

timeout(100).then((value) => {
  console.log(value);
});
```

上面的代码中，timeout 方法返回一个 Promise 实例，表示一段时间以后才会发生的结果。过了指定的时间（ms 参数）以后，Promise 实例的状态变为 Resolved，就会触发 then 方法绑定的回调函数。

Promise 新建后就会立即执行。

```
let promise = new Promise(function(resolve, reject) {
  console.log('Promise');
  resolve();
});

promise.then(function() {
  console.log('Resolved.');
});

console.log('Hi!');

// Promise
// Hi!
// Resolved
```

上面的代码中，Promise 新建后会立即执行，所以首先输出的是 Promise。然后，then 方法指定的回调函数将在当前脚本所有同步任务执行完成后才会执行，所以 Resolved 最后输出。

下面是异步加载图片的例子。

```
function loadImageAsync(url) {
  return new Promise(function(resolve, reject) {
```

```
    var image = new Image();

    image.onload = function() {
      resolve(image);
    };

    image.onerror = function() {
      reject(new Error('Could not load image at ' + url));
    };

    image.src = url;
  });
}
```

上面的代码中使用 `Promise` 包装了一个图片加载的异步操作。如果加载成功，就调用 `resolve` 方法，否则就调用 `reject` 方法。

下面是一个用 Promise 对象实现的 AJAX 操作的例子。

```
var getJSON = function(url) {
  var promise = new Promise(function(resolve, reject){
    var client = new XMLHttpRequest();
    client.open("GET", url);
    client.onreadystatechange = handler;
    client.responseType = "json";
    client.setRequestHeader("Accept", "application/json");
    client.send();

    function handler() {
      if (this.readyState !== 4) {
        return;
      }
      if (this.status === 200) {
        resolve(this.response);
      } else {
        reject(new Error(this.statusText));
      }
    };
  });

  return promise;
```

```
};

getJSON("/posts.json").then(function(json) {
  console.log('Contents: ' + json);
}, function(error) {
  console.error('出错了', error);
});
```

上面的代码中，getJSON 是对 XMLHttpRequest 对象的封装，用于发出一个针对 JSON 数据的 HTTP 请求，并返回一个 Promise 对象。需要注意的是，在 getJSON 内部，resolve 函数和 reject 函数调用时都带有参数。

如果调用 resolve 函数和 reject 函数时带有参数，那么这些参数会被传递给回调函数。reject 函数的参数通常是 Error 对象的实例，表示抛出的错误；resolve 函数的参数除了正常的值外，还可能是另一个 Promise 实例，比如下面这样。

```
var p1 = new Promise(function (resolve, reject) {
  // ...
});

var p2 = new Promise(function (resolve, reject) {
  // ...
  resolve(p1);
})
```

上面的代码中，p1 和 p2 都是 Promise 的实例，但是 p2 的 resolve 方法将 p1 作为参数，即一个异步操作的结果是返回另一个异步操作。

注意！

此时 p1 的状态就会传递给 p2。也就是说，p1 的状态决定了 p2 的状态。如果 p1 的状态是 Pending，那么 p2 的回调函数就会等待 p1 的状态改变；如果 p1 的状态已经是 Resolved 或 Rejected，那么 p2 的回调函数将会立刻执行。

```
var p1 = new Promise(function (resolve, reject) {
  setTimeout(() => reject(new Error('fail')), 3000)
})

var p2 = new Promise(function (resolve, reject) {
  setTimeout(() => resolve(p1), 1000)
})
```

```
p2
  .then(result => console.log(result))
  .catch(error => console.log(error))
// Error: fail
```

上面的代码中，p1 是一个 Promise，3 秒之后变为 rejected。p2 的状态在 1 秒之后改变，resolve 方法返回的是 p1。由于 p2 返回的是另一个 Promise，导致 p2 的状态无效，由 p1 的状态决定 p2 的状态。所以，后面的 then 语句都变成针对后者（p1）的。再过 2 秒，p1 变为 rejected，触发 catch 方法指定的回调函数。

注意，调用 resolve 或 reject 并不会终结 Promise 的参数函数的执行。

```
new Promise((resolve, reject) => {
  resolve(1);
  console.log(2);
}).then(r => {
  console.log(r);
});
// 2
// 1
```

上面的代码中，调用 resolve(1)以后，后面的 console.log(2)还是会执行，并且会首先打印出来。这是因为立即 resolved 的 Promise 是在本轮事件循环的末尾执行，总是晚于本轮循环的同步任务。

一般来说，调用 resolve 或 reject 以后，Promise 的使命就完成了，后继操作应该放到 then 方法里面，而不应该直接写在 resolve 或 reject 的后面。所以，最好在它们前面加上 return 语句，这样就不会产生意外。

```
new Promise((resolve, reject) => {
  return resolve(1);
  // 后面的语句不会执行
  console.log(2);
})
```

14.3 Promise.prototype.then()

Promise 实例具有 then 方法，即 then 方法是定义在原型对象 Promise.prototype 上的。它的作用是为 Promise 实例添加状态改变时的回调函数。前面说过，then 方法的第一个参数是 Resolved 状态的回调函数，第二个参数（可选）是 Rejected 状态的回调函数。

then 方法返回的是一个新的 Promise 实例（注意，不是原来那个 Promise 实例）。因此可以采用链式写法，即 then 方法后面再调用另一个 then 方法。

```
getJSON("/posts.json").then(function(json) {
  return json.post;
}).then(function(post) {
  // ...
});
```

上面的代码使用 then 方法依次指定了两个回调函数。第一个回调函数完成以后，会将返回结果作为参数传入第二个回调函数。

采用链式的 then 可以指定一组按照次序调用的回调函数。这时，前一个回调函数有可能返回的还是一个 Promise 对象（即有异步操作），而后一个回调函数就会等待该 Promise 对象的状态发生变化，再被调用。

```
getJSON("/post/1.json").then(function(post) {
  return getJSON(post.commentURL);
}).then(function funcA(comments) {
  console.log("Resolved: ", comments);
}, function funcB(err){
  console.log("Rejected: ", err);
});
```

上面的代码中，第一个 then 方法指定的回调函数返回的是另一个 Promise 对象。这时，第二个 then 方法指定的回调函数就会等待这个新的 Promise 对象状态发生变化。如果变为 Resolved，就调用 funcA；如果状态变为 Rejected，就调用 funcB。

如果采用箭头函数，上面的代码可以写得更简洁。

```
getJSON("/post/1.json").then(
  post => getJSON(post.commentURL)
).then(
  comments => console.log("Resolved: ", comments),
  err => console.log("Rejected: ", err)
);
```

14.4 Promise.prototype.catch()

Promise.prototype.catch 方法是.then(null, rejection)的别名，用于指定发生错误时的回调函数。

```
getJSON('/posts.json').then(function(posts) {
  // ...
}).catch(function(error) {
  // 处理 getJSON 和前一个回调函数运行时发生的错误
  console.log('发生错误！', error);
});
```

上面的代码中，getJSON 方法返回一个 Promise 对象，如果该对象状态变为 Resolved，则会调用 then 方法指定的回调函数；如果异步操作抛出错误，状态就会变为 Rejected，然后调用 catch 方法指定的回调函数处理这个错误。另外，then 方法指定的回调函数如果在运行中抛出错误，也会被 catch 方法捕获。

```
p.then((val) => console.log('fulfilled:', val))
  .catch((err) => console.log('rejected', err));

// 等同于
p.then((val) => console.log('fulfilled:', val))
  .then(null, (err) => console.log("rejected:", err));
```

下面是一个例子。

```
var promise = new Promise(function(resolve, reject) {
  throw new Error('test');
});
promise.catch(function(error) {
  console.log(error);
});
// Error: test
```

上面的代码中，Promise 抛出一个错误就被 catch 方法指定的回调函数所捕获。注意，上面的写法与下面两种写法是等价的。

```
// 写法一
var promise = new Promise(function(resolve, reject) {
  try {
    throw new Error('test');
  } catch(e) {
    reject(e);
  }
});
promise.catch(function(error) {
```

```
  console.log(error);
});

// 写法二
var promise = new Promise(function(resolve, reject) {
  reject(new Error('test'));
});
promise.catch(function(error) {
  console.log(error);
});
```

比较上面两种写法，可以发现 `reject` 方法的作用等同于抛出错误。

如果 Promise 状态已经变成 `Resolved`，再抛出错误是无效的。

```
var promise = new Promise(function(resolve, reject) {
  resolve('ok');
  throw new Error('test');
});
promise
  .then(function(value) { console.log(value) })
  .catch(function(error) { console.log(error) });
// ok
```

上面的代码中，Promise 在 `resolve` 语句后面再抛出错误，并不会被捕获，等于没有抛出。因为 Promise 的状态一旦改变，就会永久保持该状态，不会再改变了。

Promise 对象的错误具有“冒泡”性质，会一直向后传递，直到被捕获为止。也就是说，错误总是会被下一个 `catch` 语句捕获。

```
getJSON('/post/1.json').then(function(post) {
  return getJSON(post.commentURL);
}).then(function(comments) {
  // some code
}).catch(function(error) {
  // 处理前面 3 个 Promise 产生的错误
});
```

上面的代码中，一共有 3 个 Promise 对象：一个由 `getJSON` 产生，两个由 `then` 产生。其中任何一个抛出的错误都会被最后一个 `catch` 捕获。

一般说来，不要在 `then` 方法中定义 Rejected 状态的回调函数（即 `then` 的第二个参数），而应总是使用 `catch` 方法。

```
// bad
promise
  .then(function(data) {
    // success
  }, function(err) {
    // error
  });

// good
promise
  .then(function(data) { //cb
    // success
  })
  .catch(function(err) {
    // error
  });
```

上面的代码中，第二种写法要好于第一种写法，理由是第二种写法可以捕获前面 then 方法执行中的错误，也更接近同步的写法（try/catch）。因此，建议使用 catch 方法，而不使用 then 方法的第二个参数。

跟传统的 try/catch 代码块不同的是，如果没有使用 catch 方法指定错误处理的回调函数，Promise 对象抛出的错误不会传递到外层代码，即不会有任何反应。

```
var someAsyncThing = function() {
  return new Promise(function(resolve, reject) {
    // 下面一行会报错，因为 x 没有声明
    resolve(x + 2);
  });
};

someAsyncThing().then(function() {
  console.log('everything is great');
});
```

上面的代码中，someAsyncThing 函数产生的 Promise 对象会报错，但是由于没有指定 catch 方法，因而这个错误不会被捕获，也不会传递到外层代码。正常情况下，运行后不会有任何输出，但是浏览器此时会打印出错误“ReferenceError: x is not defined”，不过不会终止脚本执行，如果这个脚本放在服务器中执行，退出码就是 0（即表示执行成功）。

```
var promise = new Promise(function (resolve, reject) {
  resolve('ok');
  setTimeout(function () { throw new Error('test') }, 0)
});
promise.then(function (value) { console.log(value) });
// ok
// Uncaught Error: test
```

上面的代码中，Promise 指定在下一轮“事件循环”再抛出错误。到了那个时候，Promise 的运行已经结束，所以这个错误是在 Promise 函数体外抛出的，会冒泡到最外层，成了未捕获的错误。

Node 有一个 `unhandledRejection` 事件，专门监听未捕获的 `reject` 错误。

```
process.on('unhandledRejection', function (err, p) {
  console.error(err.stack)
});
```

上面的代码中，`unhandledRejection` 事件的监听函数有两个参数，第一个是错误对象，第二个是报错的 Promise 实例，可用于了解发生错误的环境信息。

需要注意的是，`catch` 方法返回的还是一个 Promise 对象，因此后面还可以接着调用 `then` 方法。

```
var someAsyncThing = function() {
  return new Promise(function(resolve, reject) {
    // 下面一行会报错，因为x没有声明
    resolve(x + 2);
  });
};

someAsyncThing()
.catch(function(error) {
  console.log('oh no', error);
})
.then(function() {
  console.log('carry on');
});
// oh no [ReferenceError: x is not defined]
// carry on
```

上面的代码运行完 `catch` 方法指定的回调函数后会接着运行后面那个 `then` 方法指定的回

调函数。如果没有报错，则会跳过 catch 方法。

```
Promise.resolve()
.catch(function(error) {
  console.log('oh no', error);
})
.then(function() {
  console.log('carry on');
});
// carry on
```

上面的代码因为没有报错而跳过 catch 方法，直接执行了后面的 then 方法。此时要是 then 方法里面报错，就与前面的 catch 无关了。

catch 方法中还能再抛出错误。

```
var someAsyncThing = function() {
  return new Promise(function(resolve, reject) {
    // 下面一行会报错，因为 x 没有声明
    resolve(x + 2);
  });
};

someAsyncThing().then(function() {
  return someOtherAsyncThing();
}).catch(function(error) {
  console.log('oh no', error);
  // 下面一行会报错，因为 y 没有声明
  y + 2;
}).then(function() {
  console.log('carry on');
});
// oh no [ReferenceError: x is not defined]
```

上面的代码中，catch 方法抛出一个错误，因为后面没有别的 catch 方法，导致这个错误不会被捕获，也不会传递到外层。如果改写一下，结果就不一样了。

```
someAsyncThing().then(function() {
  return someOtherAsyncThing();
}).catch(function(error) {
  console.log('oh no', error);
  // 下面一行会报错，因为 y 没有声明
```

```
  y + 2;
}).catch(function(error) {
  console.log('carry on', error);
});
// oh no [ReferenceError: x is not defined]
// carry on [ReferenceError: y is not defined]
```

上面的代码中，第二个 catch 方法用来捕获前一个 catch 方法抛出的错误。

14.5 Promise.all()

Promise.all 方法用于将多个 Promise 实例包装成一个新的 Promise 实例。

```
var p = Promise.all([p1, p2, p3]);
```

上面的代码中，Promise.all 方法接受一个数组作为参数，p1、p2、p3 都是 Promise 对象的实例；如果不是，就会先调用下面讲到的 Promise.resolve 方法，将参数转为 Promise 实例，再进一步处理（Promise.all 方法的参数不一定是数组，但是必须具有 Iterator 接口，且返回的每个成员都是 Promise 实例）。

p 的状态由 p1、p2、p3 决定，分成两种情况。

1. 只有 p1、p2、p3 的状态都变成 Fulfilled，p 的状态才会变成 Fulfilled，此时 p1、p2、p3 的返回值组成一个数组，传递给 p 的回调函数。

2. 只要 p1、p2、p3 中有一个被 Rejected，p 的状态就变成 Rejected，此时第一个被 Rejected 的实例的返回值会传递给 p 的回调函数。

下面是一个具体的例子。

```
// 生成一个 Promise 对象的数组
var promises = [2, 3, 5, 7, 11, 13].map(function (id) {
  return getJSON('/post/' + id + ".json");
});

Promise.all(promises).then(function (posts) {
  // ...
}).catch(function(reason){
  // ...
});
```

上面的代码中，promises 是包含 6 个 Promise 实例的数组，只有这 6 个实例的状态都变成 fulfilled，或者其中有 1 个变为 rejected，才会调用 Promise.all 方法后面的回调函数。

下面是另一个例子。

```
const databasePromise = connectDatabase();

const booksPromise = databasePromise
  .then(findAllBooks);

const userPromise = databasePromise
  .then(getCurrentUser);

Promise.all([
  booksPromise,
  userPromise
])
.then(([books, user]) => pickTopRecommentations(books, user));
```

上面的代码中，booksPromise 和 userPromise 是两个异步操作，只有它们的结果都返回，才会触发 pickTopRecommentations 回调函数。

注意！

如果作为参数的 Promise 实例自身定义了 catch 方法，那么它被 rejected 时并不会触发 Promise.all() 的 catch 方法。

```
const p1 = new Promise((resolve, reject) => {
  resolve('hello');
})
.then(result => result)
.catch(e => e);

const p2 = new Promise((resolve, reject) => {
  throw new Error('报错了');
})
.then(result => result)
.catch(e => e);

Promise.all([p1, p2])
.then(result => console.log(result))
.catch(e => console.log(e));
// ["hello", Error: 报错了]
```

上面的代码中，p1 会 resolved，p2 首先会 rejected，但是 p2 有自己的 catch 方法，该方法返回的是一个新的 Promise 实例，p2 实际上指向的是这个实例。该实例执行完 catch 方法后也会变成 resolved，导致 Promise.all()方法参数里面的两个实例都会 resolved，因此会调用 then 方法指定的回调函数，而不会调用 catch 方法指定的回调函数。

如果 p2 没有自己的 catch 方法，就会调用 Promise.all()的 catch 方法。

```
const p1 = new Promise((resolve, reject) => {
  resolve('hello');
})
.then(result => result);

const p2 = new Promise((resolve, reject) => {
  throw new Error('报错了');
})
.then(result => result);

Promise.all([p1, p2])
.then(result => console.log(result))
.catch(e => console.log(e));
// Error: 报错了
```

14.6 Promise.race()

Promise.race 方法同样是将多个 Promise 实例包装成一个新的 Promise 实例。

```
var p = Promise.race([p1, p2, p3]);
```

上面的代码中，只要 p1、p2、p3 中有一个实例率先改变状态，p 的状态就跟着改变。那个率先改变的 Promise 实例的返回值就传递给 p 的回调函数。

Promise.race 方法的参数与 Promise.all 方法一样，如果不是 Promise 实例，就会先调用下面讲到的 Promise.resolve 方法，将参数转为 Promise 实例，再进一步处理。

下面是一个例子，如果指定时间内没有获得结果，就将 Promise 的状态变为 Rejected，否则变为 Resolved。

```
const p = Promise.race([
  fetch('/resource-that-may-take-a-while'),
  new Promise(function (resolve, reject) {
    setTimeout(() => reject(new Error('request timeout')), 5000)
  })
```

```
]);
p.then(response => console.log(response));
p.catch(error => console.log(error));
```

上面的代码中，如果 5 秒之内 fetch 方法无法返回结果，变量 p 的状态就会变为 Rejected，从而触发 catch 方法指定的回调函数。

14.7 Promise.resolve()

有时需要将现有对象转为 Promise 对象，Promise.resolve 方法就起到这个作用。

```
var jsPromise = Promise.resolve($.ajax('/whatever.json'));
```

上面的代码将 jQuery 生成的 deferred 对象转为新的 Promise 对象。

Promise.resolve 等价于下面的写法。

```
Promise.resolve('foo')
// 等价于
new Promise(resolve => resolve('foo'))
```

Promise.resolve 方法的参数分成以下 4 种情况。

参数是一个 Promise 实例

如果参数是 Promise 实例，那么 Promise.resolve 将不做任何修改，原封不动地返回这个实例。

参数是一个 thenable 对象

thenable 对象指的是具有 then 方法的对象，比如下面这个对象。

```
let thenable = {
  then: function(resolve, reject) {
    resolve(42);
  }
};
```

Promise.resolve 方法会将这个对象转为 Promise 对象，然后立即执行 thenable 对象的 then 方法。

```
let thenable = {
  then: function(resolve, reject) {
    resolve(42);
  }
```

```
};

let p1 = Promise.resolve(thenable);
p1.then(function(value) {
  console.log(value);  // 42
});
```

上面的代码中，thenable 对象的 then 方法执行后，对象 p1 的状态就变为 resolved，从而立即执行最后的 then 方法指定的回调函数，输出 42。

参数不是具有 then 方法的对象或根本不是对象

如果参数是一个原始值，或者是一个不具有 then 方法的对象，那么 Promise.resolve 方法返回一个新的 Promise 对象，状态为 Resolved。

```
var p = Promise.resolve('Hello');

p.then(function (s){
  console.log(s)
});
// Hello
```

上面的代码生成一个新的 Promise 对象的实例 p。由于字符串 Hello 不属于异步操作（判断方法是字符串对象不具有 then 方法），返回 Promise 实例的状态从生成起就是 Resolved，所以回调函数会立即执行。Promise.resolve 方法的参数会同时传给回调函数。

不带有任何参数

Promise.resolve 方法允许在调用时不带有参数，而直接返回一个 Resolved 状态的 Promise 对象。

所以，如果希望得到一个 Promise 对象，比较方便的方法就是直接调用 Promise.resolve 方法。

```
var p = Promise.resolve();

p.then(function () {
  // ...
});
```

上面代码中的变量 p 就是一个 Promise 对象。

需要注意的是，立即 resolve 的 Promise 对象是在本轮“事件循环”（event loop）结束时，而不是在下一轮“事件循环”开始时。

```
setTimeout(function () {
  console.log('three');
}, 0);

Promise.resolve().then(function () {
  console.log('two');
});

console.log('one');

// one
// two
// three
```

上面的代码中，setTimeout(fn, 0)是在下一轮“事件循环”开始时执行的，Promise.resolve()在本轮“事件循环”结束时执行，console.log('one')则是立即执行，因此最先输出。

14.8 Promise.reject()

Promise.reject(reason)方法也会返回一个新的 Promise 实例，状态为 Rejected。

```
var p = Promise.reject('出错了');
// 等同于
var p = new Promise((resolve, reject) => reject('出错了'))

p.then(null, function (s) {
  console.log(s)
});
// 出错了
```

上面的代码生成一个 Promise 对象的实例 p，状态为 Rejected，回调函数会立即执行。

> **注意！**
>
> Promise.reject()方法的参数会原封不动地作为 reject 的理由变成后续方法的参数。这一点与 Promise.resolve 方法不一致。

```
const thenable = {
  then(resolve, reject) {
    reject('出错了');
```

```
  }
};

Promise.reject(thenable)
.catch(e => {
  console.log(e === thenable)
})
// true
```

上面的代码中，Promise.reject 方法的参数是一个 thenable 对象，执行以后，后面 catch 方法的参数不是 reject 抛出的“出错了”这个字符串，而是 thenable 对象。

14.9　两个有用的附加方法

ES6 的 Promise API 提供的方法不是很多，可以自己部署一些有用的方法。下面部署两个不在 ES6 中但很有用的方法。

14.9.1　done()

无论 Promise 对象的回调链以 then 方法还是 catch 方法结尾，只要最后一个方法抛出错误，都有可能无法捕捉到（因为 Promise 内部的错误不会冒泡到全局）。为此，我们可以提供一个 done 方法，它总是处于回调链的尾端，保证抛出任何可能出现的错误。

```
asyncFunc()
  .then(f1)
  .catch(r1)
  .then(f2)
  .done();
```

它的实现代码相当简单。

```
Promise.prototype.done = function (onFulfilled, onRejected) {
  this.then(onFulfilled, onRejected)
    .catch(function (reason) {
      // 抛出一个全局错误
      setTimeout(() => { throw reason }, 0);
    });
};
```

由上可见，done 方法可以像 then 方法那样使用，提供 Fulfilled 和 Rejected 状态的回调函数，也可以不提供任何参数。但不管怎样，done 方法都会捕捉到任何可能出现的错误，并向全局抛出。

14.9.2 finally()

finally 方法用于指定不管 Promise 对象最后状态如何都会执行的操作。它与 done 方法的最大区别在于，它接受一个普通的回调函数作为参数，该函数不管怎样都必须执行。

下面是一个例子，服务器使用 Promise 处理请求，然后使用 finally 方法关掉服务器。

```
server.listen(0)
  .then(function () {
    // run test
  })
  .finally(server.stop);
```

它的实现也很简单。

```
Promise.prototype.finally = function (callback) {
  let P = this.constructor;
  return this.then(
    value  => P.resolve(callback()).then(() => value),
    reason => P.resolve(callback()).then(() => { throw reason })
  );
};
```

上面的代码中，不管前面的 Promise 是 fulfilled 还是 rejected，都会执行回调函数 callback。

14.10 应用

14.10.1 加载图片

我们可以将图片的加载写成一个 Promise，一旦加载完成，Promise 的状态就发生变化。

```
const preloadImage = function (path) {
  return new Promise(function (resolve, reject) {
    var image = new Image();
    image.onload  = resolve;
```

```
    image.onerror = reject;
    image.src = path;
  });
};
```

14.10.2　Generator 函数与 Promise 的结合

使用 Generator 函数管理流程，遇到异步操作时通常返回一个 Promise 对象。

```
function getFoo () {
  return new Promise(function (resolve, reject){
    resolve('foo');
  });
}

var g = function* () {
  try {
    var foo = yield getFoo();
    console.log(foo);
  } catch (e) {
    console.log(e);
  }
};

function run (generator) {
  var it = generator();

  function go(result) {
    if (result.done) return result.value;

    return result.value.then(function (value) {
      return go(it.next(value));
    }, function (error) {
      return go(it.throw(error));
    });
  }

  go(it.next());
```

```
}

run(g);
```

上面的 Generator 函数 g 中有一个异步操作 getFoo，它返回的就是一个 Promise 对象。函数 run 用来处理这个 Promise 对象，并调用下一个 next 方法。

14.11 Promise.try()

实际开发中经常遇到一种情况：不知道或者不想区分函数 f 是同步函数还是异步操作，但是想用 Promise 来处理它。因为这样就可以不管 f 是否包含异步操作，都用 then 方法指定下一步流程，用 catch 方法处理 f 抛出的错误。一般的写法如下。

```
Promise.resolve().then(f)
```

上面的写法有一个缺点：如果 f 是同步函数，那么它会在本轮事件循环的末尾执行。

```
const f = () => console.log('now');
Promise.resolve().then(f);
console.log('next');
// next
// now
```

上面的代码中，函数 f 是同步的，但是用 Promise 包装以后就变成异步执行了。

那么有没有一种方法，让同步函数同步执行，让异步函数异步执行，并且让它们具有统一的 API 呢？回答是有的，并且还有两种写法。第一种写法是使用 async 函数。

```
const f = () => console.log('now');
(async () => f())();
console.log('next');
// now
// next
```

上面的代码中，第二行是一个立即执行的匿名函数，会立即执行里面的 async 函数，因此如果 f 是同步的，就会得到同步的结果；如果 f 是异步的，就可以用 then 指定下一步，写法如下。

```
(async () => f())()
.then(...)
```

需要注意的是，async () => f() 会吃掉 f() 抛出的错误。所以，如果想捕获错误，要使用 promise.catch 方法。

```
(async () => f())()
```

```
.then(...)
.catch(...)
```

第二种写法是使用 new Promise()。

```
const f = () => console.log('now');
(
  () => new Promise(
    resolve => resolve(f())
  )
)();
console.log('next');
// now
// next
```

上面的代码也是使用立即执行的匿名函数来执行 new Promise()的。这种情况下，同步函数也是同步执行的。

鉴于这是一个很常见的需求，所以目前有一个提案（github.com/ljharb/proposal- promise-try）提供了 Promise.try 方法替代上面的写法。

```
const f = () => console.log('now');
Promise.try(f);
console.log('next');
// now
// next
```

事实上，Promise.try 存在已久，Promise 库 Bluebird、Q 和 when 早就提供了这个方法。

由于 Promise.try 为所有操作提供了统一的处理机制，所以如果想用 then 方法管理流程，最好都用 Promise.try 包装一下。这样有许多好处，其中一点就是可以更好地管理异常。

```
function getUsername(userId) {
  return database.users.get({id: userId})
  .then(function(user) {
    return user.name;
  });
}
```

上面的代码中，database.users.get()返回一个 Promise 对象，如果抛出异步错误，可以用 catch 方法捕获，写法如下。

```
database.users.get({id: userId})
.then(...)
```

```
.catch(...)
```

但是 database.users.get() 可能还会抛出同步错误（比如数据库连接错误，具体要看实现方法），这时就不得不用 try...catch 去捕获了。

```
try {
  database.users.get({id: userId})
  .then(...)
  .catch(...)
} catch (e) {
  // ...
}
```

上面的写法很笨拙，这时可以统一用 promise.catch() 捕获所有同步和异步的错误。

```
Promise.try(database.users.get({id: userId}))
  .then(...)
  .catch(...)
```

事实上，Promise.try 是模拟了 try 代码块，就像 promise.catch 模拟 catch 代码块一样。

第 15 章 Iterator 和 for...of 循环

15.1 Iterator（遍历器）的概念

JavaScript 原有的表示“集合”的数据结构主要是数组（Array）和对象（Object），ES6 又添加了 Map 和 Set。这样就有了 4 种数据集合，用户还可以组合使用它们，定义自己的数据结构，比如数组的成员是 Map，Map 的成员是对象。这样就需要一种统一的接口机制来处理所有不同的数据结构。

遍历器（Iterator）就是这样一种机制。它是一种接口，为各种不同的数据结构提供统一的访问机制。任何数据结构，只要部署 Iterator 接口，就可以完成遍历操作（即依次处理该数据结构的所有成员）。

Iterator 的作用有 3 个：一是为各种数据结构提供一个统一的、简便的访问接口；二是使得数据结构的成员能够按某种次序排列；三是 ES6 创造了一种新的遍历命令——`for...of` 循环，Iterator 接口主要供 `for...of` 消费。

Iterator 的遍历过程如下。

1. 创建一个指针对象，指向当前数据结构的起始位置。也就是说，遍历器对象本质上就是一个指针对象。

2. 第一次调用指针对象的 `next` 方法，可以将指针指向数据结构的第一个成员。

3. 第二次调用指针对象的 `next` 方法，指针就指向数据结构的第二个成员。

4. 不断调用指针对象的 `next` 方法，直到它指向数据结构的结束位置。

每次调用 `next` 方法都会返回数据结构的当前成员的信息。具体来说，就是返回一个包含 `value` 和 `done` 两个属性的对象。其中，`value` 属性是当前成员的值，`done` 属性是一个布尔值，表示遍历是否结束。

下面是一个模拟 next 方法返回值的例子。

```
var it = makeIterator(['a', 'b']);

it.next() // { value: "a", done: false }
it.next() // { value: "b", done: false }
it.next() // { value: undefined, done: true }

function makeIterator(array) {
  var nextIndex = 0;
  return {
    next: function() {
      return nextIndex < array.length ?
        {value: array[nextIndex++], done: false} :
        {value: undefined, done: true};
    }
  };
}
```

上面的代码定义了一个 makeIterator 函数，它是一个遍历器生成函数，作用就是返回一个遍历器对象。对数组['a', 'b']执行这个函数，就会返回该数组的遍历器对象（即指针对象）it。

指针对象的 next 方法用于移动指针。开始时，指针指向数组的开始位置。然后，每次调用 next 方法，指针就会指向数组的下一个成员。第一次调用，指向 a；第二次调用，指向 b。

next 方法返回一个对象，表示当前数据成员的信息。这个对象具有 value 和 done 两个属性：value 属性返回当前位置的成员；done 属性是一个布尔值，表示遍历是否结束，即是否还有必要再一次调用 next 方法。

总之，调用指针对象的 next 方法就可以遍历事先给定的数据结构。

对于遍历器对象来说，done: false 和 value: undefined 属性都是可以省略的，因此上面的 makeIterator 函数可以简写成下面的形式。

```
function makeIterator(array) {
  var nextIndex = 0;
  return {
    next: function() {
      return nextIndex < array.length ?
        {value: array[nextIndex++]} :
```

```
      {done: true};
    }
  };
}
```

由于 Iterator 只是把接口规格加到了数据结构上，所以，遍历器与所遍历的数据结构实际上是分开的，完全可以写出没有对应数据结构的遍历器对象，或者说用遍历器对象模拟出数据结构。下面是一个无限运行的遍历器对象的例子。

```
var it = idMaker();

it.next().value // '0'
it.next().value // '1'
it.next().value // '2'
// ...

function idMaker() {
  var index = 0;

  return {
    next: function() {
      return {value: index++, done: false};
    }
  };
}
```

上面的例子中，遍历器生成函数 `idMaker` 返回一个遍历器对象（即指针对象）。但是并没有对应的数据结构，或者说，遍历器对象自己描述了一个数据结构。

如果使用 TypeScript 的写法，遍历器接口（Iterable）、指针对象（Iterator）和 `next` 方法返回值的规格可以描述如下。

```
interface Iterable {
  [Symbol.iterator]() : Iterator,
}

interface Iterator {
  next(value?: any) : IterationResult,
}

interface IterationResult {
```

```
  value: any,
  done: boolean,
}
```

15.2 默认 Iterator 接口

Iterator 接口的目的是为所有数据结构提供一种统一的访问机制，即 `for...of` 循环（详见下文）。当使用 `for...of` 循环遍历某种数据结构时，该循环会自动去寻找 Iterator 接口。

数据结构只要部署了 Iterator 接口，我们就称这种数据结构为“可遍历”（iterable）的。

ES6 规定，默认的 Iterator 接口部署在数据结构的 `Symbol.iterator` 属性，或者说，一个数据结构只要具有 `Symbol.iterator` 属性，就可以认为是“可遍历的”（iterable）。调用 `Symbol.iterator` 方法，我们就会得到当前数据结构默认的遍历器生成函数。`Symbol.iterator` 本身是一个表达式，返回 Symbol 对象的 `iterator` 属性，这是一个预定义好的、类型为 Symbol 的特殊值，所以要放在方括号中（请参考第 10 章）。

```
const obj = {
  [Symbol.iterator] : function () {
    return {
      next: function () {
        return {
          value: 1,
          done: true
        };
      }
    };
  }
};
```

上面的代码中，对象 `obj` 是可遍历的（iterable），因为其具有 `Symbol.iterator` 属性。执行这个属性会返回一个遍历器对象。该对象的根本特征就是具有 `next` 方法。每次调用 `next` 方法都会返回一个代表当前成员的信息对象，具有 `value` 和 `done` 两个属性。

ES6 的有些数据结构原生具备 Iterator 接口（比如数组），即不用任何处理就可以被 `for...of` 循环遍历。原因在于，这些数据结构原生部署了 `Symbol.iterator` 属性（详见下文），另外一些数据结构没有（比如对象）。所有部署了 `Symbol.iterator` 属性的数据结构都称为部署了遍历器接口。调用这个接口就会返回一个遍历器对象。

原生具备 Iterator 接口的数据结构如下。

- Array
- Map
- Set
- String
- TypedArray
- 函数的 arguments 对象
- NodeList 对象

下面的例子是数组的 Symbol.iterator 属性。

```
let arr = ['a', 'b', 'c'];
let iter = arr[Symbol.iterator]();

iter.next() // { value: 'a', done: false }
iter.next() // { value: 'b', done: false }
iter.next() // { value: 'c', done: false }
iter.next() // { value: undefined, done: true }
```

上面的代码中，变量 arr 是一个数组，其原生具有遍历器接口，部署在 arr 的 Symbol.iterator 属性上。所以，调用这个属性就会得到遍历器对象。

对于原生部署 Iterator 接口的数据结构，我们不用自己编写遍历器生成函数，for...of 循环会自动遍历它们。除此之外，其他数据结构（主要是对象）的 Iterator 接口都需要自己在 Symbol.iterator 属性上面部署，这样才会被 for...of 循环遍历。

对象（Object）之所以没有默认部署 Iterator 接口，是因为对象属性的遍历先后顺序是不确定的，需要开发者手动指定。本质上，遍历器是一种线性处理，对于任何非线性的数据结构，部署遍历器接口就等于部署一种线性转换。不过，严格地说，对象部署遍历器接口并不是很必要，因为这时对象实际上被当作 Map 结构使用，ES5 没有 Map 结构，而 ES6 原生提供了。

一个对象如果要具备可被 for...of 循环调用的 Iterator 接口，就必须在 Symbol.iterator 的属性上部署遍历器生成方法（原型链上的对象具有该方法也可）。

```
class RangeIterator {
  constructor(start, stop) {
    this.value = start;
    this.stop = stop;
  }

  [Symbol.iterator]() { return this; }
```

```
  next() {
    var value = this.value;
    if (value < this.stop) {
      this.value++;
      return {done: false, value: value};
    }
    return {done: true, value: undefined};
  }
}

function range(start, stop) {
  return new RangeIterator(start, stop);
}

for (var value of range(0, 3)) {
  console.log(value); // 0, 1, 2
}
```

上面的代码是一个类部署 Iterator 接口的写法。`Symbol.iterator` 属性对应一个函数，执行后返回当前对象的遍历器对象。

下面是通过遍历器实现指针结构的例子。

```
function Obj(value) {
  this.value = value;
  this.next = null;
}

Obj.prototype[Symbol.iterator] = function() {
  var iterator = { next: next };

  var current = this;

  function next() {
    if (current) {
      var value = current.value;
      current = current.next;
      return { done: false, value: value };
    } else {
      return { done: true };
```

```
    }
  }
  return iterator;
}

var one = new Obj(1);
var two = new Obj(2);
var three = new Obj(3);

one.next = two;
two.next = three;

for (var i of one){
  console.log(i); // 1, 2, 3
}
```

上面的代码首先在构造函数的原型链上部署 Symbol.iterator 方法，调用该方法会返回遍历器对象 iterator，调用该对象的 next 方法，在返回一个值的同时自动将内部指针移到下一个实例。

下面是另一个为对象添加 Iterator 接口的例子。

```
let obj = {
  data: [ 'hello', 'world' ],
  [Symbol.iterator]() {
    const self = this;
    let index = 0;
    return {
      next() {
        if (index < self.data.length) {
          return {
            value: self.data[index++],
            done: false
          };
        } else {
          return { value: undefined, done: true };
        }
      }
    };
```

```
  }
};
```

对于类似数组的对象（存在数值键名和 length 属性），部署 Iterator 接口有一个简便方法，即使用 Symbol.iterator 方法直接引用数组的 Iterator 接口。

```
NodeList.prototype[Symbol.iterator] = Array.prototype[Symbol.iterator];
// 或者
NodeList.prototype[Symbol.iterator] = [][Symbol.iterator];

[...document.querySelectorAll('div')] // 可以执行
```

NodeList 对象是类似数组的对象，本来就具有遍历接口，可以直接遍历。上面的代码中，我们将它的遍历接口改成数组的 Symbol.iterator 属性，没有任何影响。

下面是另一个类似数组的对象调用数组的 Symbol.iterator 方法的例子。

```
let iterable = {
  0: 'a',
  1: 'b',
  2: 'c',
  length: 3,
  [Symbol.iterator]: Array.prototype[Symbol.iterator]
};
for (let item of iterable) {
  console.log(item); // 'a', 'b', 'c'
}
```

注意，普通对象部署数组的 Symbol.iterator 方法并无效果。

```
let iterable = {
  a: 'a',
  b: 'b',
  c: 'c',
  length: 3,
  [Symbol.iterator]: Array.prototype[Symbol.iterator]
};
for (let item of iterable) {
  console.log(item); // undefined, undefined, undefined
}
```

如果 Symbol.iterator 方法对应的不是遍历器生成函数（即会返回一个遍历器对象），

解释引擎将报错。

```
var obj = {};

obj[Symbol.iterator] = () => 1;

[...obj] // TypeError: [] is not a function
```

上面的代码中，变量 obj 的 Symbol.iterator 方法对应的不是遍历器生成函数，因此报错。

有了遍历器接口，数据结构就可以使用 for...of 循环遍历（详见下文），也可以使用 while 循环遍历。

```
var $iterator = ITERABLE[Symbol.iterator]();
var $result = $iterator.next();
while (!$result.done) {
  var x = $result.value;
  // ...
  $result = $iterator.next();
}
```

上面的代码中，ITERABLE 代表某种可遍历的数据结构，$iterator 是它的遍历器对象。遍历器对象每次移动指针（next 方法）都检查一下返回值的 done 属性，如果遍历尚未结束，就移动遍历器对象的指针到下一步（next 方法），不断循环。

15.3 调用 Iterator 接口的场合

有一些场合会默认调用 Iterator 接口（即 Symbol.iterator 方法），除了下文会介绍的 for...of 循环，还有几个别的场合。

解构赋值

对数组和 Set 结构进行解构赋值时，会默认调用 Symbol.iterator 方法。

```
let set = new Set().add('a').add('b').add('c');

let [x,y] = set;
// x='a'; y='b'

let [first, ...rest] = set;
// first='a'; rest=['b','c'];
```

扩展运算符

扩展运算符（...）也会调用默认的 Iterator 接口。

```
// 例一
var str = 'hello';
[...str] //  ['h','e','l','l','o']

// 例二
let arr = ['b', 'c'];
['a', ...arr, 'd']
// ['a', 'b', 'c', 'd']
```

上面的扩展运算符内部就调用 Iterator 接口。

实际上，这提供了一种简便机制，可以将任何部署了 Iterator 接口的数据结构转为数组。也就是说，只要某个数据结构部署了 Iterator 接口，就可以对它使用扩展运算符，将其转为数组。

```
let arr = [...iterable];
```

yield*

yield*后面跟的是一个可遍历的结构，它会调用该结构的遍历器接口。

```
let generator = function* () {
  yield 1;
  yield* [2,3,4];
  yield 5;
};

var iterator = generator();

iterator.next() // { value: 1, done: false }
iterator.next() // { value: 2, done: false }
iterator.next() // { value: 3, done: false }
iterator.next() // { value: 4, done: false }
iterator.next() // { value: 5, done: false }
iterator.next() // { value: undefined, done: true }
```

其他场合

由于数组的遍历会调用遍历器接口，所以任何接受数组作为参数的场合其实都调用了遍历器接口。下面是一些例子。

- `for...of`
- `Array.from()`
- `Map()`、`Set()`、`WeakMap()`和`WeakSet()`（比如`new Map([['a',1], ['b',2]])`）
- `Promise.all()`
- `Promise.race()`

15.4 字符串的 Iterator 接口

字符串是一个类似数组的对象，也具有原生 Iterator 接口。

```
var someString = "hi";
typeof someString[Symbol.iterator]
// "function"

var iterator = someString[Symbol.iterator]();

iterator.next()  // { value: "h", done: false }
iterator.next()  // { value: "i", done: false }
iterator.next()  // { value: undefined, done: true }
```

上面的代码中，调用 `Symbol.iterator` 方法返回一个遍历器对象，在其上可以调用 `next` 方法实现对于字符串的遍历。

可以覆盖原生的 `Symbol.iterator` 方法达到修改遍历器行为的目的。

```
var str = new String("hi");

[...str] // ["h", "i"]

str[Symbol.iterator] = function() {
  return {
    next: function() {
      if (this._first) {
        this._first = false;
        return { value: "bye", done: false };
      } else {
        return { done: true };
      }
    },
```

```
    _first: true
  };
};

[...str] // ["bye"]
str // "hi"
```

上面的代码中，字符串 str 的 Symbol.iterator 方法被修改了，所以扩展运算符（...）返回的值变成了 bye，而字符串本身还是 hi。

15.5 Iterator 接口与 Generator 函数

Symbol.iterator 方法的最简单实现还是使用下一章要介绍的 Generator 函数。

```
var myIterable = {};

myIterable[Symbol.iterator] = function* () {
  yield 1;
  yield 2;
  yield 3;
};
[...myIterable] // [1, 2, 3]

// 或者采用下面的简洁写法

let obj = {
  * [Symbol.iterator]() {
    yield 'hello';
    yield 'world';
  }
};

for (let x of obj) {
  console.log(x);
}
// hello
// world
```

上面的代码中，Symbol.iterator 方法几乎不用部署任何代码，只要用 yield 命令给出每一步的返回值即可。

15.6 遍历器对象的 return()、throw()

遍历器对象除了具有 next 方法，还可以具有 return 方法和 throw 方法。如果自己写遍历器对象生成函数，那么 next 方法是必须部署的，return 方法和 throw 方法则是可选部署的。

return 方法的使用场合是，如果 for...of 循环提前退出（通常是因为出错，或者有 break 语句或 continue 语句），就会调用 return 方法；如果一个对象在完成遍历前需要清理或释放资源，就可以部署 return 方法。

```
function readLinesSync(file) {
  return {
    next() {
        return { done: true };
    },
    return() {
      file.close();
      return { done: true };
    },
  };
}
```

上面的代码中，函数 readLinesSync 接受一个文件对象作为参数，返回一个遍历器对象，其中除了 next 方法，还部署了 return 方法。下面，我们让文件的遍历提前返回，这样就会触发执行 return 方法。

```
for (let line of readLinesSync(fileName)) {
  console.log(line);
  break;
}
```

注意，return 方法必须返回一个对象，这是 Generator 规格决定的。

throw 方法主要配合 Generator 函数使用，一般的遍历器对象用不到这个方法。请参阅第 17 章。

15.7 for...of 循环

ES6 借鉴 C++、Java、C#和 Python 语言，引入了 for...of 循环作为遍历所有数据结构的统一的方法。

一个数据结构只要部署了 Symbol.iterator 属性，就被视为具有 iterator 接口，就可以用 for...of 循环遍历它的成员。也就是说，for...of 循环内部调用的是数据结构的 Symbol.iterator 方法。

for...of 循环可以使用的范围包括数组、Set 和 Map 结构、某些类似数组的对象（比如 arguments 对象、DOM NodeList 对象）、后文的 Generator 对象，以及字符串。

15.7.1 数组

数组原生具备 iterator 接口（即默认部署了 Symbol.iterator 属性），for...of 循环本质上就是调用这个接口产生的遍历器，可以用下面的代码证明。

```
const arr = ['red', 'green', 'blue'];

for(let v of arr) {
  console.log(v); // red green blue
}

const obj = {};
obj[Symbol.iterator] = arr[Symbol.iterator].bind(arr);

for(let v of obj) {
  console.log(v); // red green blue
}
```

上面的代码中，空对象 obj 部署了数组 arr 的 Symbol.iterator 属性，结果 obj 的 for...of 循环产生了与 arr 完全一样的结果。

for...of 循环可以代替数组实例的 forEach 方法。

```
const arr = ['red', 'green', 'blue'];

arr.forEach(function (element, index) {
  console.log(element);     // red green blue
  console.log(index);       // 0 1 2
```

```
});
```

JavaScript 原有的 for...in 循环只能获得对象的键名，不能直接获取键值。ES6 提供的 for...of 循环允许遍历获得键值。

```
var arr = ['a', 'b', 'c', 'd'];

for (let a in arr) {
  console.log(a);        // 0 1 2 3
}

for (let a of arr) {
  console.log(a);        // a b c d
}
```

上面的代码表明，for...in 循环读取键名，for...of 循环读取键值。如果要通过 for...of 循环获取数组的索引，可以借助数组实例的 entries 方法和 keys 方法，参见第 8 章。

for...of 循环调用遍历器接口，数组的遍历器接口只返回具有数字索引的属性。这一点跟 for...in 循环也不一样。

```
let arr = [3, 5, 7];
arr.foo = 'hello';

for (let i in arr) {
  console.log(i);   // "0", "1", "2", "foo"
}

for (let i of arr) {
  console.log(i);   //  "3", "5", "7"
}
```

上面的代码中，for...of 循环不会返回数组 arr 的 foo 属性。

15.7.2 Set 和 Map 结构

Set 和 Map 结构原生具有 Iterator 接口，可以直接使用 for...of 循环。

```
var engines = new Set(["Gecko", "Trident", "Webkit", "Webkit"]);
for (var e of engines) {
  console.log(e);
```

```
}
// Gecko
// Trident
// Webkit

var es6 = new Map();
es6.set("edition", 6);
es6.set("committee", "TC39");
es6.set("standard", "ECMA-262");
for (var [name, value] of es6) {
  console.log(name + ": " + value);
}
// edition: 6
// committee: TC39
// standard: ECMA-262
```

上面的代码演示了如何遍历 Set 结构和 Map 结构。值得注意的地方有两个：首先，遍历的顺序是按照各个成员被添加进数据结构的顺序；其次，Set 结构遍历时返回的是一个值，而 Map 结构遍历时返回的是一个数组，该数组的两个成员分别为当前 Map 成员的键名和键值。

```
let map = new Map().set('a', 1).set('b', 2);
for (let pair of map) {
  console.log(pair);
}
// ['a', 1]
// ['b', 2]

for (let [key, value] of map) {
  console.log(key + ' : ' + value);
}
// a : 1
// b : 2
```

15.7.3 计算生成的数据结构

有些数据结构是在现有数据结构的基础上计算生成的。比如，ES6 的数组、Set、Map 都部署了以下 3 个方法，调用后都返回遍历器对象。

- `entries()` 返回一个遍历器对象，用于遍历[键名，键值]组成的数组。对于数组，键名就是索引值；对于 Set，键名与键值相同。Map 结构的 iterator 接口默认就是调用 entries 方法。

- keys() 返回一个遍历器对象，用于遍历所有的键名。
- values() 返回一个遍历器对象，用于遍历所有的键值。

这 3 个方法调用后生成的遍历器对象所遍历的都是计算生成的数据结构。

```
let arr = ['a', 'b', 'c'];
for (let pair of arr.entries()) {
  console.log(pair);
}
// [0, 'a']
// [1, 'b']
// [2, 'c']
```

15.7.4 类似数组的对象

类似数组的对象包括好几类。下面是 for...of 循环用于字符串、DOM NodeList 对象、arguments 对象的例子。

```
// 字符串
let str = "hello";

for (let s of str) {
  console.log(s); // h e l l o
}

// DOM NodeList 对象
let paras = document.querySelectorAll("p");

for (let p of paras) {
  p.classList.add("test");
}

// arguments 对象
function printArgs() {
  for (let x of arguments) {
    console.log(x);
  }
```

```
}
printArgs('a', 'b');
// 'a'
// 'b'
```

对于字符串来说，for...of 循环还有一个特点，就是可以正确识别 32 位 UTF-16 字符。

```
for (let x of 'a\uD83D\uDC0A') {
  console.log(x);
}
// 'a'
// '\uD83D\uDC0A'
```

并不是所有类似数组的对象都具有 Iterator 接口，一个简便的解决方法就是使用 Array.from 方法将其转为数组。

```
let arrayLike = { length: 2, 0: 'a', 1: 'b' };

// 报错
for (let x of arrayLike) {
  console.log(x);
}

// 正确
for (let x of Array.from(arrayLike)) {
  console.log(x);
}
```

15.7.5 对象

对于普通的对象，for...of 结构不能直接使用，否则会报错，必须部署了 Iterator 接口才能使用。但是，这样的情况下，for...in 循环依然可用于遍历键名。

```
let es6 = {
  edition: 6,
  committee: "TC39",
  standard: "ECMA-262"
};

for (let e in es6) {
  console.log(e);
```

```
}
// edition
// committee
// standard

for (let e of es6) {
  console.log(e);
}
// TypeError: es6[Symbol.iterator] is not a function
```

上面的代码表示，对于普通的对象，`for...in` 循环可以遍历键名，`for...of` 循环会报错。

一种解决方法是，使用 `Object.keys` 方法将对象的键名生成一个数组，然后遍历这个数组。

```
for (var key of Object.keys(someObject)) {
  console.log(key + ': ' + someObject[key]);
}
```

另一个方法是使用 Generator 函数将对象重新包装一下。

```
function* entries(obj) {
  for (let key of Object.keys(obj)) {
    yield [key, obj[key]];
  }
}

for (let [key, value] of entries(obj)) {
  console.log(key, '->', value);
}
// a -> 1
// b -> 2
// c -> 3
```

15.7.6 与其他遍历语法的比较

以数组为例，JavaScript 提供了多种遍历语法。最原始的写法就是 `for` 循环。

```
for (var index = 0; index < myArray.length; index++) {
  console.log(myArray[index]);
}
```

这种写法比较麻烦，因此数组提供了内置的 forEach 方法。

```
myArray.forEach(function (value) {
  console.log(value);
});
```

这种写法的问题在于，无法中途跳出 forEach 循环，break 命令或 return 命令都不能奏效。

for...in 循环可以遍历数组的键名。

```
for (var index in myArray) {
  console.log(myArray[index]);
}
```

for...in 循环有几个缺点。

- 数组的键名是数字，但是 for...in 循环是以字符串作为键名，“0”、“1”、“2” 等。
- for...in 循环不仅可以遍历数字键名，还会遍历手动添加的其他键，甚至包括原型链上的键。
- 某些情况下，for...in 循环会以任意顺序遍历键名

总之，for...in 循环主要是为遍历对象而设计的，不适用于遍历数组。

for...of 循环相比上面几种做法有一些显著的优点。

```
for (let value of myArray) {
  console.log(value);
}
```

- 有着同 for...in 一样的简洁语法，但是没有 for...in 那些缺点。
- 不同于 forEach 方法，它可以与 break、continue 和 return 配合使用。
- 提供了遍历所有数据结构的统一操作接口。

下面是一个使用 break 语句，跳出 for...of 循环的例子。

```
for (var n of fibonacci) {
  if (n > 1000)
    break;
  console.log(n);
}
```

上面的例子会输出斐波纳契数列小于等于 1000 的项。如果前项大于 1000，就会使用 break 语句跳出 for...of 循环。

第 16 章 Generator 函数的语法

16.1 简介

16.1.1 基本概念

Generator 函数是 ES6 提供的一种异步编程解决方案，语法行为与传统函数完全不同。本章详细介绍 Generator 函数的语法和 API，它的异步编程应用请看异步操作和 Async 函数一章。

对于 Generator 函数有多种理解角度。从语法上，首先可以把它理解成一个状态机，封装了多个内部状态。

执行 Generator 函数会返回一个遍历器对象。也就是说，Generator 函数除了是状态机，还是一个遍历器对象生成函数。返回的遍历器对象可以依次遍历 Generator 函数内部的每一个状态。

形式上，Generator 函数是一个普通函数，但是有两个特征：一是 `function` 命令与函数名之间有一个星号；二是函数体内部使用 `yield` 语句定义不同的内部状态（“yield”在英语里的意思就是“产出”）。

```
function* helloWorldGenerator() {
  yield 'hello';
  yield 'world';
  return 'ending';
}

var hw = helloWorldGenerator();
```

上面的代码定义了一个 Generator 函数——helloWorldGenerator，它内部有两个 yield 语句“hello”和“world”，即该函数有 3 个状态：hello、world 和 return 语句（结束执行）。

Generator 函数的调用方法与普通函数一样，也是在函数名后面加上一对圆括号。不同的是，调用 Generator 函数后，该函数并不执行，返回的也不是函数运行结果，而是一个指向内部状态的指针对象，也就是上一章介绍的遍历器对象（Iterator Object）。

下一步，必须调用遍历器对象的 next 方法，使得指针移向下一个状态。也就是说，每次调用 next 方法，内部指针就从函数头部或上一次停下来的地方开始执行，直到遇到下一条 yield 语句（或 return 语句）为止。换言之，Generator 函数是分段执行的，yield 语句是暂停执行的标记，而 next 方法可以恢复执行。

```
hw.next()
// { value: 'hello', done: false }

hw.next()
// { value: 'world', done: false }

hw.next()
// { value: 'ending', done: true }

hw.next()
// { value: undefined, done: true }
```

上面的代码一共调用了 4 次 next 方法。

第 1 次调用，Generator 函数开始执行，直到遇到第一条 yield 语句为止。next 方法返回一个对象，它的 value 属性就是当前 yield 语句的值 hello，done 属性的值 false 表示遍历还没有结束。

第 2 次调用，Generator 函数从上次 yield 语句停下的地方，一直执行到下一条 yield 语句。next 方法返回的对象的 value 属性就是当前 yield 语句的值 world，done 属性的值 false 表示遍历还没有结束。

第 3 次调用，Generator 函数从上次 yield 语句停下的地方，一直执行到 return 语句（如果没有 return 语句，就执行到函数结束）。next 方法返回的对象的 value 属性就是紧跟在 return 语句后面的表达式的值（如果没有 return 语句，则 value 属性的值为 undefined），done 属性的值 true 表示遍历已经结束。

第 4 次调用，此时 Generator 函数已经运行完毕，next 方法返回的对象的 value 属性为 undefined，done 属性为 true。以后再调用 next 方法，返回的都是这个值。

总结一下，调用 Generator 函数返回一个遍历器对象，代表 Generator 函数的内部指针。以后，每次调用遍历器对象的 next 方法，就会返回一个有着 value 和 done 两个属性的对象。value 属性表示当前的内部状态的值，是 yield 语句后面那个表达式的值；done 属性是一个布尔值，表示是否遍历结束。

ES6 没有规定 function 关键字与函数名之间的星号写在哪个位置，因此下面的写法都能通过。

```
function * foo(x, y) { ··· }
function *foo(x, y) { ··· }
function* foo(x, y) { ··· }
function*foo(x, y) { ··· }
```

由于 Generator 函数仍然是普通函数，所以一般的写法是上面的第 3 种，即星号紧跟在 function 关键字后面。本书中也采用这种写法。

16.1.2　yield 表达式

由于 Generator 函数返回的遍历器对象只有调用 next 方法才会遍历下一个内部状态，所以其实提供了一种可以暂停执行的函数。yield 语句就是暂停标志。

遍历器对象的 next 方法的运行逻辑如下。

1. 遇到 yield 语句就暂停执行后面的操作，并将紧跟在 yield 后的表达式的值作为返回的对象的 value 属性值。

2. 下一次调用 next 方法时再继续往下执行，直到遇到下一条 yield 语句。

3. 如果没有再遇到新的 yield 语句，就一直运行到函数结束，直到 return 语句为止，并将 return 语句后面的表达式的值作为返回对象的 value 属性值。

4. 如果该函数没有 return 语句，则返回对象的 value 属性值为 undefined。

注意！

只有调用 next 方法且内部指针指向该语句时才会执行 yield 语句后面的表达式，因此等于为 JavaScript 提供了手动的“惰性求值”（Lazy Evaluation）的语法功能。

```
function* gen() {
  yield  123 + 456;
}
```

上面的代码中，yield 后面的表达式 123 + 456 不会立即求值，只会在 next 方法将指针移到这一句时才求值。

yield 语句与 return 语句既有相似之处，又有区别。相似之处在于都能返回紧跟在语句后的表达式的值。区别在于每次遇到 yield 函数暂停执行，下一次会从该位置继续向后执行，而 return 语句不具备位置记忆的功能。一个函数里面只能执行一次（或者说一条）return 语句，但是可以执行多次（或者说多条）yield 语句。正常函数只能返回一个值，因为只能执行一次 return 语句；Generator 函数可以返回一系列的值，因为可以有任意多条 yield 语句。从另一个角度看，也可以说 Generator 生成了一系列的值，这也就是其名称的来历（在英语中，“generator”这个词是“生成器”的意思）。

Generator 函数可以不用 yield 语句，这时就变成了一个单纯的暂缓执行函数。

```
function* f() {
  console.log('执行了！')
}

var generator = f();

setTimeout(function () {
  generator.next()
}, 2000);
```

上面的代码中，函数 f 如果是普通函数，在为变量 generator 赋值时就会执行。但是函数 f 是一个 Generator 函数，于是就变成只有调用 next 方法时才会执行。

另外需要注意，yield 表达式只能用在 Generator 函数里面，用在其他地方都会报错。

```
(function (){
  yield 1;
})()
// SyntaxError: Unexpected number
```

上面的代码在一个普通函数中使用 yield 语句，结果产生一个句法错误。

下面是另外一个例子。

```
var arr = [1, [[2, 3], 4], [5, 6]];

var flat = function* (a) {
  a.forEach(function (item) {
    if (typeof item !== 'number') {
      yield* flat(item);
    } else {
      yield item;
    }
```

```
  });
};

for (var f of flat(arr)){
  console.log(f);
}
```

上面的代码也会产生句法错误，因为 forEach 方法的参数是一个普通函数，但是在里面使用了 yield 表达式（这个函数里面还使用了 yield*表达式，详细介绍见后文）。一种修改方法是改用 for 循环。

```
var arr = [1, [[2, 3], 4], [5, 6]];

var flat = function* (a) {
  var length = a.length;
  for (var i = 0; i < length; i++) {
    var item = a[i];
    if (typeof item !== 'number') {
      yield* flat(item);
    } else {
      yield item;
    }
  }
};

for (var f of flat(arr)) {
  console.log(f);
}
// 1, 2, 3, 4, 5, 6
```

另外，yield 表达式如果用在另一个表达式之中，必须放在圆括号里面。

```
function* demo() {
  console.log('Hello' + yield);        // SyntaxError
  console.log('Hello' + yield 123);    // SyntaxError

  console.log('Hello' + (yield));      // OK
  console.log('Hello' + (yield 123));  // OK
}
```

yield 表达式用作函数参数或放在赋值表达式的右边，可以不加括号。

```
function* demo() {
  foo(yield 'a', yield 'b');    // OK
  let input = yield;            // OK
}
```

16.1.3 与 Iterator 接口的关系

上一章说过，任意一个对象的 `Symbol.iterator` 方法等于该对象的遍历器对象生成函数，调用该函数会返回该对象的一个遍历器对象。

由于 Generator 函数就是遍历器生成函数，因此可以把 Generator 赋值给对象的 `Symbol.iterator` 属性，从而使得该对象具有 Iterator 接口。

```
var myIterable = {};
myIterable[Symbol.iterator] = function* () {
  yield 1;
  yield 2;
  yield 3;
};

[...myIterable] // [1, 2, 3]
```

上面的代码中，Generator 函数赋值给 `Symbol.iterator` 属性，从而使得 `myIterable` 对象具有了 Iterator 接口，可以被`...`运算符遍历。

Generator 函数执行后，返回一个遍历器对象。该对象本身也具有 `Symbol.iterator` 属性，执行后返回自身。

```
function* gen(){
  // some code
}

var g = gen();

g[Symbol.iterator]() === g
// true
```

上面的代码中，`gen` 是一个 Generator 函数，调用它会生成一个遍历器对象 `g`。它的 `Symbol.iterator` 属性也是一个遍历器对象生成函数，执行后返回它自己。

16.2 next 方法的参数

yield 语句本身没有返回值，或者说总是返回 undefined。next 方法可以带有一个参数，该参数会被当作上一条 yield 语句的返回值。

```
function* f() {
  for(var i = 0; true; i++) {
    var reset = yield i;
    if(reset) { i = -1; }
  }
}

var g = f();

g.next() // { value: 0, done: false }
g.next() // { value: 1, done: false }
g.next(true) // { value: 0, done: false }
```

上面的代码先定义了一个可以无限运行的 Generator 函数 f，如果 next 方法没有参数，每次运行到 yield 语句时，变量 reset 的值总是 undefined。当 next 方法带有一个参数 true 时，当前的变量 reset 就被重置为这个参数（即 true），因而 i 会等于-1，下一轮循环就从-1 开始递增。

这个功能有很重要的语法意义。Generator 函数从暂停状态到恢复运行，其上下文状态（context）是不变的。通过 next 方法的参数就有办法在 Generator 函数开始运行后继续向函数体内部注入值。也就是说，可以在 Generator 函数运行的不同阶段从外部向内部注入不同的值，从而调整函数行为。

再看一个例子。

```
function* foo(x) {
  var y = 2 * (yield (x + 1));
  var z = yield (y / 3);
  return (x + y + z);
}

var a = foo(5);
a.next() // Object{value:6, done:false}
a.next() // Object{value:NaN, done:false}
a.next() // Object{value:NaN, done:true}
```

```
var b = foo(5);
b.next() // { value:6, done:false }
b.next(12) // { value:8, done:false }
b.next(13) // { value:42, done:true }
```

上面的代码中，第二次运行 next 方法的时候不带参数，导致 y 的值等于 2 * undefined（即 NaN），除以 3 以后还是 NaN，因此返回对象的 value 属性也等于 NaN。第三次运行 Next 方法的时候不带参数，所以 z 等于 undefined，返回对象的 value 属性等于 5 + NaN + undefined，即 NaN。

如果向 next 方法提供参数，返回结果就完全不一样了。上面的代码第一次调用 b 的 next 方法时，返回 x+1 的值 6；第二次调用 next 方法，将上一次 yield 语句的值设为 12，因此 y 等于 24，返回 y / 3 的值 8；第三次调用 next 方法，将上一次 yield 语句的值设为 13，因此 z 等于 13，这时 x 等于 5，y 等于 24，所以 return 语句的值等于 42。

注意！

由于 next 方法的参数表示上一条 yield 语句的返回值，所以第一次使用 next 方法时传递参数是无效的。V8 引擎直接忽略第一次使用 next 方法时的参数，只有从第二次使用 next 方法开始，参数才是有效的。从语义上讲，第一个 next 方法用来启动遍历器对象，所以不用带有参数。

如果想要在第一次调用 next 方法时就能够输入值，可以在 Generator 函数外面再包一层。

```
function wrapper(generatorFunction) {
  return function (...args) {
    let generatorObject = generatorFunction(...args);
    generatorObject.next();
    return generatorObject;
  };
}

const wrapped = wrapper(function* () {
  console.log(`First input: ${yield}`);
  return 'DONE';
});

wrapped().next('hello!')
// First input: hello!
```

上面的代码中，Generator 函数如果不用 wrapper 先包一层，是无法在第一次调用 next 方法时就输入参数的。

再看一个通过 next 方法的参数向 Generator 函数内部输入值的例子。

```
function* dataConsumer() {
  console.log('Started');
  console.log(`1. ${yield}`);
  console.log(`2. ${yield}`);
  return 'result';
}

let genObj = dataConsumer();
genObj.next();
// Started
genObj.next('a')
// 1. a
genObj.next('b')
// 2. b
```

上面的代码是一个很直观的例子，每次通过 next 方法向 Generator 函数输入值，然后打印出来。

16.3 for...of 循环

for...of 循环可以自动遍历 Generator 函数生成的 Iterator 对象，且此时不再需要调用 next 方法。

```
function *foo() {
  yield 1;
  yield 2;
  yield 3;
  yield 4;
  yield 5;
  return 6;
}

for (let v of foo()) {
  console.log(v);
}
// 1 2 3 4 5
```

上面的代码使用 for...of 循环依次显示 5 条 yield 语句的值。

注意！

一旦 next 方法的返回对象的 done 属性为 true，for...of 循环就会终止，且不包含该返回对象，所以上面的 return 语句返回的 6 不包括在 for...of 循环中。

下面是一个利用 Generator 函数和 for...of 循环实现斐波那契数列的例子。

```
function* fibonacci() {
  let [prev, curr] = [0, 1];
  for (;;) {
    [prev, curr] = [curr, prev + curr];
    yield curr;
  }
}

for (let n of fibonacci()) {
  if (n > 1000) break;
  console.log(n);
}
```

由此可见，使用 for...of 语句时不需要使用 next 方法。

利用 for...of 循环，可以写出遍历任意对象（object）的方法。原生的 JavaScript 对象没有遍历接口，无法使用 for...of 循环，通过 Generator 函数为它加上这个接口后就可以用了。

```
function* objectEntries(obj) {
  let propKeys = Reflect.ownKeys(obj);

  for (let propKey of propKeys) {
    yield [propKey, obj[propKey]];
  }
}

let jane = { first: 'Jane', last: 'Doe' };

for (let [key, value] of objectEntries(jane)) {
  console.log(`${key}: ${value}`);
}
// first: Jane
// last: Doe
```

上面的代码中，对象 jane 原生不具备 Iterator 接口，无法用 for...of 遍历。这时，我们通过 Generator 函数 objectEntries 为它加上遍历器接口，这样就可以用 for...of 遍历了。加上遍历器接口的另一种写法是，将 Generator 函数加到对象的 Symbol.iterator 属性上。

```
function* objectEntries() {
  let propKeys = Object.keys(this);

  for (let propKey of propKeys) {
    yield [propKey, this[propKey]];
  }
}

let jane = { first: 'Jane', last: 'Doe' };

jane[Symbol.iterator] = objectEntries;

for (let [key, value] of jane) {
  console.log(`${key}: ${value}`);
}
// first: Jane
// last: Doe
```

除了 for...of 循环，扩展运算符（...）、解构赋值和 Array.from 方法内部调用的都是遍历器接口。这意味着，它们都可以将 Generator 函数返回的 Iterator 对象作为参数。

```
function* numbers () {
  yield 1
  yield 2
  return 3
  yield 4
}

// 扩展运算符
[...numbers()] // [1, 2]

// Array.from 方法
Array.from(numbers()) // [1, 2]

// 解构赋值
let [x, y] = numbers();
```

```
x // 1
y // 2

// for...of 循环
for (let n of numbers()) {
  console.log(n)
}
// 1
// 2
```

16.4 Generator.prototype.throw()

Generator 函数返回的遍历器对象都有一个 `throw` 方法，可以在函数体外抛出错误，然后在 Generator 函数体内捕获。

```
var g = function* () {
  try {
    yield;
  } catch (e) {
    console.log('内部捕获', e);
  }
};

var i = g();
i.next();

try {
  i.throw('a');
  i.throw('b');
} catch (e) {
  console.log('外部捕获', e);
}
// 内部捕获 a
// 外部捕获 b
```

上面的代码中，遍历器对象 `i` 连续抛出两个错误。第一个错误被 Generator 函数体内的 `catch` 语句捕获。`i` 第二次抛出错误，由于 Generator 函数内部的 `catch` 语句已经执行过了，不会再捕捉到这个错误了，所以这个错误就被抛出了 Generator 函数体，被函数体外的 `catch`

语句捕获。

throw 方法可以接受一个参数，该参数会被 catch 语句接收，建议抛出 Error 对象的实例。

```
var g = function* () {
  try {
    yield;
  } catch (e) {
    console.log(e);
  }
};

var i = g();
i.next();
i.throw(new Error('出错了！'));
// Error: 出错了！(…)
```

注意！

不要混淆遍历器对象的 throw 方法和全局的 throw 命令。上面的错误是用遍历器对象的 throw 方法抛出的，而不是用 throw 命令抛出的。后者只能被函数体外的 catch 语句捕获。

```
var g = function* () {
  while (true) {
    try {
      yield;
    } catch (e) {
      if (e != 'a') throw e;
      console.log('内部捕获', e);
    }
  }
};

var i = g();
i.next();

try {
  throw new Error('a');
  throw new Error('b');
} catch (e) {
  console.log('外部捕获', e);
```

```
}
// 外部捕获 [Error: a]
```

上面的代码之所以只捕获了 a，是因为函数体外的 catch 语句块捕获了抛出的 a 错误后，就不会再执行 try 语句块了。

如果 Generator 函数内部没有部署 try...catch 代码块，那么 throw 方法抛出的错误将被外部 try...catch 代码块捕获。

```
var g = function* () {
  while (true) {
    yield;
    console.log('内部捕获', e);
  }
};

var i = g();
i.next();

try {
  i.throw('a');
  i.throw('b');
} catch (e) {
  console.log('外部捕获', e);
}
// 外部捕获 a
```

上面的代码中，遍历器函数 g 内部没有部署 try...catch 代码块，所以抛出的错误直接被外部 catch 代码块捕获。

如果 Generator 函数内部部署了 try...catch 代码块，那么遍历器的 throw 方法抛出的错误不影响下一次遍历，否则遍历直接终止。

```
var gen = function* gen(){
  yield console.log('hello');
  yield console.log('world');
}

var g = gen();
g.next();
g.throw();
```

```
// hello
// Uncaught undefined
```

上面的代码中，g.throw 抛出错误以后，没有任何 try...catch 代码块可以捕获这个错误，导致程序报错，中断执行。

throw 方法被捕获以后会附带执行下一条 yield 表达式，即附带执行一次 next 方法。

```
var gen = function* gen(){
  try {
    yield console.log('a');
  } catch (e) {
    // ...
  }
  yield console.log('b');
  yield console.log('c');
}

var g = gen();
g.next() // a
g.throw() // b
g.next() // c
```

上面的代码中，g.throw 方法被捕获以后会自动执行一次 next 方法，所以打印 b。另外，也可以看到，只要 Generator 函数内部部署了 try...catch 代码块，那么遍历器的 throw 方法抛出的错误便不会影响下一次遍历。

另外，throw 命令与 g.throw 方法是无关的，两者互不影响。

```
var gen = function* gen(){
  yield console.log('hello');
  yield console.log('world');
}

var g = gen();
g.next();

try {
  throw new Error();
} catch (e) {
  g.next();
}
```

```
// hello
// world
```

上面的代码中，throw 命令抛出的错误不会影响到遍历器的状态，所以两次执行 next 方法都完成了正确的操作。

这种函数体内捕获错误的机制大大方便了对错误的处理。对于多个 yield 表达式，可以只用一个 try...catch 代码块来捕获错误。如果使用回调函数的写法想要捕获多个错误，就不得不每个函数写一个错误处理语句，而现在只在 Generator 函数内部写一次 catch 语句就可以了。

Generator 函数体外抛出的错误可以在函数体内捕获；反过来，Generator 函数体内抛出的错误也可以被函数体外的 catch 捕获。

```
function* foo() {
  var x = yield 3;
  var y = x.toUpperCase();
  yield y;
}

var it = foo();

it.next(); // { value:3, done:false }

try {
  it.next(42);
} catch (err) {
  console.log(err);
}
```

上面的代码中，第二个 next 方法向函数体内传入一个参数 42，数值是没有 toUpperCase 方法的，所以会抛出一个 TypeError 错误，被函数体外的 catch 捕获。

一旦 Generator 执行过程中抛出错误，就不会再执行下去了。如果此后还调用 next 方法，将返回一个 value 属性等于 undefined、done 属性等于 true 的对象，即 JavaScript 引擎认为这个 Generator 已经运行结束。

```
function* g() {
  yield 1;
  console.log('throwing an exception');
  throw new Error('generator broke!');
  yield 2;
```

```
  yield 3;
}

function log(generator) {
  var v;
  console.log('starting generator');
  try {
    v = generator.next();
    console.log('第一次运行 next 方法', v);
  } catch (err) {
    console.log('捕捉错误', v);
  }
  try {
    v = generator.next();
    console.log('第二次运行 next 方法', v);
  } catch (err) {
    console.log('捕捉错误', v);
  }
  try {
    v = generator.next();
    console.log('第三次运行 next 方法', v);
  } catch (err) {
    console.log('捕捉错误', v);
  }
  console.log('caller done');
}

log(g());
// starting generator
// 第一次运行 next 方法 { value: 1, done: false }
// throwing an exception
// 捕捉错误 { value: 1, done: false }
// 第三次运行 next 方法 { value: undefined, done: true }
// caller done
```

上面的代码一共运行 3 次 next 方法，第二次运行时会抛出错误，然后第三次运行时 Generator 函数就已结束，不再执行下去。

16.5 Generator.prototype.return()

Generator 函数返回的遍历器对象还有一个 return 方法，可以返回给定的值，并终结 Generator 函数的遍历。

```
function* gen() {
  yield 1;
  yield 2;
  yield 3;
}

var g = gen();

g.next()          // { value: 1, done: false }
g.return('foo')   // { value: "foo", done: true }
g.next()          // { value: undefined, done: true }
```

上面的代码中，遍历器对象 g 调用 return 方法后，返回值的 value 属性就是 return 方法的参数 foo。同时，Generator 函数的遍历终止，返回值的 done 属性为 true，以后再调用 next 方法，done 属性总是返回 true。

如果 return 方法调用时不提供参数，则返回值的 vaule 属性为 undefined。

```
function* gen() {
  yield 1;
  yield 2;
  yield 3;
}

var g = gen();

g.next()          // { value: 1, done: false }
g.return()        // { value: undefined, done: true }
```

如果 Generator 函数内部有 try...finally 代码块，那么 return 方法会推迟到 finally 代码块执行完再执行。

```
function* numbers () {
  yield 1;
  try {
    yield 2;
```

```
    yield 3;
  } finally {
    yield 4;
    yield 5;
  }
  yield 6;
}
var g = numbers();
g.next() // { value: 1, done: false }
g.next() // { value: 2, done: false }
g.return(7) // { value: 4, done: false }
g.next() // { value: 5, done: false }
g.next() // { value: 7, done: true }
```

上面的代码中，调用 `return` 方法后就开始执行 `finally` 代码块，然后等到 `finally` 代码块执行完再执行 `return` 方法。

16.6 yield*表达式

如果在 Generator 函数内部调用另一个 Generator 函数，默认情况下是没有效果的。

```
function* foo() {
  yield 'a';
  yield 'b';
}

function* bar() {
  yield 'x';
  foo();
  yield 'y';
}

for (let v of bar()){
  console.log(v);
}
// "x"
// "y"
```

上面的代码中，`foo` 和 `bar` 都是 Generator 函数，在 `bar` 里面调用 `foo` 是不会有效果的。

这时就需要用到 yield*语句，用来在一个 Generator 函数里面执行另一个 Generator 函数。

```
function* bar() {
  yield 'x';
  yield* foo();
  yield 'y';
}

// 等同于
function* bar() {
  yield 'x';
  yield 'a';
  yield 'b';
  yield 'y';
}

// 等同于
function* bar() {
  yield 'x';
  for (let v of foo()) {
    yield v;
  }
  yield 'y';
}

for (let v of bar()){
  console.log(v);
}
// "x"
// "a"
// "b"
// "y"
```

再来看一个对比的例子。

```
function* inner() {
  yield 'hello!';
}

function* outer1() {
```

```
  yield 'open';
  yield inner();
  yield 'close';
}

var gen = outer1()
gen.next().value // "open"
gen.next().value // 返回一个遍历器对象
gen.next().value // "close"

function* outer2() {
  yield 'open'
  yield* inner()
  yield 'close'
}

var gen = outer2()
gen.next().value // "open"
gen.next().value // "hello!"
gen.next().value // "close"
```

上面的例子中，outer2 使用了 yield*，outer1 没有使用。结果就是 outer1 返回一个遍历器对象，outer2 返回该遍历器对象的内部值。

从语法角度看，如果 yield 命令后面跟的是一个遍历器对象，那么需要在 yield 命令后面加上星号，表明返回的是一个遍历器对象。这被称为 yield*语句。

```
let delegatedIterator = (function* () {
  yield 'Hello!';
  yield 'Bye!';
}());

let delegatingIterator = (function* () {
  yield 'Greetings!';
  yield* delegatedIterator;
  yield 'Ok, bye.';
}());

for(let value of delegatingIterator) {
  console.log(value);
```

```
}
// "Greetings!
// "Hello!"
// "Bye!"
// "Ok, bye."
```

上面的代码中，delegatingIterator 是代理者，delegatedIterator 是被代理者。由于 yield* delegatedIterator 语句得到的值是一个遍历器，所以要用星号表示。运行结果就是使用一个遍历器遍历了多个 Generator 函数，有递归的效果。

yield*后面的 Generator 函数（没有 return 语句时）等同于在 Generator 函数内部部署一个 for...of 循环。

```
function* concat(iter1, iter2) {
  yield* iter1;
  yield* iter2;
}

// 等同于

function* concat(iter1, iter2) {
  for (var value of iter1) {
    yield value;
  }
  for (var value of iter2) {
    yield value;
  }
}
```

上面的代码说明，yield*后面的 Generator 函数（没有 return 语句时）不过是 for...of 的一种简写形式，完全可以用后者替代。反之，在有 return 语句时则需要用 var value = yield* iterator 的形式获取 return 语句的值。

如果 yield*后面跟着一个数组，由于数组原生支持遍历器，因此就会遍历数组成员。

```
function* gen(){
  yield* ["a", "b", "c"];
}

gen().next() // { value:"a", done:false }
```

上面的代码中，yield 命令后面如果不加星号，返回的是整个数组，加了星号就表示返回的是数组的遍历器对象。

实际上，任何数据结构只要有 Iterator 接口，就可以被 `yield*`遍历。

```
let read = (function* () {
  yield 'hello';
  yield* 'hello';
})();

read.next().value // "hello"
read.next().value // "h"
```

上面的代码中，`yield` 语句返回整个字符串，`yield*`语句返回单个字符。因为字符串具有 Iterator 接口，所以用 `yield*`遍历。

如果被代理的 Generator 函数有 `return` 语句，那么便可以向代理它的 Generator 函数返回数据。

```
function *foo() {
  yield 2;
  yield 3;
  return "foo";
}

function *bar() {
  yield 1;
  var v = yield *foo();
  console.log( "v: " + v );
  yield 4;
}

var it = bar();

it.next()
// {value: 1, done: false}
it.next()
// {value: 2, done: false}
it.next()
// {value: 3, done: false}
it.next();
// "v: foo"
```

```
// {value: 4, done: false}
it.next()
// {value: undefined, done: true}
```

在上面的代码第四次调用 next 方法时，屏幕上会有输出，这是因为函数 foo 的 return 语句向函数 bar 提供了返回值。

再看一个例子。

```
function* genFuncWithReturn() {
  yield 'a';
  yield 'b';
  return 'The result';
}
function* logReturned(genObj) {
  let result = yield* genObj;
  console.log(result);
}

[...logReturned(genFuncWithReturn())]
// The result
// 值为 [ 'a', 'b' ]
```

上面的代码中，存在两次遍历。第一次是扩展运算符遍历函数 logReturned 返回的遍历器对象，第二次是 yield*语句遍历函数 genFuncWithReturn 返回的遍历器对象。这两次遍历的效果是叠加的，最终表现为扩展运算符遍历函数 genFuncWithReturn 返回的遍历器对象。所以，最后的数据表达式得到的值等于['a', 'b']。但是，函数 genFuncWithReturn 的 return 语句的返回值 The result 会返回给函数 logReturned 内部的 result 变量，因此会有终端输出。

yield*命令可以很方便地取出嵌套数组的所有成员。

```
function* iterTree(tree) {
  if (Array.isArray(tree)) {
    for(let i=0; i < tree.length; i++) {
      yield* iterTree(tree[i]);
    }
  } else {
    yield tree;
  }
}
```

```
const tree = [ 'a', ['b', 'c'], ['d', 'e'] ];

for(let x of iterTree(tree)) {
  console.log(x);
}
// a
// b
// c
// d
// e
```

下面是一个稍微复杂的例子，使用 yield*语句遍历完全二叉树。

```
// 下面是二叉树的构造函数，
// 3 个参数分别是左树、当前节点和右树
function Tree(left, label, right) {
  this.left = left;
  this.label = label;
  this.right = right;
}

// 下面是中序（inorder）遍历函数。
// 由于返回的是一个遍历器，所以要用 generator 函数。
// 函数体内采用递归算法，所以左树和右树要用 yield*遍历
function* inorder(t) {
  if (t) {
    yield* inorder(t.left);
    yield t.label;
    yield* inorder(t.right);
  }
}

// 下面生成二叉树
function make(array) {
  // 判断是否为叶节点
  if (array.length == 1) return new Tree(null, array[0], null);
  return new Tree(make(array[0]), array[1], make(array[2]));
}
```

```
let tree = make([[['a'], 'b', ['c']], 'd', [['e'], 'f', ['g']]]);

// 遍历二叉树
var result = [];
for (let node of inorder(tree)) {
  result.push(node);
}

result
// ['a', 'b', 'c', 'd', 'e', 'f', 'g']
```

16.7 作为对象属性的 Generator 函数

如果一个对象的属性是 Generator 函数，那么可以简写成下面的形式。

```
let obj = {
  * myGeneratorMethod() {
    ···
  }
};
```

上面的代码中，`myGeneratorMethod` 属性前面有一个星号，表示这个属性是一个 Generator 函数。

其完整形式如下，与上面的写法是等价的。

```
let obj = {
  myGeneratorMethod: function* () {
    // ···
  }
};
```

16.8 Generator 函数 `this`

Generator 函数总是返回一个遍历器，ES6 规定这个遍历器是 Generator 函数的实例，它也继承了 Generator 函数的 `prototype` 对象上的方法。

```
function* g() {}

g.prototype.hello = function () {
```

```
  return 'hi!';
};

let obj = g();

obj instanceof g // true
obj.hello() // 'hi!'
```

上面的代码表明，Generator 函数 g 返回的遍历器 obj 是 g 的实例，而且继承了 g.prototype。但是，如果把 g 当作普通的构造函数，则并不会生效，因为 g 返回的总是遍历器对象，而不是 this 对象。

```
function* g() {
  this.a = 11;
}

let obj = g();
obj.a // undefined
```

上面的代码中，Generator 函数 g 在 this 对象上添加了一个属性 a，但是 obj 对象拿不到这个属性。

Generator 函数也不能跟 new 命令一起用，否则会报错。

```
function* F() {
  yield this.x = 2;
  yield this.y = 3;
}

new F()
// TypeError: F is not a constructor
```

上面的代码中，new 命令跟构造函数 F 一起使用，结果报错，因为 F 不是构造函数。

那么，有没有办法让 Generator 函数返回一个正常的对象实例，既可以用 next 方法，又可以获得正常的 this 呢？

下面是一个变通方法。首先，生成一个空对象，使用 call 方法绑定 Generator 函数内部的 this。这样，构造函数调用以后，这个空对象就是 Generator 函数的实例对象了。

```
function* F() {
  this.a = 1;
  yield this.b = 2;
```

```
  yield this.c = 3;
}
var obj = {};
var f = F.call(obj);

f.next();  // Object {value: 2, done: false}
f.next();  // Object {value: 3, done: false}
f.next();  // Object {value: undefined, done: true}

obj.a // 1
obj.b // 2
obj.c // 3
```

上面的代码中，首先是 F 内部的 this 对象绑定 obj 对象，然后调用它，返回一个 Iterator 对象。这个对象执行 3 次 next 方法（因为 F 内部有两个 yield 表达式），完成 F 内部所有代码的运行。这时，所有内部属性都绑定在 obj 对象上了，因此 obj 对象也就成了 F 的实例。

上面的代码执行的是遍历器对象 f，但是生成的对象实例是 obj，有没有办法将这两个对象统一呢？

一个方法就是将 obj 换成 F.prototype。

```
function* F() {
  this.a = 1;
  yield this.b = 2;
  yield this.c = 3;
}
var f = F.call(F.prototype);

f.next();  // Object {value: 2, done: false}
f.next();  // Object {value: 3, done: false}
f.next();  // Object {value: undefined, done: true}

f.a // 1
f.b // 2
f.c // 3
```

再将 F 改成构造函数，就可以对它执行 new 命令了。

```
function* gen() {
  this.a = 1;
  yield this.b = 2;
```

```
  yield this.c = 3;
}

function F() {
  return gen.call(gen.prototype);
}

var f = new F();

f.next();  // Object {value: 2, done: false}
f.next();  // Object {value: 3, done: false}
f.next();  // Object {value: undefined, done: true}

f.a // 1
f.b // 2
f.c // 3
```

16.9　含义

16.9.1　Generator 与状态机

Generator 是实现状态机的最佳结构。比如，下面的 clock 函数就是一个状态机。

```
var ticking = true;
var clock = function() {
  if (ticking)
    console.log('Tick!');
  else
    console.log('Tock!');
  ticking = !ticking;
}
```

上面的 clock 函数一共有两种状态（Tick 和 Tock），每运行一次，就改变一次状态。这个函数如果用 Generator 实现，代码如下。

```
var clock = function* () {
  while (true) {
    console.log('Tick!');
```

```
    yield;
    console.log('Tock!');
    yield;
  }
};
```

对比上面的 Generator 实现与 ES5 实现，可以看到少了用来保存状态的外部变量 `ticking`，这样就更简洁，更安全（状态不会被非法篡改），更符合函数式编程的思想，在写法上也更优雅。Generator 之所以可以不用外部变量保存状态，是因为它本身就包含了一个状态信息，即目前是否处于暂停态。

16.9.2 Generator 与协程

协程（coroutine）是一种程序运行的方式，可以理解成“协作的线程”或“协作的函数”。协程既可以用单线程实现，也可以用多线程实现；前者是一种特殊的子例程，后者是一种特殊的线程。

协程与子例程的差异

传统的“子例程”（subroutine）采用堆栈式“后进先出”的执行方式，只有当调用的子函数完全执行完毕，才会结束执行父函数。协程与其不同，多个线程（单线程情况下即多个函数）可以并行执行，但只有一个线程（或函数）处于正在运行的状态，其他线程（或函数）都处于暂停态（suspended），线程（或函数）之间可以交换执行权。也就是说，一个线程（或函数）执行到一半，可以暂停执行，将执行权交给另一个线程（或函数），等到稍后收回执行权时再恢复执行。这种可以并行执行、交换执行权的线程（或函数），就称为协程。

从实现上看，在内存中子例程只使用一个栈（stack），而协程是同时存在多个栈，但只有一个栈是在运行态。也就是说，协程是以多占用内存为代价实现多任务的并行运行。

协程与普通线程的差异

不难看出，协程适用于多任务运行的环境。在这个意义上，它与普通的线程很相似，都有自己的执行上下文，可以分享全局变量。它们的不同之处在于，同一时间可以有多个线程处于运行态，但是运行的协程只能有一个，其他协程都处于暂停态。此外，普通的线程是抢占式的，到底哪个线程优先得到资源，必须由运行环境决定，但是协程是合作式的，执行权由协程自己分配。

由于 JavaScript 是单线程语言，只能保持一个调用栈。引入协程以后，每个任务可以保持自己的调用栈。这样做的最大好处，就是抛出错误的时候，可以找到原始的调用栈。不至于像异步操作的回调函数那样，一旦出错原始的调用栈早就结束。

Generator 函数是 ES6 对协程的实现，但属于不完全实现。Generator 函数被称为“半协程”（semi-coroutine），意思是只有 Generator 函数的调用者才能将程序的执行权还给 Generator 函数。如果是完全实现的协程，任何函数都可以让暂停的协程继续执行。

如果将 Generator 函数当作协程，完全可以将多个需要互相协作的任务写成 Generator 函数，它们之间使用 yield 语句交换控制权。

16.10 应用

Generator 可以暂停函数执行，返回任意表达式的值。这种特点使得 Generator 有多种应用场景。

16.10.1 异步操作的同步化表达

Generator 函数的暂停执行效果，意味着可以把异步操作写在 yield 语句里面，等到调用 next 方法时再往后执行。这实际上等同于不需要写回调函数了，因为异步操作的后续操作可以放在 yield 语句下面，反正要等到调用 next 方法时再执行。所以，Generator 函数的一个重要实际意义就是用于处理异步操作，改写回调函数。

```
function* loadUI() {
  showLoadingScreen();
  yield loadUIDataAsynchronously();
  hideLoadingScreen();
}
var loader = loadUI();
// 加载 UI
loader.next()

// 卸载 UI
loader.next()
```

上面的代码中，第一次调用 loadUI 函数时，该函数不会执行，仅返回一个遍历器。下一次对该遍历器调用 next 方法，则会显示 Loading 界面（showLoadingScreen），并且异步加载数据（loadUIDataAsynchronously）。等到数据加载完成，再一次使用 next 方法，则会隐藏 Loading 界面。可以看到，这种写法的好处是所有 Loading 界面的逻辑，都被封装在一个函数，按部就班非常清晰。

AJAX 是典型的异步操作，通过 Generator 函数部署 AJAX 操作，可以用同步的方式表达。

```
function* main() {
  var result = yield request("http://some.url");
  var resp = JSON.parse(result);
    console.log(resp.value);
}

function request(url) {
  makeAjaxCall(url, function(response){
    it.next(response);
  });
}

var it = main();
it.next();
```

上面的 main 函数就是通过 AJAX 操作获取数据。可以看到，除了多了一个 yield，它几乎与同步操作的写法完全一样。

> **注意！**
>
> makeAjaxCall 函数中的 next 方法必须加上 response 参数，因为 yield 语句构成的表达式本身是没有值的，总是等于 undefined。

下面是另一个例子，通过 Generator 函数逐行读取文本文件。

```
function* numbers() {
  let file = new FileReader("numbers.txt");
  try {
    while(!file.eof) {
      yield parseInt(file.readLine(), 10);
    }
  } finally {
    file.close();
  }
}
```

上面的代码打开文本文件，使用 yield 语句可以手动逐行读取文件。

16.10.2 控制流管理

如果有一个多步操作非常耗时，采用回调函数可能会写成下面这样。

```
step1(function (value1) {
  step2(value1, function(value2) {
    step3(value2, function(value3) {
      step4(value3, function(value4) {
        // Do something with value4
      });
    });
  });
});
```

采用 Promise 改写上面的代码如下。

```
Promise.resolve(step1)
  .then(step2)
  .then(step3)
  .then(step4)
  .then(function (value4) {
    // Do something with value4
  }, function (error) {
    // Handle any error from step1 through step4
  })
  .done();
```

上面的代码已经把回调函数改成了直线执行的形式，但是加入了大量 Promise 的语法。Generator 函数可以进一步改善代码运行流程。

```
function* longRunningTask(value1) {
  try {
    var value2 = yield step1(value1);
    var value3 = yield step2(value2);
    var value4 = yield step3(value3);
    var value5 = yield step4(value4);
    // Do something with value4
  } catch (e) {
    // Handle any error from step1 through step4
  }
}
```

然后，使用一个函数按次序自动执行所有步骤。

```
scheduler(longRunningTask(initialValue));
```

```
function scheduler(task) {
  var taskObj = task.next(task.value);
  // 如果 Generator 函数未结束，就继续调用
  if (!taskObj.done) {
    task.value = taskObj.value
    scheduler(task);
  }
}
```

注意！

上面的这种做法只适合同步操作，即所有的 task 都必须是同步的，不能有异步操作。因为这里的代码一得到返回值就继续往下执行，没有判断异步操作何时完成。如果要控制异步的操作流程，详见后文关于异步操作的内容。

下面，利用 for...of 循环自动依次执行 yield 命令的特性，提供一种更一般的控制流管理的方法。

```
let steps = [step1Func, step2Func, step3Func];

function *iterateSteps(steps){
  for (var i=0; i< steps.length; i++){
    var step = steps[i];
    yield step();
  }
}
```

上面的代码中，数组 steps 封装了一个任务的多个步骤，Generator 函数 iterateSteps 则依次为这些步骤加上了 yield 命令。

将任务分解成步骤之后，还可以将项目分解成多个依次执行的任务。

```
let jobs = [job1, job2, job3];

function* iterateJobs(jobs){
  for (var i=0; i< jobs.length; i++){
    var job = jobs[i];
    yield* iterateSteps(job.steps);
  }
}
```

上面的代码中，数组 jobs 封装了一个项目的多个任务，Generator 函数 iterateJobs 则是依次为这些任务加上了 yield* 命令。

最后，可以用 for...of 循环一次性依次执行所有任务的所有步骤。

```
for (var step of iterateJobs(jobs)){
  console.log(step.id);
}
```

再次提醒大家，上面的做法只能用于所有步骤都是同步操作的情况，不能有异步操作的情况。如果想要依次执行异步的步骤，必须使用后面第 17 章中介绍的方法。

for...of 本质上是一个 while 循环，所以上面的代码实质上执行的是下面的逻辑。

```
var it = iterateJobs(jobs);
var res = it.next();

while (!res.done){
  var result = res.value;
  // ...
  res = it.next();
}
```

16.10.3　部署 Iterator 接口

利用 Generator 函数可以在任意对象上部署 Iterator 接口。

```
function* iterEntries(obj) {
  let keys = Object.keys(obj);
  for (let i=0; i < keys.length; i++) {
    let key = keys[i];
    yield [key, obj[key]];
  }
}

let myObj = { foo: 3, bar: 7 };

for (let [key, value] of iterEntries(myObj)) {
  console.log(key, value);
}

// foo 3
// bar 7
```

上述代码中，myObj 是一个普通对象，通过 iterEntries 函数就有了 Iterator 接口。也就是说，可以在任意对象上部署 next 方法。

下面是一个对数组部署 Iterator 接口的例子，尽管数组原生具有这个接口。

```
function* makeSimpleGenerator(array){
  var nextIndex = 0;

  while(nextIndex < array.length){
    yield array[nextIndex++];
  }
}

var gen = makeSimpleGenerator(['yo', 'ya']);

gen.next().value // 'yo'
gen.next().value // 'ya'
gen.next().done  // true
```

16.10.4 作为数据结构

Generator 可以看作数据结构，更确切地说，可以看作一个数组结构，因为 Generator 函数可以返回一系列的值，这意味着它可以对任意表达式提供类似数组的接口。

```
function *doStuff() {
  yield fs.readFile.bind(null, 'hello.txt');
  yield fs.readFile.bind(null, 'world.txt');
  yield fs.readFile.bind(null, 'and-such.txt');
}
```

上面的代码依次返回 3 个函数，但是由于使用了 Generator 函数，导致可以像处理数组那样处理这 3 个返回的函数。

```
for (task of doStuff()) {
  // task 是一个函数，可以像回调函数那样使用它
}
```

实际上，如果用 ES5 表达，完全可以用数组模拟 Generator 的这种用法。

```
function doStuff() {
  return [
    fs.readFile.bind(null, 'hello.txt'),
```

```
    fs.readFile.bind(null, 'world.txt'),
    fs.readFile.bind(null, 'and-such.txt')
  ];
}
```

上面的函数可以用一模一样的 `for...of` 循环处理。两相比较不难看出，Generator 使得数据或操作具备了类似数组的接口。

第 17 章 Generator 函数的异步应用

异步编程对 JavaScript 语言来说非常重要。Javascript 语言的执行环境是“单线程”的，如果没有异步编程，根本无法使用，不然会造成卡死。本章主要介绍 Generator 函数如何完成异步操作。

17.1 传统方法

ES6 诞生以前，异步编程的方法大概有下面 4 种。

- 回调函数
- 事件监听
- 发布/订阅
- Promise 对象

Generator 函数将 JavaScript 异步编程带入了一个全新的阶段。

17.2 基本概念

17.2.1 异步

所谓“异步”，简单来说就是一个任务不是连续完成的，可以理解成该任务被人为分成两段，先执行第一段，然后转而执行其他任务，等做好准备后再回过头执行第二段。

比如，有一个任务是读取文件进行处理，任务的第一段是向操作系统发出请求，要求读取文件。然后，程序执行其他任务，等到操作系统返回文件后再接着执行任务的第二段（处理文件）。这种不连续的执行就叫作异步。

相应地，连续执行叫作同步。由于是连续执行，不能插入其他任务，所以操作系统从硬盘读取文件的这段时间，程序只能等待。

17.2.2 回调函数

JavaScript 语言对异步编程的实现就是回调函数。所谓回调函数，就是把任务的第二段单独写在一个函数里面，等到重新执行这个任务时便直接调用这个函数。回调函数的英文名字 callback，直译过来就是“重新调用”。

读取文件进行处理的代码如下。

```
fs.readFile('/etc/passwd', 'utf-8', function (err, data) {
  if (err) throw err;
  console.log(data);
});
```

上面的代码中，readFile 函数的第三个参数就是回调函数，也就是任务的第二段。等到操作系统返回/etc/passwd 文件以后，回调函数才会执行。

一个有趣的问题是，为什么 Node 约定回调函数的第一个参数必须是错误对象 err（如果没有错误，该参数就是 null）呢？

原因在于，执行分成两段，第一段执行完以后，任务所在的上下文环境就已经结束了。在这以后抛出的错误，其原来的上下文环境已经无法捕捉，因此只能当作参数被传入第二段。

17.2.3 Promise

回调函数本身并没有问题，它的问题出现在多个回调函数嵌套上。假定读取 A 文件之后再读取 B 文件，代码如下。

```
fs.readFile(fileA, 'utf-8', function (err, data) {
  fs.readFile(fileB, 'utf-8', function (err, data) {
    // ...
  });
});
```

不难想象，如果依次读取以上两个文件，就会出现多重嵌套。代码不是纵向发展，而是横向发展，很快就会乱成一团，无法管理。因为多个异步操作形成了强耦合，只要有一个操作需要修改，它的上层回调函数和下层回调函数就都要跟着修改。这种情况就称为“回调函数地狱”

（callback hell）。

Promise 对象就是为了解决这个问题而被提出的。它不是新的语法功能，而是一种新的写法，允许将回调函数的嵌套改写成链式调用。采用 Promise 连续读取多个文件的写法如下。

```
var readFile = require('fs-readfile-promise');

readFile(fileA)
.then(function (data) {
  console.log(data.toString());
})
.then(function () {
  return readFile(fileB);
})
.then(function (data) {
  console.log(data.toString());
})
.catch(function (err) {
  console.log(err);
});
```

上面的代码中，笔者使用了 `fs-readfile-promise` 模块，它的作用就是返回一个 Promise 版本的 `readFile` 函数。Promise 提供 `then` 方法加载回调函数，`catch` 方法捕捉执行过程中抛出的错误。

可以看到，Promise 的写法只是回调函数的改进，使用 `then` 方法以后，异步任务的两段执行更清楚了，除此以外，并无新意。

Promise 的最大问题是代码冗余，原来的任务被 Promise 包装之后，无论什么操作，一眼看去都是许多 `then` 的堆积，原来的语义变得很不清楚。

那么，有没有更好的写法呢？

17.3　Generator 函数

17.3.1　协程

传统的编程语言中早有异步编程的解决方案（其实是多任务的解决方案），其中一种叫作“协程”（coroutine），意思是多个线程互相协作，完成异步任务。

协程有点像函数，又有点像线程。它的运行流程大致如下。

- 第一步，协程 A 开始执行。
- 第二步，协程 A 执行到一半，进入暂停状态，执行权转移到协程 B 中。
- 第三步，（一段时间后）协程 B 交还执行权。
- 第四步，协程 A 恢复执行。

上面流程的协程 A 就是异步任务，因为它分成两段（或多段）执行。

举例来说，读取文件的协程写法如下。

```
function *asyncJob() {
  // ...其他代码
  var f = yield readFile(fileA);
  // ...其他代码
}
```

上面代码的函数 asyncJob 是一个协程，它的奥妙在于其中的 yield 命令。它表示执行到此处时，执行权将交给其他协程。也就是说，yield 命令是异步两个阶段的分界线。

协程遇到 yield 命令就暂停，等到执行权返回，再从暂停的地方继续往后执行。它的最大优点是，代码的写法非常像同步操作，如果去除 yield 命令，几乎一模一样。

17.3.2 协程的 Generator 函数实现

Generator 函数是协程在 ES6 中的实现，最大特点就是可以交出函数的执行权（即暂停执行）。

整个 Generator 函数就是一个封装的异步任务，或者说是异步任务的容器。异步操作需要暂停的地方都用 yield 语句注明。Generator 函数的执行方法如下。

```
function* gen(x) {
  var y = yield x + 2;
  return y;
}

var g = gen(1);
g.next() // { value: 3, done: false }
g.next() // { value: undefined, done: true }
```

上面的代码中，调用 Generator 函数会返回一个内部指针（即遍历器）g。这是 Generator 函数不同于普通函数的另一个地方，即执行它不会返回结果，而是返回指针对象。调用指针 g 的 next 方法可以移动内部指针（即执行异步任务的第一段），指向第一个遇到的 yield 语句，

上例是执行到 `x + 2` 为止。

换言之，`next` 方法的作用是分阶段执行 `Generator` 函数。每次调用 `next` 方法都会返回一个对象，表示当前阶段的信息（`value` 属性和 `done` 属性）。`value` 属性是 `yield` 语句后面表达式的值，表示当前阶段的值；`done` 属性是一个布尔值，表示 Generator 函数是否执行完毕，即是否还有下一个阶段。

17.3.3　Generator 函数的数据交换和错误处理

Generator 函数可以暂停执行和恢复执行，这是它能封装异步任务的根本原因。除此之外，还有两个特性使它可以作为异步编程的完整解决方案：函数体内外的数据交换和错误处理机制。

`next` 返回值的 value 属性是 Generator 函数向外输出数据；`next` 方法还可以接受参数，向 Generator 函数体内输入数据。

```
function* gen(x){
  var y = yield x + 2;
  return y;
}

var g = gen(1);
g.next() // { value: 3, done: false }
g.next(2) // { value: 2, done: true }
```

上面的代码中，第一个 `next` 方法的 `value` 属性返回表达式 `x + 2` 的值 `3`，第二个 `next` 方法带有参数 `2`，这个参数可以传入 Generator 函数，作为上个阶段异步任务的返回结果，被函数体内的变量 `y` 接收。因此，这一步的 `value` 属性返回的就是 `2`（变量 `y` 的值）。

Generator 函数内还可以部署错误处理代码，捕获函数体外抛出的错误。

```
function* gen(x){
  try {
    var y = yield x + 2;
  } catch (e){
    console.log(e);
  }
  return y;
}

var g = gen(1);
g.next();
```

```
g.throw('出错了');
// 出错了
```

上面代码的最后一行中，Generator 函数体外使用指针对象的 `throw` 方法抛出的错误可以被函数体内的 `try...catch` 代码块捕获。这意味着，出错的代码与处理错误的代码实现了时间和空间上的分离，这对于异步编程无疑是很重要的。

17.3.4 异步任务的封装

下面看看如何使用 Generator 函数执行一个真实的异步任务。

```
var fetch = require('node-fetch');

function* gen(){
  var url = 'https://api.github.com/users/github';
  var result = yield fetch(url);
  console.log(result.bio);
}
```

上面的代码中，Generator 函数封装了一个异步操作，该操作先读取一个远程接口，然后从 JSON 格式的数据中解析信息。就像前面说过的，这段代码非常像同步操作，除增加了 `yield` 命令以外。

执行这段代码的方法如下。

```
var g = gen();
var result = g.next();

result.value.then(function(data){
  return data.json();
}).then(function(data){
  g.next(data);
});
```

上面的代码中首先执行 Generator 函数获取遍历器对象，然后使用 `next` 方法（第二行）执行异步任务的第一阶段。由于 `Fetch` 模块返回的是一个 Promise 对象，因此要用 `then` 方法调用下一个 `next` 方法。

可以看到，虽然 Generator 函数将异步操作表示得很简洁，但是流程管理却不方便（即何时执行第一阶段、何时执行第二阶段）。

17.4 Thunk 函数

Thunk 函数是自动执行 Generator 函数的一种方法。

17.4.1 参数的求值策略

Thunk 函数早在上个世纪 60 年代就诞生了。那时，编程语言刚刚起步，计算机科学家还在研究如何编写编译器比较好。一个争论的焦点是“求值策略”，即函数的参数到底应该在何时求值。

```
var x = 1;

function f(m){
  return m * 2;
}

f(x + 5)
```

上面的代码先定义了函数 `f`，然后向它传入表达式 `x + 5`。请问，这个表达式应该何时求值？

一种意见是“传值调用”（call by value），即在进入函数体之前就计算 `x + 5` 的值（等于 6），再将这个值传入函数 `f`。C 语言就采用了这种策略。

```
f(x + 5)
// 传值调用时，等同于
f(6)
```

另一种意见是“传名调用”（call by name），即直接将表达式 `x + 5` 传入函数体，只在用到它的时候求值。Haskell 语言采用这种策略。

```
f(x + 5)
// 传名调用时，等同于
(x + 5) * 2
```

传值调用和传名调用，哪一种比较好？

答案是各有利弊。传值调用比较简单，但是对参数求值的时候，实际上还没有用到这个参数，有可能造成性能损失。

```
function f(a, b){
  return b;
```

```
}

f(3 * x * x - 2 * x - 1, x);
```

上面的代码中，函数 f 的第一个参数是一个复杂的表达式，但是函数体内根本没用到。对这个参数求值实际上是不必要的。因此，有一些计算机科学家倾向于“传名调用”，即只在执行时求值。

17.4.2 Thunk 函数的含义

编译器的“传名调用”的实现往往是将参数放到一个临时函数之中，再将这个临时函数传入函数体。这个临时函数就称为 Thunk 函数。

```
function f(m) {
  return m * 2;
}

f(x + 5);

// 等同于

var thunk = function () {
  return x + 5;
};

function f(thunk) {
  return thunk() * 2;
}
```

上面的代码中，函数 f 的参数 x + 5 被一个函数替换了。凡是用到原参数的地方，对 Thunk 函数求值即可。

这就是 Thunk 函数的定义，它是“传名调用”的一种实现策略，可以用来替换某个表达式。

17.4.3 JavaScript 语言的 Thunk 函数

JavaScript 语言是传值调用，它的 Thunk 函数含义有所不同。在 JavaScript 语言中，Thunk 函数替换的不是表达式，而是多参数函数，将其替换成一个只接受回调函数作为参数的单参数函数。

```
// 正常版本的 readFile（多参数版本）
fs.readFile(fileName, callback);

// Thunk 版本的 readFile（单参数版本）
var Thunk = function (fileName) {
  return function (callback) {
    return fs.readFile(fileName, callback);
  };
};

var readFileThunk = Thunk(fileName);
readFileThunk(callback);
```

上面的代码中，`fs` 模块的 `readFile` 方法是一个多参数函数，两个参数分别为文件名和回调函数。经过转换器处理，它变成了一个单参数函数，只接受回调函数作为参数。这个单参数版本就叫作 Thunk 函数。

任何函数，只要参数有回调函数，就能写成 Thunk 函数的形式。下面是一个简单的 Thunk 函数转换器的例子。

```
// ES5 版本
var Thunk = function(fn){
  return function (){
    var args = Array.prototype.slice.call(arguments);
    return function (callback){
      args.push(callback);
      return fn.apply(this, args);
    }
  };
};

// ES6 版本
const Thunk = function(fn) {
  return function (...args) {
    return function (callback) {
      return fn.call(this, ...args, callback);
    }
  };
};
```

使用上面的转换器，生成 `fs.readFile` 的 Thunk 函数。

```
var readFileThunk = Thunk(fs.readFile);
readFileThunk(fileA)(callback);
```

下面是另一个完整的例子。

```
function f(a, cb) {
  cb(a);
}
const ft = Thunk(f);

ft(1)(console.log) // 1
```

17.4.4 Thunkify 模块

生产环境中的转换器建议使用 Thunkify 模块。

首先是安装。

```
$ npm install thunkify
```

使用方式如下。

```
var thunkify = require('thunkify');
var fs = require('fs');

var read = thunkify(fs.readFile);
read('package.json')(function(err, str){
  // ...
});
```

Thunkify 的源码与上一节中的简单转换器非常像。

```
function thunkify(fn) {
  return function() {
    var args = new Array(arguments.length);
    var ctx = this;

    for (var i = 0; i < args.length; ++i) {
      args[i] = arguments[i];
    }

    return function (done) {
```

```
      var called;

      args.push(function () {
        if (called) return;
        called = true;
        done.apply(null, arguments);
      });

      try {
        fn.apply(ctx, args);
      } catch (err) {
        done(err);
      }
    }
  }
};
```

区别在于多了一个检查机制，变量 `called` 确保回调函数只运行一次。这样的设计与下文的 Generator 函数相关。请看下面的例子。

```
function f(a, b, callback){
  var sum = a + b;
  callback(sum);
  callback(sum);
}

var ft = thunkify(f);
var print = console.log.bind(console);
ft(1, 2)(print);
// 3
```

上面的代码中，由于 `thunkify` 只允许回调函数执行一次，所以只输出一行结果。

17.4.5 Generator 函数的流程管理

大家可能会问， Thunk 函数有什么作用？回答是，以前确实没什么用，但是 ES6 中有了 Generator 函数，Thunk 函数可以用于 Generator 函数的自动流程管理。

Generator 函数可以自动执行。

```
function* gen() {
```

```
  // ...
}

var g = gen();
var res = g.next();

while(!res.done){
  console.log(res.value);
  res = g.next();
}
```

上面的代码中，Generator 函数 `gen` 会自动执行完所有步骤。

但是，这不适合异步操作。如果必须保证前一步执行完才能执行后一步，上面的自动执行就不可行。这时，Thunk 函数就能派上用处。以读取文件为例，下面的 Generator 函数封装了两个异步操作。

```
var fs = require('fs');
var thunkify = require('thunkify');
var readFileThunk = thunkify(fs.readFile);

var gen = function* (){
  var r1 = yield readFileThunk('/etc/fstab');
  console.log(r1.toString());
  var r2 = yield readFileThunk('/etc/shells');
  console.log(r2.toString());
};
```

上面的代码中，`yield` 命令用于将程序的执行权移出 Generator 函数，那么就需要一种方法将执行权再交还给 Generator 函数。

这种方法就是使用 Thunk 函数，因为它可以在回调函数里将执行权交还给 Generator 函数。为了便于理解，我们先来看一下如何手动执行上面的 Generator 函数。

```
var g = gen();

var r1 = g.next();
r1.value(function (err, data) {
  if (err) throw err;
  var r2 = g.next(data);
  r2.value(function (err, data) {
```

```
      if (err) throw err;
      g.next(data);
    });
  });
```

上面的代码中，变量 g 是 Generator 函数的内部指针，标明目前执行到哪一步。next 方法负责将指针移动到下一步，并返回该步的信息（value 属性和 done 属性）。

仔细查看上面的代码，可以发现 Generator 函数的执行过程其实是将同一个回调函数反复传入 next 方法的 value 属性。这使得我们可以用递归来自动完成这个过程。

17.4.6　Thunk 函数的自动流程管理

Thunk 函数真正的威力在于可以自动执行 Generator 函数。下面就是一个基于 Thunk 函数的 Generator 执行器的例子。

```
function run(fn) {
  var gen = fn();

  function next(err, data) {
    var result = gen.next(data);
    if (result.done) return;
    result.value(next);
  }

  next();
}

function* g() {
  // ...
}

run(g);
```

以上代码中的 run 函数就是一个 Generator 函数的自动执行器。内部的 next 函数就是 Thunk 的回调函数。next 函数先将指针移到 Generator 函数的下一步（gen.next 方法），然后判断 Generator 函数是否结束（result.done 属性），如果没结束，就将 next 函数再传入 Thunk 函数（result.value 属性），否则就直接退出。

有了这个执行器，执行 Generator 函数就方便多了。不管内部有多少个异步操作，直接把

Generator 函数传入 `run` 函数即可。当然，前提是每一个异步操作都要是 Thunk 函数，也就是说，跟在 `yield` 命令后面的必须是 Thunk 函数。

```
var g = function* (){
  var f1 = yield readFile('fileA');
  var f2 = yield readFile('fileB');
  // ...
  var fn = yield readFile('fileN');
};

run(g);
```

上面的代码中，函数 `g` 封装了 `n` 个异步的读取文件操作，只要执行 `run` 函数，这些操作就会自动完成。这样一来，异步操作不仅可以写得像同步操作，而且只需要一行代码就可以执行。

Thunk 函数并不是 Generator 函数自动执行的唯一方案。因为自动执行的关键是，必须有一种机制自动控制 Generator 函数的流程，接收和交还程序的执行权。回调函数可以做到这一点，Promise 对象也可以做到这一点。

17.5 co 模块

17.5.1 基本用法

co 模块（github.com/tj/co）是著名程序员 TJ Holowaychuk 于 2013 年 6 月发布的一个小工具，用于 Generator 函数的自动执行。

下面是一个 Generator 函数，用于依次读取两个文件。

```
var gen = function* () {
  var f1 = yield readFile('/etc/fstab');
  var f2 = yield readFile('/etc/shells');
  console.log(f1.toString());
  console.log(f2.toString());
};
```

使用 co 模块无须编写 Generator 函数的执行器。

```
var co = require('co');
co(gen);
```

上面的代码中，Generator 函数只要传入 `co` 函数就会自动执行。

co 函数返回一个 `Promise` 对象，因此可以用 `then` 方法添加回调函数。

```
co(gen).then(function (){
  console.log('Generator 函数执行完成');
});
```

上面的代码中，Generator 函数执行结束后就会输出一行提示。

17.5.2　co 模块的原理

为什么 co 可以自动执行 Generator 函数呢？

前面说过，Generator 就是一个异步操作的容器。它的自动执行需要一种机制，当异步操作有了结果，这种机制要自动交回执行权。

有两种方法可以做到这一点。

- 回调函数。将异步操作包装成 Thunk 函数，在回调函数里面交回执行权。
- Promise 对象。将异步操作包装成 Promise 对象，用 `then` 方法交回执行权。

co 模块其实就是将两种自动执行器（Thunk 函数和 Promise 对象）包装成一个模块。使用 co 的前提条件是，Generator 函数的 `yield` 命令后面只能是 Thunk 函数或 Promise 对象。如果数组或对象的成员全部都是 Promise 对象，也可以使用 co，详见后文的例子。（co v4.0 版本以后，`yield` 命令后面只能是 Promise 象，不再支持 Thunk 函数。）

上一节已经介绍了基于 Thunk 函数的自动执行器。下面来看基于 Promise 对象的自动执行器。这是理解 co 模块所必须掌握的。

17.5.3　基于 Promise 对象的自动执行

还是沿用上面的例子。首先，把 `fs` 模块的 `readFile` 方法包装成一个 Promise 对象。

```
var fs = require('fs');

var readFile = function (fileName){
  return new Promise(function (resolve, reject){
    fs.readFile(fileName, function(error, data){
      if (error) return reject(error);
      resolve(data);
    });
  });
```

```
};

var gen = function* (){
  var f1 = yield readFile('/etc/fstab');
  var f2 = yield readFile('/etc/shells');
  console.log(f1.toString());
  console.log(f2.toString());
};
```

然后，手动执行上面的 Generator 函数。

```
var g = gen();

g.next().value.then(function(data){
  g.next(data).value.then(function(data){
    g.next(data);
  });
});
```

手动执行其实就是用 then 方法层层添加回调函数。理解了这一点，就可以写出一个自动执行器。

```
function run(gen){
  var g = gen();

  function next(data){
    var result = g.next(data);
    if (result.done) return result.value;
    result.value.then(function(data){
      next(data);
    });
  }

  next();
}

run(gen);
```

上面的代码中，只要 Generator 函数还没执行到最后一步，next 函数就调用自身，以此实现自动执行。

17.5.4　co 模块的源码

co 就是上面的自动执行器的扩展，它的源码只有几十行，非常简单。

首先，co 函数接受 Generator 函数作为参数，返回一个 Promise 对象。

```
function co(gen) {
  var ctx = this;

  return new Promise(function(resolve, reject) {
  });
}
```

在返回的 Promise 对象里面，co 先检查参数 gen 是否为 Generator 函数。如果是，就执行该函数，得到一个内部指针对象；如果不是就返回，并将 Promise 对象的状态改为 resolved。

```
function co(gen) {
  var ctx = this;

  return new Promise(function(resolve, reject) {
    if (typeof gen === 'function') gen = gen.call(ctx);
    if (!gen || typeof gen.next !== 'function') return resolve(gen);
  });
}
```

接着，co 将 Generator 函数的内部指针对象的 next 方法包装成 onFulfilled 函数。这主要是为了能够捕捉抛出的错误。

```
function co(gen) {
  var ctx = this;

  return new Promise(function(resolve, reject) {
    if (typeof gen === 'function') gen = gen.call(ctx);
    if (!gen || typeof gen.next !== 'function') return resolve(gen);

    onFulfilled();
    function onFulfilled(res) {
      var ret;
      try {
        ret = gen.next(res);
      } catch (e) {
```

```
        return reject(e);
      }
      next(ret);
    }
  });
}
```

最后，就是关键的 next 函数，它会反复调用自身。

```
function next(ret) {
  if (ret.done) return resolve(ret.value);
  var value = toPromise.call(ctx, ret.value);
  if (value && isPromise(value)) return value.then(onFulfilled, onRejected);
  return onRejected(
    new TypeError(
      'You may only yield a function, promise, generator, array, or object, '
      + 'but the following object was passed: "'
      + String(ret.value)
      + '"'
    )
  );
}
```

上面的代码中，next 函数的内部代码一共只有 4 行命令。

- 第 1 行：检查当前是否为 Generator 函数的最后一步，如果是就返回。
- 第 2 行：确保每一步的返回值是 Promise 对象。
- 第 3 行：使用 then 方法为返回值加上回调函数，然后通过 onFulfilled 函数再次调用 next 函数。
- 第 4 行：在参数不符合要求的情况下（参数非 Thunk 函数和 Promise 对象）将 Promise 对象的状态改为 rejected，从而终止执行。

17.5.5 处理并发的异步操作

co 支持并发的异步操作，即允许某些操作同时进行，等到它们全部完成才进行下一步。

这时，要把并发的操作都放在数组或对象里面，跟在 yield 语句后面。

```
// 数组的写法
co(function* () {
```

```
  var res = yield [
    Promise.resolve(1),
    Promise.resolve(2)
  ];
  console.log(res);
}).catch(onerror);

// 对象的写法
co(function* () {
  var res = yield {
    1: Promise.resolve(1),
    2: Promise.resolve(2),
  };
  console.log(res);
}).catch(onerror);
```

下面是另一个例子。

```
co(function* () {
  var values = [n1, n2, n3];
  yield values.map(somethingAsync);
});

function* somethingAsync(x) {
  // do something async
  return y
}
```

上面的代码允许并发 3 个 `somethingAsync` 异步操作，等到它们全部完成才会进行下一步。

17.6 实例：处理 Stream

Node 提供 Stream 模式读写数据，特点是一次只处理数据的一部分，数据被分成一块一块依次处理，就好像“数据流”一样。这对于处理大规模数据非常有利。Stream 模式使用 EventEmitter API，会释放 3 个事件。

- `data` 事件：下一块数据块已经准备好。
- `end` 事件：整个“数据流”处理“完成”。

- error 事件：发生错误。

使用 Promise.race()函数可以判断这 3 个事件之中哪一个最先发生，只有当 data 事件最先发生时，才进入下一个数据块的处理流程。从而，我们可以通过一个 while 循环完成所有数据的读取。

```
const co = require('co');
const fs = require('fs');

const stream = fs.createReadStream('./les_miserables.txt');
let valjeanCount = 0;

co(function*() {
  while(true) {
    const res = yield Promise.race([
      new Promise(resolve => stream.once('data', resolve)),
      new Promise(resolve => stream.once('end', resolve)),
      new Promise((resolve, reject) => stream.once('error', reject))
    ]);
    if (!res) {
      break;
    }
    stream.removeAllListeners('data');
    stream.removeAllListeners('end');
    stream.removeAllListeners('error');
    valjeanCount += (res.toString().match(/valjean/ig) || []).length;
  }
  console.log('count:', valjeanCount); // count: 1120
});
```

上面的代码采用 Stream 模式读取《悲惨世界》的文本文件，对于每个数据块，都使用 stream.once 方法在 data、end、error 3 个事件上添加一次性回调函数。变量 res 只有在 data 事件发生时才有值，然后累加每个数据块之中 valjean 单词出现的次数。

第 18 章 async 函数

18.1 含义

ES2017 标准引入了 async 函数，使得异步操作变得更加方便。async 函数是什么？用一句话来说，它就是 Generator 函数的语法糖。

前文介绍过一个 Generator 函数，依次读取两个文件。

```
var fs = require('fs');

var readFile = function (fileName) {
  return new Promise(function (resolve, reject) {
    fs.readFile(fileName, function(error, data) {
      if (error) return reject(error);
      resolve(data);
    });
  });
};

var gen = function* () {
  var f1 = yield readFile('/etc/fstab');
  var f2 = yield readFile('/etc/shells');
  console.log(f1.toString());
  console.log(f2.toString());
};
```

将上面的代码写成 async 函数的形式，具体如下。

```
var asyncReadFile = async function () {
  var f1 = await readFile('/etc/fstab');
  var f2 = await readFile('/etc/shells');
  console.log(f1.toString());
  console.log(f2.toString());
};
```

通过比较就会发现，async 函数就是将 Generato 函数的星号（*）替换成 async，将 yield 替换成 await，仅此而已。

async 函数对 Generator 函数的改进体现在以下 4 点。

1. 内置执行器

Generator 函数的执行必须靠执行器，所以才有了 co 模块，而 async 函数自带执行器。也就是说，async 函数的执行与普通函数一模一样，只要一行。

```
asyncReadFile();
```

上面的代码调用了 asyncReadFile 函数，然后它就会自动执行，输出最终的结果。这完全不像 Generator 函数需要调用 next 方法或者使用 co 模块才能真正执行并得到最终结果。

2. 更好的语义

async 和 await 比起星号和 yield，语义更清楚了。async 表示函数里有异步操作，await 表示紧跟在后面的表达式需要等待结果。

3. 更广的适用性

co 模块约定，yield 命令后面只能是 Thunk 函数或 Promise 对象，而 async 函数的 await 命令后面，可以是 Promise 对象和原始类型的值（数值、字符串和布尔值，但这时等同于同步操作）。

4. 返回值是 Promise

async 函数的返回值是 Promise 对象，这比 Generator 函数的返回值是 Iterator 对象方便了许多。可以用 then 方法指定下一步的操作。

进一步说，async 函数完全可以看作由多个异步操作包装成的一个 Promise 对象，而 await 命令就是内部 then 命令的语法糖。

18.2 用法

async 函数返回一个 Promise 对象，可以使用 then 方法添加回调函数。当函数执行的时候，一旦遇到 await 就会先返回，等到异步操作完成，再接着执行函数体内后面的语句。

下面是一个例子。

```
async function getStockPriceByName(name) {
  var symbol = await getStockSymbol(name);
  var stockPrice = await getStockPrice(symbol);
  return stockPrice;
}

getStockPriceByName('goog').then(function (result) {
  console.log(result);
});
```

上面的代码是一个获取股票报价的函数，函数前面的 async 关键字表明该函数内部有异步操作。调用该函数会立即返回一个 Promise 对象。

下面是另一个例子，指定多少毫秒后输出一个值。

```
function timeout(ms) {
  return new Promise((resolve) => {
    setTimeout(resolve, ms);
  });
}

async function asyncPrint(value, ms) {
  await timeout(ms);
  console.log(value);
}

asyncPrint('hello world', 50);
```

上面的代码指定 50ms 以后输出 hello world。

由于 async 函数返回的是 Promise 对象，可以作为 await 命令的参数。所以，上面的例子也可以写成下面的形式。

```
async function timeout(ms) {
  await new Promise((resolve) => {
```

```
    setTimeout(resolve, ms);
  });
}

async function asyncPrint(value, ms) {
  await timeout(ms);
  console.log(value);
}

asyncPrint('hello world', 50);
```

async 函数有多种使用形式。

```
// 函数声明
async function foo() {}

// 函数表达式
const foo = async function () {};

// 对象的方法
let obj = { async foo() {} };
obj.foo().then(...)

// Class 的方法
class Storage {
  constructor() {
    this.cachePromise = caches.open('avatars');
  }

  async getAvatar(name) {
    const cache = await this.cachePromise;
    return cache.match(`/avatars/${name}.jpg`);
  }
}

const storage = new Storage();
storage.getAvatar('jake').then(…);
```

```
// 箭头函数
const foo = async () => {};
```

18.3 语法

async 函数的语法规则总体上来说比较简单，难点是错误处理机制。

18.3.1 返回 Promise 对象

async 函数返回一个 Promise 对象。

async 函数内部 return 语句返回的值，会成为 then 方法回调函数的参数。

```
async function f() {
  return 'hello world';
}

f().then(v => console.log(v))
// "hello world"
```

上面的代码中，函数 f 内部 return 命令返回的值会被 then 方法回调函数接收到。

async 函数内部抛出错误会导致返回的 Promise 对象变为 reject 状态。抛出的错误对象会被 catch 方法回调函数接收到。

```
async function f() {
  throw new Error('出错了');
}

f().then(
  v => console.log(v),
  e => console.log(e)
)
// Error: 出错了
```

18.3.2 Promise 对象的状态变化

async 函数返回的 Promise 对象必须等到内部所有 await 命令后面的 Promise 对象执行完才会发生状态改变，除非遇到 return 语句或者抛出错误。也就是说，只有 async 函数内部的异步操作执行完，才会执行 then 方法指定的回调函数。

下面是一个例子。

```
async function getTitle(url) {
  let response = await fetch(url);
  let html = await response.text();
  return html.match(/<title>([\s\S]+)<\/title>/i)[1];
}
getTitle('https://tc39.github.io/ecma262/').then(console.log)
// "ECMAScript 2017 Language Specification"
```

上面的代码中，函数 getTitle 内部有 3 个操作：抓取网页、取出文本、匹配页面标题。只有这 3 个操作全部完成，才会执行 then 方法里面的 console.log。

18.3.3 await 命令

正常情况下，await 命令后面是一个 Promise 对象。如果不是，会被转成一个立即 resolve 的 Promise 对象。

```
async function f() {
  return await 123;
}

f().then(v => console.log(v))
// 123
```

上面的代码中，await 命令的参数是数值 123，它被转成 Promise 对象并立即 resolve。

await 命令后面的 Promise 对象如果变为 reject 状态，则 reject 的参数会被 catch 方法的回调函数接收到。

```
async function f() {
  await Promise.reject('出错了');
}

f()
.then(v => console.log(v))
.catch(e => console.log(e))
// 出错了
```

上面的代码中，await 语句前面没有 return，但是 reject 方法的参数依然传入了 catch 方法的回调函数。这里如果在 await 前面加上 return，效果是一样的。

只要一个 await 语句后面的 Promise 变为 reject，那么整个 async 函数都会中断执行。

```
async function f() {
  await Promise.reject('出错了');
  await Promise.resolve('hello world'); // 不会执行
}
```

上面的代码中，第二个 await 语句是不会执行的，因为第一个 await 语句状态变成了 reject。

有时，我们希望即使前一个异步操作失败，也不要中断后面的异步操作。这时可以将第一个 await 放在 try...catch 结构里面，这样不管这个异步操作是否成功，第二个 await 都会执行。

```
async function f() {
  try {
    await Promise.reject('出错了');
  } catch(e) {
  }
  return await Promise.resolve('hello world');
}

f()
.then(v => console.log(v))
// hello world
```

另一种方法是在 await 后面的 Promise 对象后添加一个 catch 方法，处理前面可能出现的错误。

```
async function f() {
  await Promise.reject('出错了')
    .catch(e => console.log(e));
  return await Promise.resolve('hello world');
}

f()
.then(v => console.log(v))
// 出错了
// hello world
```

18.3.4 错误处理

如果 await 后面的异步操作出错，那么等同于 async 函数返回的 Promise 对象被 reject。

```
async function f() {
  await new Promise(function (resolve, reject) {
    throw new Error('出错了');
  });
}

f()
.then(v => console.log(v))
.catch(e => console.log(e))
// Error: 出错了
```

上面的代码中，async 函数 f 执行后，await 后面的 Promise 对象会抛出一个错误对象，导致 catch 方法的回调函数被调用，它的参数就是抛出的错误对象。具体的执行机制可以参考后文的“async 函数的实现原理”。

防止出错的方法也是将其放在 try...catch 代码块之中。

```
async function f() {
  try {
    await new Promise(function (resolve, reject) {
      throw new Error('出错了');
    });
  } catch(e) {
  }
  return await('hello world');
}
```

如果有多个 await 命令，则可以统一放在 try...catch 结构中。

```
async function main() {
  try {
    var val1 = await firstStep();
    var val2 = await secondStep(val1);
    var val3 = await thirdStep(val1, val2);

    console.log('Final: ', val3);
  }
  catch (err) {
```

```
    console.error(err);
  }
}
```

下面的例子使用 try...catch 结构，实现多次重复尝试。

```
const superagent = require('superagent');
const NUM_RETRIES = 3;

async function test() {
  let i;
  for (i = 0; i < NUM_RETRIES; ++i) {
    try {
      await superagent.get('http://google.com/this-throws-an-error');
      break;
    } catch(err) {}
  }
  console.log(i); // 3
}

test();
```

上面的代码中，如果 await 操作成功，则会使用 break 语句退出循环；如果失败，则会被 catch 语句捕捉，然后进入下一轮循环。

18.3.5 使用注意点

第一点，前面已经说过，await 命令后面的 Promise 对象的运行结果可能是 rejected，所以最好把 await 命令放在 try...catch 代码块中。

```
async function myFunction() {
  try {
    await somethingThatReturnsAPromise();
  } catch (err) {
    console.log(err);
  }
}

// 另一种写法
```

```
async function myFunction() {
  await somethingThatReturnsAPromise()
  .catch(function (err) {
    console.log(err);
  });
}
```

第二点，多个 await 命令后面的异步操作如果不存在继发关系，最好让它们同时触发。

```
let foo = await getFoo();
let bar = await getBar();
```

上面的代码中，getFoo 和 getBar 是两个独立的异步操作（即互不依赖）被写成继发关系。这样比较耗时，因为只有 getFoo 完成以后才会执行 getBar，完全可以让它们同时触发。

```
// 写法一
let [foo, bar] = await Promise.all([getFoo(), getBar()]);

// 写法二
let fooPromise = getFoo();
let barPromise = getBar();
let foo = await fooPromise;
let bar = await barPromise;
```

上面两种写法中，getFoo 和 getBar 都是同时触发，这样就会缩短程序的执行时间。

第三点，await 命令只能用在 async 函数之中，如果用在普通函数中就会报错。

```
async function dbFuc(db) {
  let docs = [{}, {}, {}];

  // 报错
  docs.forEach(function (doc) {
    await db.post(doc);
  });
}
```

上面的代码会报错，因为 await 用在普通函数之中了。但是，如果将 forEach 方法的参数改成 async 函数，也会出现问题。

```
function dbFuc(db) { //这里不需要 async
  let docs = [{}, {}, {}];

  // 可能得到错误结果
```

```
  docs.forEach(async function (doc) {
    await db.post(doc);
  });
}
```

上面的代码可能不会正常工作，原因是这时的 3 个 db.post 操作将是并发执行，即同时执行，而不是继发执行。正确的写法是采用 for 循环。

```
async function dbFuc(db) {
  let docs = [{}, {}, {}];

  for (let doc of docs) {
    await db.post(doc);
  }
}
```

如果确实希望多个请求并发执行，可以使用 Promise.all 方法。当 3 个请求都会 resolved 时，下面两种写法的效果相同。

```
async function dbFuc(db) {
  let docs = [{}, {}, {}];
  let promises = docs.map((doc) => db.post(doc));

  let results = await Promise.all(promises);
  console.log(results);
}

// 或者使用下面的写法

async function dbFuc(db) {
  let docs = [{}, {}, {}];
  let promises = docs.map((doc) => db.post(doc));

  let results = [];
  for (let promise of promises) {
    results.push(await promise);
  }
  console.log(results);
}
```

18.4 async 函数的实现原理

async 函数的实现原理就是将 Generator 函数和自动执行器包装在一个函数里。

```
async function fn(args) {
  // ...
}

// 等同于

function fn(args) {
  return spawn(function* () {
    // ...
  });
}
```

所有的 async 函数都可以写成上面的第二种形式，其中的 spawn 函数就是自动执行器。

下面给出 spawn 函数的实现，基本就是前文自动执行器的翻版。

```
function spawn(genF) {
  return new Promise(function(resolve, reject) {
    var gen = genF();
    function step(nextF) {
      try {
        var next = nextF();
      } catch(e) {
        return reject(e);
      }
      if(next.done) {
        return resolve(next.value);
      }
      Promise.resolve(next.value).then(function(v) {
        step(function() { return gen.next(v); });
      }, function(e) {
        step(function() { return gen.throw(e); });
      });
    }
    step(function() { return gen.next(undefined); });
  });
}
```

18.5 其他异步处理方法的比较

我们通过一个例子来看 async 函数与 Promise、Generator 函数的比较。

假定某个 DOM 元素上面，部署了一系列的动画，前一个动画结束，才能开始后一个。如果当中有一个动画出错，就不再继续执行，而返回上一个成功执行的动画的返回值。

首先是 Promise 的写法。

```
function chainAnimationsPromise(elem, animations) {

  // 变量 ret 用来保存上一个动画的返回值
  var ret = null;

  // 新建一个空的 Promise
  var p = Promise.resolve();

  // 使用 then 方法，添加所有动画
  for(var anim of animations) {
    p = p.then(function(val) {
      ret = val;
      return anim(elem);
    });
  }

  // 返回一个部署了错误捕捉机制的 Promise
  return p.catch(function(e) {
    /* 忽略错误，继续执行 */
  }).then(function() {
    return ret;
  });

}
```

虽然 Promise 的写法相比回调函数的写法大大改进，但是一眼看上去，代码完全是 Promise 的 API（`then`、`catch` 等），操作本身的语义反而不容易看出来。

接着是 Generator 函数的写法。

```
function chainAnimationsGenerator(elem, animations) {
```

```
  return spawn(function*() {
    var ret = null;
    try {
      for(var anim of animations) {
        ret = yield anim(elem);
      }
    } catch(e) {
      /* 忽略错误，继续执行 */
    }
    return ret;
  });

}
```

上面的代码使用 Generator 函数遍历了每个动画，语义比 Promise 写法更清晰，用户定义的操作全部都出现在 `spawn` 函数的内部。这个写法的问题在于，必须有一个任务运行器自动执行 Generator 函数，上面代码中的 `spawn` 函数就是自动执行器，它返回一个 Promise 对象，而且必须保证 `yield` 语句后面的表达式返回一个 Promise。

最后是 async 函数的写法。

```
async function chainAnimationsAsync(elem, animations) {
  var ret = null;
  try {
    for(var anim of animations) {
      ret = await anim(elem);
    }
  } catch(e) {
    /* 忽略错误，继续执行 */
  }
  return ret;
}
```

可以看到 async 函数的实现最简洁，最符合语义，几乎没有与语义不相关的代码。它将 Generator 写法中的自动执行器改在语言层面提供，不暴露给用户，因此代码量最少。如果使用 Generator 写法，自动执行器需要用户自己提供。

18.6 实例：按顺序完成异步操作

实际开发中经常遇到一组异步操作，需要按照顺序完成。比如，依次远程读取一组 URL，然后按照读取的顺序输出结果。

Promise 的写法如下。

```
function logInOrder(urls) {
  // 远程读取所有 URL
  const textPromises = urls.map(url => {
    return fetch(url).then(response => response.text());
  });

  // 按次序输出
  textPromises.reduce((chain, textPromise) => {
    return chain.then(() => textPromise)
      .then(text => console.log(text));
  }, Promise.resolve());
}
```

上面的代码使用 `fetch` 方法，同时远程读取一组 URL。每个 `fetch` 操作都返回一个 Promise 对象，放入 `textPromises` 数组。然后，`reduce` 方法依次处理每个 Promise 对象，并且使用 `then` 将所有 Promise 对象连起来，因此就可以依次输出结果。

这种写法不太直观，可读性比较差。下面是 async 函数实现。

```
async function logInOrder(urls) {
  for (const url of urls) {
    const response = await fetch(url);
    console.log(await response.text());
  }
}
```

上面的代码确实大大被简化，问题是所有远程操作都是继发，只有前一 URL 返回结果后才会去读取下一个 URL，这样做效率很低，非常浪费时间。我们需要的是同时发出远程请求。

```
async function logInOrder(urls) {
  // 并发读取远程 URL
  const textPromises = urls.map(async url => {
    const response = await fetch(url);
    return response.text();
  });

  // 按次序输出
  for (const textPromise of textPromises) {
```

```
    console.log(await textPromise);
  }
}
```

上面的代码中，虽然 map 方法的参数是 async 函数，但它是并发执行的，因为只有 async 函数内部是继发执行，外部不受影响。后面的 for..of 循环内部使用了 await，因此实现了按顺序输出。

18.7 异步遍历器

第 15 章中提过，Iterator 接口是一种数据遍历的协议，只要调用遍历器对象的 next 方法就会得到一个对象，表示当前遍历指针所在位置的信息。next 方法返回的对象的结构是{value, done}，其中 value 表示当前数据的值，done 是一个布尔值，表示遍历是否结束。

这里隐含着一个规定，next 方法必须是同步的，只要调用就必须立刻返回值。也就是说，一旦执行 next 方法，就必须同步地得到 value 和 done 这两个属性。如果遍历指针正好指向同步操作，当然没有问题，但对于异步操作，这样就不太合适了。目前的解决方法是，Generator 函数里面的异步操作返回一个 Thunk 函数或者 Promise 对象，即 value 属性是一个 Thunk 函数或者 Promise 对象，等待以后返回真正的值，而 done 属性还是同步产生的。

目前有一个提案（github.com/tc39/proposal-async-iteration）为异步操作提供原生的遍历器接口，即 value 和 done 这两个属性都是异步产生的，这称为“异步遍历器”（Async Iterator）。

18.7.1 异步遍历的接口

异步遍历器的最大的语法特点就是，调用遍历器的 next 方法返回的是一个 Promise 对象。

```
asyncIterator
  .next()
  .then(
    ({ value, done }) => /* ... */
  );
```

上面的代码中，asyncIterator 是一个异步遍历器，调用 next 方法以后返回一个 Promise 对象。因此，可以使用 then 方法指定，这个 Promise 对象的状态变为 resolve 以后的回调函数。回调函数的参数则是一个具有 value 和 done 两个属性的对象，这个跟同步遍历器是一样的。

我们知道，一个对象的同步遍历器的接口部署在 Symbol.iterator 属性上面。同样地，对象的异步遍历器接口部署在 Symbol.asyncIterator 属性上面。不管是什么样的对象，只要它的 Symbol.asyncIterator 属性有值，就表示应该对它进行异步遍历。

下面是一个异步遍历器的例子。

```
const asyncIterable = createAsyncIterable(['a', 'b']);
const asyncIterator = asyncIterable[Symbol.asyncIterator]();

asyncIterator
.next()
.then(iterResult1 => {
  console.log(iterResult1); // { value: 'a', done: false }
  return asyncIterator.next();
})
.then(iterResult2 => {
  console.log(iterResult2); // { value: 'b', done: false }
  return asyncIterator.next();
})
.then(iterResult3 => {
  console.log(iterResult3); // { value: undefined, done: true }
});
```

上面的代码中，异步遍历器其实返回了两次值。第一次调用的时候返回一个 Promise 对象；等到 Promise 对象 resolve 了，再返回一个表示当前数据成员信息的对象。这就是说，异步遍历器与同步遍历器最终行为是一致的，只是会先返回 Promise 对象，作为中介。

由于异步遍历器的 next 方法返回的是一个 Promise 对象。因此，可以把它放在 await 命令后面。

```
async function f() {
  const asyncIterable = createAsyncIterable(['a', 'b']);
  const asyncIterator = asyncIterable[Symbol.asyncIterator]();
  console.log(await asyncIterator.next());
  // { value: 'a', done: false }
  console.log(await asyncIterator.next());
  // { value: 'b', done: false }
  console.log(await asyncIterator.next());
  // { value: undefined, done: true }
}
```

上面的代码中，next 方法用 await 处理以后就不必使用 then 方法了。整个流程已经很接近同步处理了。

注意！

异步遍历器的 next 方法是可以连续调用的，不必等到上一步产生的 Promise 对象 resolve 以后再调用。这种情况下，next 方法会累积起来，自动按照每一步的顺序运行下去。下面是一个例子，把所有的 next 方法放在 Promise.all 方法里面。

```
const asyncGenObj = createAsyncIterable(['a', 'b']);
const [{value: v1}, {value: v2}] = await Promise.all([
  asyncGenObj.next(), asyncGenObj.next()
]);

console.log(v1, v2); // a b
```

另一种用法是一次性调用所有的 next 方法，然后 await 最后一步操作。

```
const writer = openFile('someFile.txt');
writer.next('hello');
writer.next('world');
await writer.return();
```

18.7.2 for await...of

前面介绍过，for...of 循环用于遍历同步的 Iterator 接口。新引入的 for await...of 循环则用于遍历异步的 Iterator 接口。

```
async function f() {
  for await (const x of createAsyncIterable(['a', 'b'])) {
    console.log(x);
  }
}
// a
// b
```

上面的代码中，createAsyncIterable()返回一个异步遍历器，for...of 循环自动调用这个遍历器的 next 方法会得到一个 Promise 对象。await 用来处理这个 Promise 对象，一旦 resolve，就把得到的值（x）传入 for...of 的循环体中。

for await...of 循环的一个用途是部署了 asyncIterable 操作的异步接口，可以直接放入这个循环中。

```
let body = '';
```

```
async function f() {
  for await(const data of req) body += data;
  const parsed = JSON.parse(body);
  console.log('got', parsed);
}
```

上面的代码中，req 是一个 asyncIterable 对象，用来异步读取数据。可以看到，使用 for await...of 循环以后，代码会非常简洁。

如果 next 方法返回的 Promise 对象被 reject，for await...of 就会报错，要用 try...catch 捕捉。

```
async function () {
  try {
    for await (const x of createRejectingIterable()) {
      console.log(x);
    }
  } catch (e) {
    console.error(e);
  }
}
```

注意，for await...of 循环也可以用于同步遍历器。

```
(async function () {
  for await (const x of ['a', 'b']) {
    console.log(x);
  }
})();
// a
// b
```

18.7.3 异步 Generator 函数

就像 Generator 函数返回一个同步遍历器对象一样，异步 Generator 函数的作用是返回一个异步遍历器对象。

在语法上，异步 Generator 函数就是 async 函数与 Generator 函数的结合。

```
async function* gen() {
  yield 'hello';
}
```

```
const genObj = gen();
genObj.next().then(x => console.log(x));
// { value: 'hello', done: false }
```

上面的代码中，gen 是一个异步 Generator 函数，执行后返回一个异步 Iterator 对象。对该对象调用 next 方法返回一个 Promise 对象。

异步遍历器的设计目的之一，就是使 Generator 函数处理同步操作和异步操作时能够使用同一套接口。

```
// 同步 Generator 函数
function* map(iterable, func) {
  const iter = iterable[Symbol.iterator]();
  while (true) {
    const {value, done} = iter.next();
    if (done) break;
    yield func(value);
  }
}

// 异步 Generator 函数
async function* map(iterable, func) {
  const iter = iterable[Symbol.asyncIterator]();
  while (true) {
    const {value, done} = await iter.next();
    if (done) break;
    yield func(value);
  }
}
```

上面的代码中，可以看到有了异步遍历器以后，同步 Generator 函数和异步 Generator 函数的写法基本上是一致的。

下面是另一个异步 Generator 函数的例子。

```
async function* readLines(path) {
  let file = await fileOpen(path);

  try {
    while (!file.EOF) {
      yield await file.readLine();
    }
```

```
  } finally {
    await file.close();
  }
}
```

上面的代码中，异步操作前面使用 `await` 关键字标明，即 `await` 后面的操作应该返回 Promise 对象。凡是使用 `yield` 关键字的地方，就是 `next` 方法的停下来的地方，它后面的表达式的值（即 `await file.readLine()` 的值）会作为 `next()` 返回对象的 `value` 属性，这一点是与同步 Generator 函数一致。

异步 Generator 函数内部能够同时使用 `await` 和 `yield` 命令。可以这样理解，`await` 命令用于将外部操作产生的值输入函数内部，`yield` 命令用于将函数内部的值输出。

以上代码中定义的异步 Generator 函数的用法如下。

```
(async function () {
  for await (const line of readLines(filePath)) {
    console.log(line);
  }
})()
```

异步 Generator 函数可以与 `for await...of` 循环结合起来使用。

```
async function* prefixLines(asyncIterable) {
  for await (const line of asyncIterable) {
    yield '> ' + line;
  }
}
```

异步 Generator 函数的返回值是一个异步 Iterator，即每次调用它的 `next` 方法都会返回一个 Promise 对象，也就是说，跟在 `yield` 命令后面的应该是一个 Promise 对象。

```
async function* asyncGenerator() {
  console.log('Start');
  const result = await doSomethingAsync(); // (A)
  yield 'Result: '+ result; // (B)
  console.log('Done');
}

const ag = asyncGenerator();
ag.next().then({value, done} => {
  // ...
})
```

上面的代码中，ag 是 asyncGenerator 函数返回的异步 Iterator 对象。调用 ag.next() 以后，asyncGenerator 函数内部的执行顺序如下。

1. 打印 Start。

2. await 命令返回一个 Promise 对象，但是程序不会停在这里，而是继续往下执行。

3. 程序在 B 处暂停执行，yield 命令立刻返回一个 Promise 对象，该对象就是 ag.next() 的返回值。

4. A 处 await 命令后面的 Promise 对象 resolved，产生的值放入 result 变量中。

5. B 处的 Promise 对象 resolved，then 方法指定的回调函数开始执行，该函数的参数是一个对象，value 的值是表达式'Result: ' + result 的值，done 属性的值是 false。

A 和 B 两行的作用类似于下面的代码。

```
return new Promise((resolve, reject) => {
  doSomethingAsync()
  .then(result => {
     resolve({
       value: 'Result: '+result,
       done: false,
     });
  });
});
```

如果异步 Generator 函数抛出错误，则会被 Promise 对象 reject，然后抛出的错误会被 catch 方法捕获。

```
async function* asyncGenerator() {
  throw new Error('Problem!');
}

asyncGenerator()
.next()
.catch(err => console.log(err)); // Error: Problem!
```

注意！

普通的 async 函数返回的是一个 Promise 对象，而异步 Generator 函数返回的是一个异步 Iterator 对象。可以这样理解，async 函数和异步 Generator 函数是封装异步操作的两种方法，都用来达到同一种目的。区别在于，前者自带执行器，后者通过 for await...of 执行，或自己编写执行器。

下面是一个异步 Generator 函数的执行器。

```
async function takeAsync(asyncIterable, count = Infinity) {
  const result = [];
  const iterator = asyncIterable[Symbol.asyncIterator]();
  while (result.length < count) {
    const {value, done} = await iterator.next();
    if (done) break;
    result.push(value);
  }
  return result;
}
```

上面的代码中，异步 Generator 函数产生的异步遍历器会通过 `while` 循环自动执行，每当 `await iterator.next()` 完成就会进入下一轮循环。一旦 `done` 属性变为 `true`，就会跳出循环，异步遍历器执行结束。

下面是这个自动执行器的一个使用实例。

```
async function f() {
  async function* gen() {
    yield 'a';
    yield 'b';
    yield 'c';
  }

  return await takeAsync(gen());
}

f().then(function (result) {
  console.log(result); // ['a', 'b', 'c']
})
```

异步 Generator 函数出现以后，JavaScript 就有了 4 种函数形式：普通函数、async 函数、Generator 函数和异步 Generator 函数。请注意区分每种函数的不同之处。基本上，如果是一系列按照顺序执行的异步操作（比如读取文件，然后写入新内容再存入硬盘），可以使用 async 函数；如果是一系列产生相同数据结构的异步操作（比如一行一行读取文件），则可以使用异步 Generator 函数。

异步 Generator 函数也可以通过 `next` 方法的参数接收外部传入的数据。

```
const writer = openFile('someFile.txt');
writer.next('hello'); // 立即执行
```

```
writer.next('world'); // 立即执行
await writer.return(); // 等待写入结束
```

上面的代码中，openFile 是一个异步 Generator 函数。next 方法的参数向该函数内部的操作传入数据。每次 next 方法都是同步执行的，最后的 await 命令用于等待整个写入操作结束。

最后，同步的数据结构也可以使用异步 Generator 函数。

```
async function* createAsyncIterable(syncIterable) {
  for (const elem of syncIterable) {
    yield elem;
  }
}
```

上面的代码中，由于没有异步操作，所以也就没有使用 await 关键字。

18.7.4 yield*语句

yield*语句也可以与一个异步遍历器一同使用。

```
async function* gen1() {
  yield 'a';
  yield 'b';
  return 2;
}

async function* gen2() {
  // result 最终会等于 2
  const result = yield* gen1();
}
```

上面的代码中，gen2 函数里面的 result 变量最后的值是 2。

与同步 Generator 函数一样，for await...of 循环会展开 yield*。

```
(async function () {
  for await (const x of gen2()) {
    console.log(x);
  }
})();
// a
// b
```

第 19 章 Class 的基本语法

19.1 简介

JavaScript 语言的传统方法是通过构造函数定义并生成新对象。下面是一个例子

```
function Point(x, y) {
  this.x = x;
  this.y = y;
}

Point.prototype.toString = function () {
  return '(' + this.x + ', ' + this.y + ')';
};

var p = new Point(1, 2);
```

上面这种写法与传统的面向对象语言（比如 C++和 Java）的写法差异很大，很容易让新学习这门语言的程序员感到困惑。

ES6 提供了更接近传统语言的写法，引入了 Class（类）这个概念作为对象的模板。通过 `class` 关键字可以定义类。

基本上，ES6 中的 `class` 可以看作只是一个语法糖，它的绝大部分功能，ES5 都可以做到，新的 `class` 写法只是让对象原型的写法更加清晰，更像面向对象编程的语法而已。上面的代码用 ES6 的“类”改写，就是下面这样。

```
//定义类
```

```
class Point {
  constructor(x, y) {
    this.x = x;
    this.y = y;
  }

  toString() {
    return '(' + this.x + ', ' + this.y + ')';
  }
}
```

上面的代码定义了一个“类”，可以看到里面有一个 constructor 方法，这就是构造方法，而 this 关键字则代表实例对象。也就是说，ES5 的构造函数 Point 对应 ES6 的 Point 类的构造方法。

Point 类除了构造方法，还定义了一个 toString 方法。

注意！

定义“类”的方法时，前面不需要加上 function 这个保留字，直接把函数定义放进去就可以了。另外，方法之间不需要逗号分隔，加了会报错。

ES6 的类完全可以看作构造函数的另一种写法。

```
class Point {
  // ...
}

typeof Point // "function"
Point === Point.prototype.constructor // true
```

上面的代码表明，类的数据类型就是函数，类本身就指向构造函数。

使用的时候也是直接对类使用 new 命令，跟构造函数的用法完全一致。

```
class Bar {
  doStuff() {
    console.log('stuff');
  }
}

var b = new Bar();
b.doStuff() // "stuff"
```

构造函数的 prototype 属性在 ES6 的“类”上继续存在。事实上，类的所有方法都定义在类的 prototype 属性上。

```
class Point {
  constructor() {
    // ...
  }

  toString() {
    // ...
  }

  toValue() {
    // ...
  }
}

// 等同于

Point.prototype = {
  constructor() {},
  toString() {},
  toValue() {},
};
```

在类的实例上调用方法，其实就是调用原型上的方法。

```
class B {}
let b = new B();

b.constructor === B.prototype.constructor // true
```

上面的代码中，b 是 B 类的实例，它的 constructor 方法就是 B 类原型的 constructor 方法。

由于类的方法（除 constructor 以外）都定义在 prototype 对象上，所以类的新方法可以添加在 prototype 对象上。Object.assign 方法可以很方便地一次向类添加多个方法。

```
class Point {
  constructor(){
    // ...
  }
```

```
}

Object.assign(Point.prototype, {
  toString(){},
  toValue(){}
});
```

prototype 对象的 constructor 属性直接指向“类”本身，这与 ES5 的行为是一致的。

```
Point.prototype.constructor === Point // true
```

另外，类的内部定义的所有方法都是不可枚举的（non-enumerable）。

```
class Point {
  constructor(x, y) {
    // ...
  }

  toString() {
    // ...
  }
}

Object.keys(Point.prototype)
// []
Object.getOwnPropertyNames(Point.prototype)
// ["constructor","toString"]
```

上面的代码中，toString 方法是 Point 类内部定义的方法，它是不可枚举的。这一点与 ES5 的行为不一致。

```
var Point = function (x, y) {
  // ...
};

Point.prototype.toString = function() {
  // ...
};

Object.keys(Point.prototype)
// ["toString"]
Object.getOwnPropertyNames(Point.prototype)
```

```
// ["constructor","toString"]
```

上面的代码采用了 ES5 的写法，`toString` 方法就是可枚举的。

类的属性名可以采用表达式。

```
let methodName = 'getArea';

class Square {
  constructor(length) {
    // ...
  }

  [methodName]() {
    // ...
  }
}
```

上面的代码中，`Square` 类的方法名 `getArea` 是从表达式得到的。

19.2 严格模式

类和模块的内部默认使用严格模式，所以不需要使用 `use strict` 指定运行模式。只要将代码写在类或模块之中，那么就只有严格模式可用。

考虑到未来所有的代码其实都是运行在模块之中，所以 ES6 实际上已经把整个语言都升级到了严格模式下。

19.3 constructor 方法

`constructor 方法是类的默认方法，通过 `new` 命令生成对象实例时自动调用该方法。一个类必须有 `constructor` 方法，如果没有显式定义，一个空的 `constructor` 方法会被默认添加。

```
class Point {
}

// 等同于
class Point {
  constructor() {}
}
```

上面的代码中定义了一个空的类 Point，JavaScript 引擎会自动为它添加一个空的 constructor 方法。

constructor 方法默认返回实例对象（即 this），不过完全可以指定返回另外一个对象。

```
class Foo {
  constructor() {
    return Object.create(null);
  }
}

new Foo() instanceof Foo
// false
```

上面的代码中，constructor 函数返回一个全新的对象，结果导致实例对象不是 Foo 类的实例。

类必须使用 new 来调用，否则会报错。这是它跟普通构造函数的一个主要区别，后者不用 new 也可以执行。

```
class Foo {
  constructor() {
    return Object.create(null);
  }
}

Foo()
// TypeError: Class constructor Foo cannot be invoked without 'new'
```

19.4 类的实例对象

生成实例对象的写法与 ES5 完全一样，也是使用 new 命令。如果忘记加上 new，像函数那样调用 Class 将会报错。

```
class Point {
  // ...
}

// 报错
var point = Point(2, 3);
```

```
// 正确
var point = new Point(2, 3);
```

与 ES5 一样，实例的属性除非显式定义在其本身（即 this 对象）上，否则都是定义在原型（即 Class）上。

```
//定义类
class Point {

  constructor(x, y) {
    this.x = x;
    this.y = y;
  }

  toString() {
    return '(' + this.x + ', ' + this.y + ')';
  }

}

var point = new Point(2, 3);

point.toString() // (2, 3)

point.hasOwnProperty('x') // true
point.hasOwnProperty('y') // true
point.hasOwnProperty('toString') // false
point.__proto__.hasOwnProperty('toString') // true
```

上面的代码中，x 和 y 都是实例对象 point 自身的属性（因为定义在 this 变量上），所以 hasOwnProperty 方法返回 true，而 toString 是原型对象的属性（因为定义在 Point 类上），所以 hasOwnProperty 方法返回 false。这些都与 ES5 的行为保持一致。

与 ES5 一样，类的所有实例共享一个原型对象。

```
var p1 = new Point(2,3);
var p2 = new Point(3,2);

p1.__proto__ === p2.__proto__
//true
```

上面的代码中，p1 和 p2 都是 Point 的实例，它们的原型都是 Point.prototype，所

以 `__proto__` 属性是相等的。

这也意味着，可以通过实例的 `__proto__` 属性为“类”添加方法。

> **注意！**
>
> `__proto__` 并不是语言本身的特性，而是各大厂商具体实现时添加的私有属性，虽然目前很多现代浏览器的 JS 引擎中都提供了这个私有属性，但依旧不建议在生产中使用该属性，避免对环境产生依赖。生产环境中，我们可以使用 `Object.getPrototypeOf` 方法来获取实例对象的原型，然后再来为原型添加方法/属性。

```
var p1 = new Point(2,3);
var p2 = new Point(3,2);

p1.__proto__.printName = function () { return 'Oops' };

p1.printName() // "Oops"
p2.printName() // "Oops"

var p3 = new Point(4,2);
p3.printName() // "Oops"
```

上面的代码在 `p1` 的原型上添加了一个 `printName` 方法，由于 `p1` 的原型就是 `p2` 的原型，因此 `p2` 也可以调用这个方法。而且，此后新建的实例 `p3` 也可以调用这个方法。这意味着，使用实例的 `__proto__` 属性改写原型必须相当谨慎，不推荐使用，因为这会改变 Class 的原始定义，影响到所有实例。

19.5 Class 表达式

与函数一样，Class 也可以使用表达式的形式定义。

```
const MyClass = class Me {
  getClassName() {
    return Me.name;
  }
};
```

上面的代码使用表达式定义了一个类。需要注意的是，这个类的名字是 `MyClass` 而不是 `Me`，`Me` 只在 Class 的内部代码可用，指代当前类。

```
let inst = new MyClass();
inst.getClassName() // Me
```

```
Me.name // ReferenceError: Me is not defined
```

上面的代码表示，Me 只在 Class 内部有定义。

如果 Class 内部没有用到，那么可以省略 Me，也就是可以写成下面的形式。

```
const MyClass = class { /* ... */ };
```

采用 Class 表达式，可以写出立即执行的 Class。

```
let person = new class {
  constructor(name) {
    this.name = name;
  }

  sayName() {
    console.log(this.name);
  }
}('张三');

person.sayName(); // "张三"
```

上面的代码中，person 是一个立即执行的 Class 的实例。

19.6 不存在变量提升

类不存在变量提升（hoist），这一点与 ES5 完全不同。

```
new Foo(); // ReferenceError
class Foo {}
```

上面的代码中，Foo 类使用在前，定义在后，这样会报错，因为 ES6 不会把变量声明提升到代码头部。这种规定的原因与下文要提到的继承有关，必须保证子类在父类之后定义。

```
{
  let Foo = class {};
  class Bar extends Foo {
  }
}
```

上面的代码不会报错，因为 Bar 继承 Foo 的时候，Foo 已经有定义了。但是，如果存在 class 的提升，上面的代码就会报错，因为 class 会被提升到代码头部，而 let 命令是不提升的，所以导致 Bar 继承 Foo 的时候，Foo 还没有定义。

19.7 私有方法

私有方法是常见需求，但 ES6 不提供，只能通过变通方法来模拟实现。

一种做法是在命名上加以区别。

```
class Widget {

  // 公有方法
  foo (baz) {
    this._bar(baz);
  }

  // 私有方法
  _bar(baz) {
    return this.snaf = baz;
  }

  // ...
}
```

上面的代码中，`_bar` 方法前面的下画线表示这是一个只限于内部使用的私有方法。但是，这种命名是不保险的，在类的外部依然可以调用这个方法。

另一种方法是索性将私有方法移出模块，因为模块内部的所有方法都是对外可见的。

```
class Widget {
  foo (baz) {
    bar.call(this, baz);
  }

  // ...
}

function bar(baz) {
  return this.snaf = baz;
}
```

上面的代码中，`foo` 是公有方法，内部调用了 `bar.call(this, baz)`。这使得 `bar` 实际上成为了当前模块的私有方法。

还有一种方法是利用 `Symbol` 值的唯一性将私有方法的名字命名为一个 `Symbol` 值。

```
const bar = Symbol('bar');
const snaf = Symbol('snaf');

export default class myClass{

  // 公有方法
  foo(baz) {
    this[bar](baz);
  }

  // 私有方法
  [bar](baz) {
    return this[snaf] = baz;
  }

  // ...
};
```

上面的代码中，bar 和 snaf 都是 Symbol 值，导致第三方无法获取到它们，因此达到了私有方法和私有属性的效果。

19.8 私有属性

与私有方法一样，ES6 不支持私有属性。目前，有一个提案（github.com/tc39/proposal-class-fields#private-fields）为 class 加了私有属性。方法是在属性名之前，使用#来表示。

```
class Point {
  #x;

  constructor(x = 0) {
    #x = +x; // 写成 this.#x 亦可
  }

  get x() { return #x }
  set x(value) { #x = +value }
}
```

上面的代码中，#x 就表示私有属性 x，在 Point 类之外是读取不到这个属性的。还可以看到，私有属性与实例的属性是可以同名的（比如，#x 与 get x()）。

私有属性可以指定初始值在构造函数执行时进行初始化。

```
class Point {
  #x = 0;
  constructor() {
    #x; // 0
  }
}
```

之所以要引入一个新的前缀#来表示私有属性，而没有采用 private 关键字，是因为 JavaScript 是一门动态语言，使用独立的符号似乎是唯一可靠的方法，能够准确地区分一种属性是否为私有属性。另外，Ruby 语言使用@表示私有属性，ES6 没有用这个符号而使用#，是因为@已经被留给了 Decorator。

该提案只规定了私有属性的写法。但是，很自然地，它也可以用来编写私有方法。

```
class Foo {
  #a;
  #b;
  #sum() { return #a + #b; }
  printSum() { console.log(#sum()); }
  constructor(a, b) { #a = a; #b = b; }
}
```

19.9 this 的指向

类的方法内部如果含有 this，它将默认指向类的实例。但是，必须非常小心，一旦单独使用该方法，很可能会报错。

```
class Logger {
  printName(name = 'there') {
    this.print(`Hello ${name}`);
  }

  print(text) {
    console.log(text);
  }
}

const logger = new Logger();
```

```
const { printName } = logger;
printName(); // TypeError: Cannot read property 'print' of undefined
```

上面的代码中，printName 方法中的 this 默认指向 Logger 类的实例。但是，如果将这个方法提取出来单独使用，this 会指向该方法运行时所在的环境，因为找不到 print 方法而导致报错。

一个比较简单的解决方法是，在构造方法中绑定 this，这样就不会找不到 print 方法了。

```
class Logger {
  constructor() {
    this.printName = this.printName.bind(this);
  }

  // ...
}
```

另一种解决方法是使用箭头函数。

```
class Logger {
  constructor() {
    this.printName = (name = 'there') => {
      this.print(`Hello ${name}`);
    };
  }

  // ...
}
```

还有一种解决方法是使用 Proxy，在获取方法的时候自动绑定 this。

```
function selfish (target) {
  const cache = new WeakMap();
  const handler = {
    get (target, key) {
      const value = Reflect.get(target, key);
      if (typeof value !== 'function') {
        return value;
      }
      if (!cache.has(value)) {
        cache.set(value, value.bind(target));
      }
```

```
      return cache.get(value);
    }
  };
  const proxy = new Proxy(target, handler);
  return proxy;
}

const logger = selfish(new Logger());
```

19.10 name 属性

本质上，由于 ES6 的类只是 ES5 的构造函数的一层包装，所以函数的许多特性都被 Class 继承，包括 name 属性。

```
class Point {}
Point.name // "Point"
```

name 属性总是返回紧跟在 class 关键字后面的类名。

19.11 Class 的取值函数（getter）和存值函数（setter）

与 ES5 一样，在“类”的内部可以使用 get 和 set 关键字对某个属性设置存值函数和取值函数，拦截该属性的存取行为。

```
class MyClass {
  constructor() {
    // ...
  }
  get prop() {
    return 'getter';
  }
  set prop(value) {
    console.log('setter: '+value);
  }
}

let inst = new MyClass();

inst.prop = 123;
```

```
// setter: 123

inst.prop
// 'getter'
```

上面的代码中，prop 属性有对应的存值函数和取值函数，因此赋值和读取行为都被自定义了。

存值函数和取值函数是设置在属性的 Descriptor 对象上的。

```
class CustomHTMLElement {
  constructor(element) {
    this.element = element;
  }

  get html() {
    return this.element.innerHTML;
  }

  set html(value) {
    this.element.innerHTML = value;
  }
}

var descriptor = Object.getOwnPropertyDescriptor(
  CustomHTMLElement.prototype, "html"
);

"get" in descriptor  // true
"set" in descriptor  // true
```

上面的代码中，存值函数和取值函数是定义在 html 属性的描述对象上面，这与 ES5 完全一致。

19.12 Class 的 Generator 方法

如果某个方法之前加上星号（*），就表示该方法是一个 Generator 函数。

```
class Foo {
  constructor(...args) {
    this.args = args;
```

```
  }
  * [Symbol.iterator]() {
    for (let arg of this.args) {
      yield arg;
    }
  }
}

for (let x of new Foo('hello', 'world')) {
  console.log(x);
}
// hello
// world
```

上面的代码中，Foo 类的 Symbol.iterator 方法前有一个星号，表示该方法是一个 Generator 函数。Symbol.iterator 方法返回一个 Foo 类的默认遍历器，for...of 循环会自动调用这个遍历器。

19.13 Class 的静态方法

类相当于实例的原型，所有在类中定义的方法都会被实例继承。如果在一个方法前加上 static 关键字，就表示该方法不会被实例继承，而是直接通过类调用，称为“静态方法”。

```
class Foo {
  static classMethod() {
    return 'hello';
  }
}

Foo.classMethod() // 'hello'

var foo = new Foo();
foo.classMethod()
// TypeError: foo.classMethod is not a function
```

上面的代码中，Foo 类的 classMethod 方法前有 static 关键字，表明该方法是一个静态方法，可以直接在 Foo 类上调用（Foo.classMethod()），而不是在 Foo 类的实例上调用。如果在实例上调用静态方法，会抛出一个错误，表示不存在该方法。

父类的静态方法可以被子类继承。

```
class Foo {
  static classMethod() {
    return 'hello';
  }
}

class Bar extends Foo {
}

Bar.classMethod() // 'hello'
```

上面的代码中，父类 Foo 有一个静态方法，子类 Bar 可以调用这个方法。

静态方法也可以从 super 对象上调用。

```
class Foo {
  static classMethod() {
    return 'hello';
  }
}

class Bar extends Foo {
  static classMethod() {
    return super.classMethod() + ', too';
  }
}

Bar.classMethod() // "hello, too"
```

19.14　Class 的静态属性和实例属性

静态属性指的是 Class 本身的属性，即 Class.propname，而不是定义在实例对象(this)上的属性。

```
class Foo {
}

Foo.prop = 1;
Foo.prop // 1
```

上面的写法可以读/写 Foo 类的静态属性 prop。

目前，只有这种写法可行，因为 ES6 明确规定，Class 内部只有静态方法，没有静态属性。

```
// 以下两种写法都无效
class Foo {
  // 写法一
  prop: 2

  // 写法二
  static prop: 2
}

Foo.prop // undefined
```

目前有一个关于静态属性的提案（github.com/tc39/proposal-class-fields），其中对实例属性和静态属性都规定了新的写法。

19.14.1 Class 的实例属性

Class 的实例属性可以用等式写入类的定义之中。

```
class MyClass {
  myProp = 42;

  constructor() {
    console.log(this.myProp); // 42
  }
}
```

上面的代码中，myProp 就是 MyClass 的实例属性。在 MyClass 的实例上可以读取这个属性。

以前，我们定义实例属性时只能写在类的 constructor 方法里面。

```
class ReactCounter extends React.Component {
  constructor(props) {
    super(props);
    this.state = {
      count: 0
    };
  }
}
```

上面的代码中，构造方法 constructor 中定义了 this.state 属性。

有了新的写法以后，可以不在 constructor 方法里面定义。

```
class ReactCounter extends React.Component {
  state = {
    count: 0
  };
}
```

这种写法比以前更清晰。

为了获得更强的可读性，对于那些在 constructor 里面已经定义的实例属性，新写法允许直接列出。

```
class ReactCounter extends React.Component {
  state;
  constructor(props) {
    super(props);
    this.state = {
      count: 0
    };
  }
}
```

19.14.2 Class 的静态属性

Class 的静态属性只要在上面的实例属性写法前面加上 static 关键字就可以了。

```
class MyClass {
  static myStaticProp = 42;

  constructor() {
    console.log(MyClass.myStaticProp); // 42
  }
}
```

同样的，这个新写法大大方便了静态属性的表达。

```
// 旧写法
class Foo {
  // ...
}
```

```
Foo.prop = 1;

// 新写法
class Foo {
  static prop = 1;
}
```

上面的代码中，旧写法的静态属性定义在类的外部。整个类生成以后再生成静态属性。这样很容易让人忽略这个静态属性，也不符合相关代码应该放在一起的代码组织原则。另外，新写法是显式声明（declarative），而不是赋值处理，语义更好。

19.15 new.target 属性

new 是从构造函数生成实例的命令。ES6 为 new 命令引入了 new.target 属性，（在构造函数中）返回 new 命令所作用的构造函数。如果构造函数不是通过 new 命令调用的，那么 new.target 会返回 undefined，因此这个属性可用于确定构造函数是怎么调用的。

```
function Person(name) {
  if (new.target !== undefined) {
    this.name = name;
  } else {
    throw new Error('必须使用 new 生成实例');
  }
}

// 另一种写法
function Person(name) {
  if (new.target === Person) {
    this.name = name;
  } else {
    throw new Error('必须使用 new 生成实例');
  }
}

var person = new Person('张三');                 // 正确
var notAPerson = Person.call(person, '张三');    // 报错
```

上面的代码确保了构造函数只能通过 new 命令调用。

Class 内部调用 new.target，返回当前 Class。

```
class Rectangle {
  constructor(length, width) {
    console.log(new.target === Rectangle);
    this.length = length;
    this.width = width;
  }
}

var obj = new Rectangle(3, 4);       // 输出 true
```

需要注意的是，子类继承父类时 new.target 会返回子类。

```
class Rectangle {
  constructor(length, width) {
    console.log(new.target === Rectangle);
    // ...
  }
}

class Square extends Rectangle {
  constructor(length) {
    super(length, length);
  }
}

var obj = new Square(3);             // 输出 false
```

上面的代码中，new.target 会返回子类。

利用这个特点，可以写出不能独立使用而必须继承后才能使用的类。

```
class Shape {
  constructor() {
    if (new.target === Shape) {
      throw new Error('本类不能实例化');
    }
  }
}

class Rectangle extends Shape {
  constructor(length, width) {
```

```
    super();
    // ...
  }
}

var x = new Shape();             // 报错
var y = new Rectangle(3, 4);    // 正确
```

上面的代码中，Shape 类不能被实例化，只能用于继承。

注意，在函数外部，使用 new.target 会报错。

第 20 章 Class 的继承

20.1 简介

Class 可以通过 extends 关键字实现继承，这比 ES5 通过修改原型链实现继承更加清晰和方便。

```
class Point {
}

class ColorPoint extends Point {
}
```

上面的代码定义了一个 ColorPoint 类，该类通过 extends 关键字继承了 Point 类的所有属性和方法。但是由于没有部署任何代码，所以这两个类完全一样，等于复制了一个 Point 类。下面，我们在 ColorPoint 内部加上代码。

```
class ColorPoint extends Point {
  constructor(x, y, color) {
    super(x, y); // 调用父类的 constructor(x, y)
    this.color = color;
  }

  toString() {
    return this.color + ' ' + super.toString();
    // 调用父类的 toString()
  }
}
```

上面的代码中，constructor 方法和 toString 方法之中都出现了 super 关键字，它在这里表示父类的构造函数，用来新建父类的 this 对象。

子类必须在 constructor 方法中调用 super 方法，否则新建实例时会报错。这是因为子类没有自己的 this 对象，而是继承父类的 this 对象，然后对其进行加工。如果不调用 super 方法，子类就得不到 this 对象。

```
class Point { /* ... */ }

class ColorPoint extends Point {
  constructor() {
  }
}

let cp = new ColorPoint(); // ReferenceError
```

上面的代码中，ColorPoint 继承了父类 Point，但是它的构造函数没有调用 super 方法，导致新建实例时报错。

ES5 的继承实质是先创造子类的实例对象 this，然后再将父类的方法添加到 this 上面（Parent.apply(this)）。ES6 的继承机制完全不同，实质是先创造父类的实例对象 this（所以必须先调用 super 方法），然后再用子类的构造函数修改 this。

如果子类没有定义 constructor 方法，那么这个方法会被默认添加，代码如下。也就是说，无论有没有显式定义，任何一个子类都有 constructor 方法。

```
class ColorPoint extends Point {
}

// 等同于
class ColorPoint extends Point {
  constructor(...args) {
    super(...args);
  }
}
```

另一个需要注意的地方是，在子类的构造函数中，只有调用 super 之后才可以使用 this 关键字，否则会报错。这是因为子类实例的构建是基于对父类实例加工，只有 super 方法才能返回父类实例。

```
class Point {
  constructor(x, y) {
```

```
    this.x = x;
    this.y = y;
  }
}

class ColorPoint extends Point {
  constructor(x, y, color) {
    this.color = color; // ReferenceError
    super(x, y);
    this.color = color; // 正确
  }
}
```

上面的代码中，子类的 constructor 方法没有调用 super 之前就使用了 this 关键字，结果报错，而放在 super 方法之后就是正确的。

下面是生成子类实例的代码。

```
let cp = new ColorPoint(25, 8, 'green');

cp instanceof ColorPoint // true
cp instanceof Point // true
```

上面的代码中，实例对象 cp 同时是 ColorPoint 和 Point 两个类的实例，这与 ES5 的行为完全一致。

20.2 Object.getPrototypeOf()

Object.getPrototypeOf 方法可以用来从子类上获取父类。

```
Object.getPrototypeOf(ColorPoint) === Point
// true
```

因此，可以使用这个方法判断一个类是否继承了另一个类。

20.3 super 关键字

super 这个关键字既可以当作函数使用，也可以当作对象使用。在这两种情况下，它的用法完全不同。

第一种情况，super 作为函数调用时代表父类的构造函数。ES6 要求，子类的构造函数必须执行一次 super 函数。

```
class A {}

class B extends A {
  constructor() {
    super();
  }
}
```

上面的代码中，子类 B 的构造函数中的 super() 代表调用父类的构造函数。这是必须的，否则 JavaScript 引擎会报错。

super 虽然代表了父类 A 的构造函数，但是返回的是子类 B 的实例，即 super 内部的 this 指的是 B，因此 super() 在这里相当于 A.prototype.constructor.call(this)。

```
class A {
  constructor() {
    console.log(new.target.name);
  }
}
class B extends A {
  constructor() {
    super();
  }
}
new A() // A
new B() // B
```

上面的代码中，new.target 指向当前正在执行的函数。可以看到，在 super() 执行时，它指向的是子类 B 的构造函数，而不是父类 A 的构造函数。也就是说，super() 内部的 this 指向的是 B。

作为函数时，super() 只能用在子类的构造函数之中，用在其他地方就会报错。

```
class A {}

class B extends A {
  m() {
    super(); // 报错
  }
}
```

上面的代码中，super()用在 B 类的 m 方法之中就会造成句法错误。

第二种情况，super 作为对象时在普通方法中指向父类的原型对象；在静态方法中指向父类。

```
class A {
  p() {
    return 2;
  }
}

class B extends A {
  constructor() {
    super();
    console.log(super.p()); // 2
  }
}

let b = new B();
```

上面的代码中，子类 B 中的 super.p()就是将 super 当作一个对象来使用。这时，super 在普通方法之中指向 A.prototype，所以 super.p()就相当于 A.prototype.p()。

注意！

由于 super 指向父类的原型对象，所以定义在父类实例上的方法或属性是无法通过 super 调用的。

```
class A {
  constructor() {
    this.p = 2;
  }
}

class B extends A {
  get m() {
    return super.p;
  }
}

let b = new B();
b.m // undefined
```

上面的代码中，p 是父类 A 实例的属性，因此 super.p 就引用不到它。

如果属性定义在父类的原型对象上，super 就可以取到。

```
class A {}
A.prototype.x = 2;

class B extends A {
  constructor() {
    super();
    console.log(super.x) // 2
  }
}

let b = new B();
```

上面的代码中，属性 x 是定义在 A.prototype 上面的，所以 super.x 可以取到它的值。

ES6 规定，通过 super 调用父类的方法时，super 会绑定子类的 this。

```
class A {
  constructor() {
    this.x = 1;
  }
  print() {
    console.log(this.x);
  }
}

class B extends A {
  constructor() {
    super();
    this.x = 2;
  }
  m() {
    super.print();
  }
}

let b = new B();
b.m() // 2
```

上面的代码中，super.print()虽然调用的是 A.prototype.print()，但是 A.prototype.print()会绑定子类 B 的 this，导致输出的是 2，而不是 1。也就是说，实际上执行的是 super.print.call(this)。

由于绑定子类的 this，因此如果通过 super 对某个属性赋值，这时 super 就是 this，赋值的属性会变成子类实例的属性。

```
class A {
  constructor() {
    this.x = 1;
  }
}

class B extends A {
  constructor() {
    super();
    this.x = 2;
    super.x = 3;
    console.log(super.x); // undefined
    console.log(this.x); // 3
  }
}

let b = new B();
```

上面的代码中，super.x 被赋值为 3，等同于对 this.x 赋值为 3。当读取 super.x 时，相当于读取的是 A.prototype.x，所以返回 undefined。

如果 super 作为对象用在静态方法之中，这时 super 将指向父类，而不是父类的原型对象。

```
class Parent {
  static myMethod(msg) {
    console.log('static', msg);
  }

  myMethod(msg) {
    console.log('instance', msg);
  }
}
```

```
class Child extends Parent {
  static myMethod(msg) {
    super.myMethod(msg);
  }

  myMethod(msg) {
    super.myMethod(msg);
  }
}

Child.myMethod(1); // static 1

var child = new Child();
child.myMethod(2); // instance 2
```

上面的代码中，super 在静态方法之中指向父类，在普通方法之中指向父类的原型对象。

使用 super 的时候，必须显式指定是作为函数还是作为对象使用，否则会报错。

```
class A {}

class B extends A {
  constructor() {
    super();
    console.log(super); // 报错
  }
}
```

上面的代码中，console.log(super) 当中的 super 无法看出是作为函数使用还是作为对象使用，所以 JavaScript 引擎解析代码的时候就会报错。这时，如果能清晰地表明 super 的数据类型，就不会报错。

```
class A {}

class B extends A {
  constructor() {
    super();
    console.log(super.valueOf() instanceof B); // true
  }
}
```

```
let b = new B();
```

上面的代码中，super.valueOf()表明 super 是一个对象，因此不会报错。同时，由于 super 绑定 B 的 this，所以 super.valueOf()返回的是一个 B 的实例。

最后，由于对象总是继承其他对象的，所以可以在任意一个对象中使用 super 关键字。

```
var obj = {
  toString() {
    return "MyObject: " + super.toString();
  }
};

obj.toString(); // MyObject: [object Object]
```

20.4 类的 prototype 属性和 __proto__ 属性

在大多数浏览器的 ES5 实现之中，每一个对象都有 __proto__ 属性，指向对应的构造函数的 prototype 属性。Class 作为构造函数的语法糖，同时有 prototype 属性和 __proto__ 属性，因此同时存在两条继承链。

- 子类的 __proto__ 属性表示构造函数的继承，总是指向父类。
- 子类 prototype 属性的 __proto__ 属性表示方法的继承，总是指向父类的 prototype 属性。

```
class A {
}

class B extends A {
}

B.__proto__ === A // true
B.prototype.__proto__ === A.prototype // true
```

上面的代码中，子类 B 的 __proto__ 属性指向父类 A，子类 B 的 prototype 属性的 __proto__ 属性指向父类 A 的 prototype 属性。

造成这样的结果是因为类的继承是按照下面的模式实现的。

```
class A {
}
```

```
class B {
}

// B 的实例继承 A 的实例
Object.setPrototypeOf(B.prototype, A.prototype);

// B 的实例继承 A 的静态属性
Object.setPrototypeOf(B, A);

const b = new B();
```

第 9 章中给出过 `Object.setPrototypeOf` 方法的实现。

```
Object.setPrototypeOf = function (obj, proto) {
  obj.__proto__ = proto;
  return obj;
}
```

因此可以得到上面的结果。

```
Object.setPrototypeOf(B.prototype, A.prototype);
// 等同于
B.prototype.__proto__ = A.prototype;

Object.setPrototypeOf(B, A);
// 等同于
B.__proto__ = A;
```

这两条继承链可以这样理解：作为一个对象，子类（B）的原型（`__proto__` 属性）是父类（A）；作为一个构造函数，子类（B）的原型（`prototype` 属性）是父类的实例。

```
Object.create(A.prototype);
// 等同于
B.prototype.__proto__ = A.prototype;
```

20.4.1 extends 的继承目标

`extends` 关键字后面可以跟多种类型的值。

```
class B extends A {
}
```

上面代码的 `A` 只要是一个有 `prototype` 属性的函数，就能被 `B` 继承。由于函数都有

prototype 属性（除了 Function.prototype 函数），因此 A 可以是任意函数。

下面，讨论 3 种特殊情况。

第一种特殊情况，子类继承 Object 类。

```
class A extends Object {
}

A.__proto__ === Object // true
A.prototype.__proto__ === Object.prototype // true
```

这种情况下，A 其实就是构造函数 Object 的复制，A 的实例就是 Object 的实例。

第二种特殊情况，不存在任何继承。

```
class A {
}

A.__proto__ === Function.prototype // true
A.prototype.__proto__ === Object.prototype // true
```

这种情况下，A 作为一个基类（即不存在任何继承）就是一个普通函数，所以直接继承 Function.prototype。但是，A 调用后返回一个空对象（即 Object 实例），所以 A.prototype.__proto__ 指向构造函数（Object）的 prototype 属性。

第三种特殊情况，子类继承 null。

```
class A extends null {
}

A.__proto__ === Function.prototype // true
A.prototype.__proto__ === undefined // true
```

这种情况与第二种情况非常像。A 也是一个普通函数，所以直接继承 Function.prototype。但是，A 调用后返回的对象不继承任何方法，所以它的 __proto__ 指向 Function.prototype，即实质上执行了下面的代码。

```
class C extends null {
  constructor() { return Object.create(null); }
}
```

20.4.2 实例的 __proto__ 属性

子类实例的 __proto__ 属性的 __proto__ 属性指向父类实例的 __proto__ 属性。也就是说，子类的原型的原型是父类的原型。

```
var p1 = new Point(2, 3);
var p2 = new ColorPoint(2, 3, 'red');

p2.__proto__ === p1.__proto__ // false
p2.__proto__.__proto__ === p1.__proto__ // true
```

上面的代码中，ColorPoint 继承了 Point，导致前者原型的原型是后者的原型。

因此，可以通过子类实例的 __proto__.__proto__ 属性修改父类实例的行为。

```
p2.__proto__.__proto__.printName = function () {
  console.log('Ha');
};

p1.printName() // "Ha"
```

上面的代码在 ColorPoint 的实例 p2 上向 Point 类中添加方法，结果影响到了 Point 的实例 p1。

20.5 原生构造函数的继承

原生构造函数是指语言内置的构造函数，通常用来生成数据结构。ECMAScript 的原生构造函数大致有下面这些。

- Boolean()
- Number()
- String()
- Array()
- Date()
- Function()
- RegExp()
- Error()
- Object()

以前，这些原生构造函数是无法继承的，比如，不能自己定义一个 Array 的子类。

```
function MyArray() {
  Array.apply(this, arguments);
}

MyArray.prototype = Object.create(Array.prototype, {
  constructor: {
    value: MyArray,
    writable: true,
    configurable: true,
    enumerable: true
  }
});
```

上面的代码定义了一个继承 Array 的 MyArray 类。但是，这个类的行为与 Array 完全不一致。

```
var colors = new MyArray();
colors[0] = "red";
colors.length  // 0

colors.length = 0;
colors[0]  // "red"
```

之所以会发生这种情况，是因为子类无法获得原生构造函数的内部属性，通过 Array.apply()或者分配给原型对象都不行。原生构造函数会忽略 apply 方法传入的 this，也就是说，原生构造函数的 this 无法绑定，导致拿不到内部属性。

ES5 先新建子类的实例对象 this，再将父类的属性添加到子类上，由于父类的内部属性无法获取，导致无法继承原生的构造函数。比如，Array 构造函数有一个内部属性 [[DefineOwnProperty]]，用来定义新属性时，更新 length 属性，这个内部属性便无法在子类获取，导致子类的 length 属性行为不正常。

下面的例子中，我们想让一个普通对象继承 Error 对象。

```
var e = {};

Object.getOwnPropertyNames(Error.call(e))
// [ 'stack' ]

Object.getOwnPropertyNames(e)
```

```
// []
```

上面的代码中，我们想通过 `Error.call(e)` 写法让普通对象 `e` 具有 `Error` 对象的实例属性。但是，`Error.call()` 完全忽略了传入的第一个参数，而是返回了一个新对象，`e` 本身没有任何变化。这证明了 `Error.call(e)` 这种写法无法继承原生构造函数。

ES6 允许继承原生构造函数定义子类，因为 ES6 先新建父类的实例对象 `this`，然后再用子类的构造函数修饰 `this`，使得父类的所有行为都可以继承。下面是一个继承 `Array` 的例子。

```
class MyArray extends Array {
  constructor(...args) {
    super(...args);
  }
}

var arr = new MyArray();
arr[0] = 12;
arr.length // 1

arr.length = 0;
arr[0] // undefined
```

上面的代码定义了一个 `MyArray` 类，继承了 `Array` 构造函数，因此就可以从 `MyArray` 生成数组的实例。这意味着，ES6 可以自定义原生数据结构（比如 `Array`、`String` 等）的子类，这是 ES5 无法做到的。

上面这个例子也说明，`extends` 关键字不仅可以用来继承类，还可以用来继承原生的构造函数。因此可以在原生数据结构的基础上定义自己的数据结构。以下代码定义了一个带版本功能的数组。

```
class VersionedArray extends Array {
  constructor() {
    super();
    this.history = [[]];
  }
  commit() {
    this.history.push(this.slice());
  }
  revert() {
    this.splice(0, this.length,
```

```
...
this.history[this.history.length - 1]);
  }
}

var x = new VersionedArray();

x.push(1);
x.push(2);
x // [1, 2]
x.history // [[]]

x.commit();
x.history // [[], [1, 2]]

x.push(3);
x // [1, 2, 3]
x.history // [[], [1, 2]]

x.revert();
x // [1, 2]
```

上面的代码中，VersionedArray 会通过 commit 方法将自己的当前状态生成一个版本快照并存入 history 属性。revert 方法用来将数组重置为最新一次保存的版本。除此之外，VersionedArray 依然是一个普通数组，所有原生的数组方法都可以在它上面调用。

下面是一个自定义 Error 子类的例子，可以用来制定报错时的行为。

```
class ExtendableError extends Error {
  constructor(message) {
    super();
    this.message = message;
    this.stack = (new Error()).stack;
    this.name = this.constructor.name;
  }
}

class MyError extends ExtendableError {
  constructor(m) {
    super(m);
```

```
  }
}

var myerror = new MyError('ll');
myerror.message // "ll"
myerror instanceof Error // true
myerror.name // "MyError"
myerror.stack
// Error
//     at MyError.ExtendableError
//     ...
```

需要注意的是，继承 Object 的子类有一个行为差异（stackoverflow.com/questions/ 36203614/ super-does-not-pass-arguments-when-instantiating-a-class-extended-from-object）。

```
class NewObj extends Object{
  constructor(){
    super(...arguments);
  }
}
var o = new NewObj({attr: true});
o.attr === true  // false
```

上面的代码中，`NewObj` 继承了 `Object`，但是无法通过 `super` 方法向父类 `Object` 传参。这是因为ES6改变了 `Object` 构造函数的行为，一旦发现 `Object` 方法不是通过 `new Object()` 这种形式调用，ES6 规定 `Object` 构造函数会忽略参数。

20.6 Mixin 模式的实现

Mixin 模式指的是将多个类的接口“混入”（mix in）另一个类，在 ES6 中的实现如下。

```
function mix(...mixins) {
  class Mix {}

  for (let mixin of mixins) {
    copyProperties(Mix, mixin);
    copyProperties(Mix.prototype, mixin.prototype);
  }

  return Mix;
```

```
}

function copyProperties(target, source) {
  for (let key of Reflect.ownKeys(source)) {
    if ( key !== "constructor"
      && key !== "prototype"
      && key !== "name"
    ) {
      let desc = Object.getOwnPropertyDescriptor(source, key);
      Object.defineProperty(target, key, desc);
    }
  }
}
```

上面代码中的 mix 函数可以将多个对象合成为一个类。使用的时候，只要继承这个类即可。

```
class DistributedEdit extends mix(Loggable, Serializable) {
  // ...
}
```

第 21 章 修饰器

21.1 类的修饰

修饰器（Decorator）是一个函数，用来修改类的行为。ES2017 引入了这项功能，目前 Babel 转码器已经支持。

```
@testable
class MyTestableClass {
  // ...
}

function testable(target) {
  target.isTestable = true;
}

MyTestableClass.isTestable // true
```

上面的代码中，`@testable` 就是一个修饰器。它修改了 `MyTestableClass` 这个类的行为，为它加上了静态属性 `isTestable`。

修饰器的行为基本如下。

```
@decorator
class A {}

// 等同于
```

```
class A {}
A = decorator(A) || A;
```

注意！

修饰器对类的行为的改变是在代码编译时发生的，而不是在运行时。这意味着，修饰器能在编译阶段运行代码。也就是说，修饰器本质就是编译时执行的函数。

修饰器函数的第一个参数就是所要修饰的目标类。

```
function testable(target) {
  // ...
}
```

上面的代码中，testable 函数的参数 target 就是会被修饰的类。

如果觉得一个参数不够用，可以在修饰器外面再封装一层函数。

```
function testable(isTestable) {
  return function(target) {
    target.isTestable = isTestable;
  }
}

@testable(true)
class MyTestableClass {}
MyTestableClass.isTestable // true

@testable(false)
class MyClass {}
MyClass.isTestable // false
```

上面的代码中，修饰器 testable 可以接受参数，这就等于可以修改修饰器的行为。

前面的例子是为类添加一个静态属性，如果想添加实例属性，可以通过目标类的 prototype 对象进行操作。

```
function testable(target) {
  target.prototype.isTestable = true;
}

@testable
class MyTestableClass {}
```

```
let obj = new MyTestableClass();
obj.isTestable // true
```

上面的代码中，修饰器函数 `testable` 是在目标类的 `prototype` 对象上添加属性的，因此就可以在实例上调用。

下面是另外一个例子。

```
// mixins.js
export function mixins(...list) {
  return function (target) {
    Object.assign(target.prototype, ...list)
  }
}

// main.js
import { mixins } from './mixins'

const Foo = {
  foo() { console.log('foo') }
};

@mixins(Foo)
class MyClass {}

let obj = new MyClass();
obj.foo() // 'foo'
```

上面的代码通过修饰器 `mixins` 把 `Foo` 类的方法添加到了 `MyClass` 的实例上面。可以用 `Object.assign()` 模拟这个功能。

```
const Foo = {
  foo() { console.log('foo') }
};

class MyClass {}

Object.assign(MyClass.prototype, Foo);

let obj = new MyClass();
obj.foo() // 'foo'
```

实际开发中，React 与 Redux 库结合使用时常常需要写成下面这样。

```
class MyReactComponent extends React.Component {}

export default connect(mapStateToProps, mapDispatchToProps)(MyReactComponent);
```

有了装饰器，我们就可以改写上面的代码了。

```
@connect(mapStateToProps, mapDispatchToProps)
export default class MyReactComponent extends React.Component {}
```

相对来说，后一种写法看上去更容易理解。

21.2 方法的修饰

修饰器不仅可以修饰类，还可以修饰类的属性。

```
class Person {
  @readonly
  name() { return `${this.first} ${this.last}` }
}
```

上面的代码中，修饰器 readonly 用来修饰“类”的 name 方法。

此时，修饰器函数一共可以接受 3 个参数，第一个参数是所要修饰的目标对象，第二个参数是所要修饰的属性名，第三个参数是该属性的描述对象。

```
function readonly(target, name, descriptor){
  // descriptor 对象原来的值如下
  // {
  //   value: specifiedFunction,
  //   enumerable: false,
  //   configurable: true,
  //   writable: true
  // };
  descriptor.writable = false;
  return descriptor;
}

readonly(Person.prototype, 'name', descriptor);
// 类似于
Object.defineProperty(Person.prototype, 'name', descriptor);
```

上面的代码说明，修饰器（readonly）会修改属性的描述对象（descriptor），然后被修改的描述对象可以再用来定义属性。

下面是另一个例子，修改属性描述对象的 enumerable 属性，使得该属性不可遍历。

```
class Person {
  @nonenumerable
  get kidCount() { return this.children.length; }
}

function nonenumerable(target, name, descriptor) {
  descriptor.enumerable = false;
  return descriptor;
}
```

下面的@log 修饰器可以起到输出日志的作用。

```
class Math {
  @log
  add(a, b) {
    return a + b;
  }
}

function log(target, name, descriptor) {
  var oldValue = descriptor.value;

  descriptor.value = function() {
    console.log(`Calling "${name}" with`, arguments);
    return oldValue.apply(null, arguments);
  };

  return descriptor;
}

const math = new Math();

// passed parameters should get logged now
math.add(2, 4);
```

上面的代码中，@log 修饰器的作用就是在执行原始的操作之前执行一次 console.log，从而达到输出日志的目的。

修饰器有注释的作用。

```
@testable
class Person {
  @readonly
  @nonenumerable
  name() { return `${this.first} ${this.last}` }
}
```

从上面的代码中，我们一眼就能看出，Person 类是可测试的，而 name 方法是只读且不可枚举的。

如果同一个方法有多个修饰器，那么该方法会先从外到内进入修饰器，然后由内向外执行。

```
function dec(id){
    console.log('evaluated', id);
    return (target, property, descriptor) =>
console.log('executed', id);
}

class Example {
    @dec(1)
    @dec(2)
    method(){}
}
// evaluated 1
// evaluated 2
// executed 2
// executed 1
```

上面的代码中，外层修饰器@dec(1)先进入，但是内层修饰器@dec(2)先执行。

除了注释，修饰器还能用来进行类型检查。所以，对于类来说，这项功能相当有用，它将是 JavaScript 代码静态分析的重要工具。

21.3 为什么修饰器不能用于函数

修饰器只能用于类和类的方法，不能用于函数，因为存在函数提升。

```
var counter = 0;
```

```
var add = function () {
  counter++;
};

@add
function foo() {
}
```

上面代码的本意是使执行后的 counter 等于 1，但实际上结果是 couter 等于 0。因为函数提升，使得实际执行的代码如下。

```
@add
function foo() {
}

var counter;
var add;

counter = 0;

add = function () {
  counter++;
};
```

下面是另一个例子。

```
var readOnly = require("some-decorator");

@readOnly
function foo() {
}
```

上面的代码也有问题，因为实际执行的代码如下。

```
var readOnly;

@readOnly
function foo() {
}

readOnly = require("some-decorator");
```

总之，由于存在函数提升，修饰器不能用于函数。类是不会提升的，所以就没有这方面的问题。

另一方面，如果一定要修饰函数，可以采用高阶函数的形式直接执行。

```
function doSomething(name) {
  console.log('Hello, ' + name);
}

function loggingDecorator(wrapped) {
  return function() {
    console.log('Starting');
    const result = wrapped.apply(this, arguments);
    console.log('Finished');
    return result;
  }
}

const wrapped = loggingDecorator(doSomething);
```

21.4 core-decorators.js

core-decorators.js（github.com/jayphelps/core-decorators.js）是一个第三方模块，提供了几个常见的修饰器，通过它可以更好地理解修饰器。

@autobind

autobind 修饰器使得方法中的 this 对象绑定原始对象。

```
import { autobind } from 'core-decorators';

class Person {
  @autobind
  getPerson() {
    return this;
  }
}

let person = new Person();
let getPerson = person.getPerson;
```

```
getPerson() === person;
// true
```

@readonly

readonly 修饰器使得属性或方法不可写。

```
import { readonly } from 'core-decorators';

class Meal {
  @readonly
  entree = 'steak';
}

var dinner = new Meal();
dinner.entree = 'salmon';
// Cannot assign to read only property 'entree' of [object Object]
```

@override

override 修饰器检查子类的方法是否正确覆盖了父类的同名方法，如果不正确会报错。

```
import { override } from 'core-decorators';

class Parent {
  speak(first, second) {}
}

class Child extends Parent {
  @override
  speak() {}
  // SyntaxError: Child#speak() does not properly
// override Parent#speak(first, second)
}

// or

class Child extends Parent {
  @override
  speaks() {}
```

```
  // SyntaxError: No descriptor matching Child#speaks() was found
// on the prototype chain.
  //
  // Did you mean "speak"?
}
```

@deprecate (别名@deprecated)

deprecate 或 deprecated 修饰器在控制台显示一条警告，表示该方法将废除。

```
import { deprecate } from 'core-decorators';

class Person {
  @deprecate
  facepalm() {}

  @deprecate('We stopped facepalming')
  facepalmHard() {}

  @deprecate('We stopped facepalming',
{ url: 'http://knowyourmeme.com/memes/facepalm' })
  facepalmHarder() {}
}

let person = new Person();

person.facepalm();
// DEPRECATION Person#facepalm: This function will be removed
// in future versions.

person.facepalmHard();
// DEPRECATION Person#facepalmHard: We stopped facepalming

person.facepalmHarder();
// DEPRECATION Person#facepalmHarder: We stopped facepalming
//
// See http://knowyourmeme.com/memes/facepalm for more details.
//
```

@suppressWarnings

suppressWarnings 修饰器抑制 decorated 修饰器导致的 console.warn() 调用，但异步代码发出的调用除外。

```
import { suppressWarnings } from 'core-decorators';

class Person {
  @deprecated
  facepalm() {}

  @suppressWarnings
  facepalmWithoutWarning() {
    this.facepalm();
  }
}

let person = new Person();

person.facepalmWithoutWarning();
// no warning is logged
```

21.5 使用修饰器实现自动发布事件

我们可以使用修饰器使得对象的方法被调用时自动发出一个事件。

```
import postal from "postal/lib/postal.lodash";

export default function publish(topic, channel) {
  return function(target, name, descriptor) {
    const fn = descriptor.value;

    descriptor.value = function() {
      let value = fn.apply(this, arguments);
      postal.channel(channel || target.channel || "/")
        .publish(topic, value);
    };
  };
}
```

上面的代码定义了一个名为 publish 的修饰器，它通过改写 descriptor.value 使得原方法被调用时自动发出一个事件。它使用的事件“发布/订阅”库是 Postal.js（github.com/ postaljs/postal.js）。

具体用法如下。

```
import publish from "path/to/decorators/publish";

class FooComponent {
  @publish("foo.some.message", "component")
  someMethod() {
    return {
      my: "data"
    };
  }
  @publish("foo.some.other")
  anotherMethod() {
    // ...
  }
}
```

以后，只要调用 someMethod 或 anotherMethod 就会自动发出一个事件。

```
let foo = new FooComponent();

foo.someMethod()
// 在"component"频道发布"foo.some.message"事件，
// 附带的数据是{ my: "data" }
foo.anotherMethod()
// 在"/"频道发布"foo.some.other"事件，不附带数据
```

21.6 Mixin

在修饰器的基础上可以实现 Mixin 模式。所谓 Mixin 模式，就是对象继承的一种替代方案，中文译为“混入”（mix in），意为在一个对象中混入另外一个对象的方法。

请看下面的例子。

```
const Foo = {
  foo() { console.log('foo') }
};
```

```
class MyClass {}

Object.assign(MyClass.prototype, Foo);

let obj = new MyClass();
obj.foo() // 'foo'
```

上面的代码中，对象 `Foo` 有一个 `foo` 方法，通过 `Object.assign` 方法可以将 `foo` 方法“混入”`MyClass` 类，导致 `MyClass` 的实例对象 `obj` 都具有 `foo` 方法。这就是“混入”模式的一个简单实现。

下面，我们部署一个通用脚本 mixins.js，将 Mixin 写成一个修饰器。

```
export function mixins(...list) {
  return function (target) {
    Object.assign(target.prototype, ...list);
  };
}
```

然后，就可以使用上面这个修饰器为类“混入”各种方法。

```
import { mixins } from './mixins';

const Foo = {
  foo() { console.log('foo') }
};

@mixins(Foo)
class MyClass {}

let obj = new MyClass();
obj.foo() // "foo"
```

通过 `mixins` 修饰器，我们实现了在 `MyClass` 类上“混入” `Foo` 对象的 `foo` 方法。

不过，上面的方法会改写 `MyClass` 类的 `prototype` 对象，如果不喜欢这一点，也可以通过类的继承实现 Mixin。

```
class MyClass extends MyBaseClass {
  /* ... */
}
```

上面的代码中，`MyClass` 继承了 `MyBaseClass`。如果我们想在 `MyClass` 里面“混入”

一个 foo 方法，其中一个办法是在 MyClass 和 MyBaseClass 之间插入一个混入类，这个类具有 foo 方法，并且继承了 MyBaseClass 的所有方法，然后 MyClass 再继承这个类。

```
let MyMixin = (superclass) => class extends superclass {
  foo() {
    console.log('foo from MyMixin');
  }
};
```

上面的代码中，MyMixin 是一个混入类生成器，接受 superclass 作为参数，然后返回一个继承 superclass 的子类，该子类包含一个 foo 方法。

接着，目标类再去继承这个混入类就达到了“混入”foo 方法的目的。

```
class MyClass extends MyMixin(MyBaseClass) {
  /* ... */
}

let c = new MyClass();
c.foo(); // "foo from MyMixin"
```

如果需要“混入”多个方法，就生成多个混入类。

```
class MyClass extends Mixin1(Mixin2(MyBaseClass)) {
  /* ... */
}
```

这种写法的一个好处是可以调用 super，避免在“混入”过程中覆盖父类的同名方法。

```
let Mixin1 = (superclass) => class extends superclass {
  foo() {
    console.log('foo from Mixin1');
    if (super.foo) super.foo();
  }
};

let Mixin2 = (superclass) => class extends superclass {
  foo() {
    console.log('foo from Mixin2');
    if (super.foo) super.foo();
  }
};
```

```
class S {
  foo() {
    console.log('foo from S');
  }
}

class C extends Mixin1(Mixin2(S)) {
  foo() {
    console.log('foo from C');
    super.foo();
  }
}
```

上面的代码中，每一次混入发生时都调用了父类的 `super.foo` 方法，导致父类的同名方法没有被覆盖，行为被保留了下来。

```
new C().foo()
// foo from C
// foo from Mixin1
// foo from Mixin2
// foo from S
```

21.7 Trait

Trait 也是一种修饰器，效果与 Mixin 类似，但是提供了更多功能，比如防止同名方法的冲突、排除混入某些方法、为混入的方法起别名等。

下面以 traits-decorator（github.com/CocktailJS/traits-decorator）这个第三方模块为例进行说明。这个模块提供的 `traits` 修饰器不仅可以接受对象，还可以接受 ES6 类作为参数。

```
import { traits } from 'traits-decorator';

class TFoo {
  foo() { console.log('foo') }
}

const TBar = {
  bar() { console.log('bar') }
};
```

```
@traits(TFoo, TBar)
class MyClass { }

let obj = new MyClass();
obj.foo() // foo
obj.bar() // bar
```

上面的代码中，通过 traits 修饰器在 MyClass 类上“混入”了 TFoo 类的 foo 方法和 TBar 类的 bar 方法。

Trait 不允许“混入”同名方法。

```
import { traits } from 'traits-decorator';

class TFoo {
  foo() { console.log('foo') }
}

const TBar = {
  bar() { console.log('bar') },
  foo() { console.log('foo') }
};

@traits(TFoo, TBar)
class MyClass { }
// 报错
// throw new Error
// ('Method named: ' + methodName + ' is defined twice.');
//        ^
// Error: Method named: foo is defined twice.
```

上面的代码中，TFoo 和 TBar 都有 foo 方法，结果 traits 修饰器报错。

一种解决方法是排除 TBar 的 foo 方法。

```
import { traits, excludes } from 'traits-decorator';

class TFoo {
  foo() { console.log('foo') }
}

const TBar = {
```

```
  bar() { console.log('bar') },
  foo() { console.log('foo') }
};

@traits(TFoo, TBar::excludes('foo'))
class MyClass { }

let obj = new MyClass();
obj.foo() // foo
obj.bar() // bar
```

上面的代码使用绑定运算符（::）在 TBar 上排除了 foo 方法，混入时就不会报错了。

另一种方法是为 TBar 的 foo 方法起一个别名。

```
import { traits, alias } from 'traits-decorator';

class TFoo {
  foo() { console.log('foo') }
}

const TBar = {
  bar() { console.log('bar') },
  foo() { console.log('foo') }
};

@traits(TFoo, TBar::alias({foo: 'aliasFoo'}))
class MyClass { }

let obj = new MyClass();
obj.foo() // foo
obj.aliasFoo() // foo
obj.bar() // bar
```

上面的代码为 TBar 的 foo 方法起了别名 aliasFoo，于是 MyClass 也可以混入 TBar 的 foo 方法了。

alias 和 excludes 方法可以结合起来使用。

```
@traits(TExample::excludes('foo','bar')::alias({baz:'exampleBaz'}))
class MyClass {}
```

上面的代码排除了 TExample 的 foo 方法和 bar 方法，为 baz 方法起了别名

exampleBaz。

as 方法则为上面的代码提供了另一种写法。

```
@traits(TExample::as({excludes:['foo', 'bar'],
alias: {baz: 'exampleBaz'}}))
class MyClass {}
```

21.8 Babel 转码器的支持

目前，Babel 转码器已经支持 Decorator。

首先，安装 babel-core 和 babel-plugin-transform-decorators。由于后者包括在 babel-preset-stage-0 之中，所以改为安装 babel-preset-stage-0 亦可。

```
$ npm install babel-core babel-plugin-transform-decorators
```

然后，设置配置文件 .babelrc。

```
{
  "plugins": ["transform-decorators"]
}
```

这时，Babel 就可以对 Decorator 进行转码了。

脚本中打开的命令如下。

```
babel.transform("code", {plugins: ["transform-decorators"]})
```

Babel 的官方网站提供一个在线转码器（babeljs.io/repl/），只要勾选“Experimental”，就能支持 Decorator 的在线转码。

第 22 章 Module 的语法

22.1 概述

JavaScript 一直没有模块（module）体系，无法将一个大程序拆分成互相依赖的小文件，再用简单的方法将它们拼装起来。其他语言都有这项功能，比如 Ruby 的 `require`、Python 的 `import`，甚至连 CSS 都有`@import`，但是 JavaScript 没有任何对这方面的支持，这对于开发大型、复杂的项目而言是一个巨大的障碍。

在 ES6 之前，社区制定了一些模块加载方案，最主要的有 CommonJS 和 AMD 两种。前者用于服务器，后者用于浏览器。ES6 在语言规格的层面上实现了模块功能，而且实现得相当简单，完全可以取代现有的 CommonJS 和 AMD 规范，成为浏览器和服务器通用的模块解决方案。

ES6 模块的设计思想是尽量静态化，使得编译时就能确定模块的依赖关系，以及输入和输出的变量。CommonJS 和 AMD 模块都只能在运行时确定这些东西。比如，CommonJS 模块就是对象，输入时必须查找对象属性。

```
// CommonJS 模块
let { stat, exists, readFile } = require('fs');

// 等同于
let _fs = require('fs');
let stat = _fs.stat;
let exists = _fs.exists;
let readfile = _fs.readfile;
```

上面代码的实质是整体加载 `fs` 模块（即加载 `fs` 的所有方法），生成一个对象（`_fs`），然后再从这个对象上面读取 3 个方法。这种加载称为“运行时加载”，因为只有运行时才能得到这个对象，导致完全没办法在编译时进行“静态优化”。

ES6 模块不是对象，而是通过 `export` 命令显式指定输出的代码，再通过 `import` 命令输入。

```
// ES6 模块
import { stat, exists, readFile } from 'fs';
```

上面代码的实质是从 `fs` 模块加载 3 个方法，而不加载其他方法。这种加载称为“编译时加载”或者静态加载，即 ES6 可以在编译时就完成模块加载，效率比 CommonJS 模块的加载方式高。当然，这也导致了 ES6 模块本身无法被引用，因为它不是对象。

由于 ES6 模块是编译时加载，使得静态分析成为可能。有了它就能进一步拓展 JavaScript 的语法，比如引入宏（macro）和类型检验（type system）这些只能靠静态分析实现的功能。

除了静态加载带来的各种好处，ES6 模块还有以下好处。

- 不再需要 UMD 模块格式，将来服务器和浏览器都会支持 ES6 模块格式。目前，通过各种工具库其实已经做到了这一点。
- 将来浏览器的新 API 可以用模块格式提供，不再需要做成全局变量或者 `navigator` 对象的属性。
- 不再需要对象作为命名空间（比如 `Math` 对象），未来这些功能可以通过模块来提供。

本章介绍 ES6 模块的语法，下一章将介绍如何在浏览器和 Node 之中加载 ES6 模块。

22.2 严格模式

ES6 的模块自动采用严格模式，不管有没有在模块头部加上“`use strict`”。

严格模式主要有以下限制。

- 变量必须声明后再使用。
- 函数的参数不能有同名属性，否则报错。
- 不能使用 `with` 语句。
- 不能对只读属性赋值，否则报错。
- 不能使用前缀 0 表示八进制数，否则报错。
- 不能删除不可删除的属性，否则报错。
- 不能删除变量 `delete prop`，会报错，只能删除属性 `delete global[prop]` 。
- `eval` 不会在它的外层作用域引入变量。

- eval 和 arguments 不能被重新赋值。
- arguments 不会自动反映函数参数的变化。
- 不能使用 arguments.callee。
- 不能使用 arguments.caller。
- 禁止 this 指向全局对象。
- 不能使用 fn.caller 和 fn.arguments 获取函数调用的堆栈。
- 增加了保留字（比如 protected、static 和 interface）。

上面这些限制，模块都必须遵守。由于严格模式是 ES5 引入的，不属于 ES6，所以请参阅相关的 ES5 书籍，本书不再详细介绍。

注意！

尤其需要注意 this 的限制。在 ES6 模块之中，顶层的 this 指向 undefined，即不应该在顶层代码中使用 this。

22.3 export 命令

模块功能主要由两个命令构成：export 和 import。export 命令用于规定模块的对外接口，import 命令用于输入其他模块提供的功能。

一个模块就是一个独立的文件。该文件内部的所有变量，外部无法获取。如果希望外部能够读取模块内部的某个变量，就必须使用 export 关键字输出该变量。下面是一个 JS 文件，里面使用 export 命令输出了变量。

```
// profile.js
export var firstName = 'Michael';
export var lastName = 'Jackson';
export var year = 1958;
```

上面的代码是 profile.js 文件，保存了用户信息。ES6 将其视为一个模块，里面用 export 命令对外部输出了 3 个变量。

export 的写法，除了像上面这样，还有另外一种。

```
// profile.js
var firstName = 'Michael';
var lastName = 'Jackson';
var year = 1958;
```

```
export {firstName, lastName, year};
```

上面的代码在 export 命令后面使用大括号指定所要输出的一组变量。它与前一种写法（直接放置在 var 语句前）是等价的，但是应该优先考虑使用这种写法。因为这样就可以在脚本尾部，一眼看清楚输出了哪些变量。

export 命令除了输出变量，还可以输出函数或类（class）。

```
export function multiply(x, y) {
  return x * y;
};
```

上面的代码对外输出一个函数 multiply。

通常情况下，export 输出的变量就是本来的名字，但是可以使用 as 关键字重命名。

```
function v1() { ... }
function v2() { ... }

export {
  v1 as streamV1,
  v2 as streamV2,
  v2 as streamLatestVersion
};
```

上面的代码使用 as 关键字重命名了函数 v1 和 v2 的对外接口。重命名后，v2 可以用不同的名字输出两次。

需要特别注意的是，export 命令规定的是对外的接口，必须与模块内部的变量建立一一对应关系。

```
// 报错
export 1;

// 报错
var m = 1;
export m;
```

上面两种写法都会报错，因为没有提供对外的接口。第一种写法直接输出 1，第二种写法通过变量 m 依然直接输出 1。1 只是一个值，不是接口。正确的写法是下面这样。

```
// 写法一
export var m = 1;

// 写法二
```

```
var m = 1;
export {m};

// 写法三
var n = 1;
export {n as m};
```

上面 3 种写法都是正确的，规定了对外的接口 m。其他脚本可以通过这个接口取到值 1。它们的实质是，在接口名与模块内部变量之间建立了一一对应的关系。

同样地，function 和 class 的输出也必须遵守这样的写法。

```
// 报错
function f() {}
export f;

// 正确
export function f() {};

// 正确
function f() {}
export {f};
```

另外，export 语句输出的接口与其对应的值是动态绑定关系，即通过该接口可以取到模块内部实时的值。

```
export var foo = 'bar';
setTimeout(() => foo = 'baz', 500);
```

上面的代码输出变量 foo，值为 bar，500ms 之后变成 baz。

这一点与 CommonJS 规范完全不同。CommonJS 模块输出的是值的缓存，不存在动态更新，详见第 23 章。

最后，export 命令可以出现在模块的任何位置，只要处于模块顶层就可以。如果处于块级作用域内，就会报错，下一节的 import 命令也是如此。这是因为处于条件代码块之中，就没法做静态优化了，违背了 ES6 模块的设计初衷。

```
function foo() {
  export default 'bar' // SyntaxError
}
foo()
```

上面的代码中，export 语句放在函数之中，结果报错。

22.4 import 命令

使用 export 命令定义了模块的对外接口以后，其他 JS 文件就可以通过 import 命令加载这个模块了。

```
// main.js
import {firstName, lastName, year} from './profile';

function setName(element) {
  element.textContent = firstName + ' ' + lastName;
}
```

上面的 import 命令用于加载 profile.js 文件，并从中输入变量。import 命令接受一个对象（用大括号表示），里面指定要从其他模块导入的变量名。大括号中的变量名必须与被导入模块（profile.js）对外接口的名称相同。

如果想为输入的变量重新取一个名字，要在 import 命令中使用 as 关键字，将输入的变量重命名。

```
import { lastName as surname } from './profile';
```

import 后面的 from 指定模块文件的位置，可以是相对路径，也可以是绝对路径，.js 后缀可以省略。如果只是模块名，不带有路径，那么必须有配置文件告诉 JavaScript 引擎该模块的位置。

```
import {myMethod} from 'util';
```

上面的代码中，util 是模块文件名，由于不带有路径，因此必须通过配置告诉引擎如何取到这个模块。

注意，import 命令具有提升效果，会提升到整个模块的头部并首先执行。

```
foo();

import { foo } from 'my_module';
```

上面的代码不会报错，因为 import 的执行早于 foo 的调用。这种行为的本质是，import 命令是编译阶段执行的，在代码运行之前。

由于 import 是静态执行，所以不能使用表达式和变量，只有在运行时才能得到结果的语法结构。

```
// 报错
import { 'f' + 'oo' } from 'my_module';
```

```
// 报错
let module = 'my_module';
import { foo } from module;

// 报错
if (x === 1) {
  import { foo } from 'module1';
} else {
  import { foo } from 'module2';
}
```

上面 3 种写法都会报错，因为它们用到了表达式、变量和 `if` 结构。在静态分析阶段，这些语法都是无法得到值的。

最后，`import` 语句会执行所加载的模块，因此可以有下面的写法。

```
import 'lodash';
```

上面的代码仅仅执行 `lodash` 模块，但是不会输入任何值。

如果多次重复执行同一句 `import` 语句，那么只会执行一次，而不会执行多次。

```
import 'lodash';
import 'lodash';
```

上面的代码加载了两次 `lodash`，但是只会执行一次。

```
import { foo } from 'my_module';
import { bar } from 'my_module';

// 等同于
import { foo, bar } from 'my_module';
```

上面的代码中，虽然 `foo` 和 `bar` 在两个语句中加载，但是它们对应的是同一个 `my_module` 实例。也就是说，`import` 语句是 Singleton 模式。

目前阶段，通过 Babel 转码，CommonJS 模块的 `require` 命令和 ES6 模块的 `import` 命令可以写在同一个模块里面，但是最好不要这样做。因为 `import` 在静态解析阶段执行，所以它是一个模块之中最早被执行的。下面的代码可能不会得到预期结果。

```
require('core-js/modules/es6.symbol');
require('core-js/modules/es6.promise');
import React from 'React';
```

22.5 模块的整体加载

除了指定加载某个输出值，还可以使用整体加载（即星号*）来指定一个对象，所有输出值都加载在这个对象上。

下面是 circle.js 文件，它输出两个方法：area 和 circumference。

```
// circle.js

export function area(radius) {
  return Math.PI * radius * radius;
}

export function circumference(radius) {
  return 2 * Math.PI * radius;
}
```

现在加载这个模块。

```
// main.js

import { area, circumference } from './circle';

console.log('圆面积: ' + area(4));
console.log('圆周长: ' + circumference(14));
```

上面的写法将逐一指定要加载的方法，整体加载的写法如下。

```
import * as circle from './circle';

console.log('圆面积: ' + circle.area(4));
console.log('圆周长: ' + circle.circumference(14));
```

注意，模块整体加载所在的对象（上例是 circle）应该是可以静态分析的，所以不允许运行时改变。

下面的写法都是不允许的。

```
import * as circle from './circle';

// 下面两行都是不允许的
circle.foo = 'hello';
circle.area = function () {};
```

22.6 export default 命令

从前面的例子可以看出，使用 import 命令时用户需要知道所要加载的变量名或函数名，否则无法加载。但是，用户肯定希望快速上手，未必愿意阅读文档去了解模块有哪些属性和方法。

为了方便用户，使其不用阅读文档就能加载模块，可以使用 export default 命令为模块指定默认输出。

```
// export-default.js
export default function () {
  console.log('foo');
}
```

上面的代码是一个模块文件 export-default.js，它的默认输出是一个函数。

其他模块加载该模块时，import 命令可以为该匿名函数指定任意名字。

```
// import-default.js
import customName from './export-default';
customName(); // 'foo'
```

上面的 import 命令可以用任意名称指向 export-default.js 输出的方法，这时就不需要知道原模块输出的函数名。需要注意的是，这时 import 命令后面不使用大括号。

export default 命令用在非匿名函数前也是可以的。

```
// export-default.js
export default function foo() {
  console.log('foo');
}

// 或者写成

function foo() {
  console.log('foo');
}

export default foo;
```

上面的代码中，foo 函数的函数名 foo 在模块外部是无效的。加载时视同匿名函数。

下面比较一下默认输出和正常输出。

```
// 第一组
export default function crc32() {        // 输出
  // ...
}

import crc32 from 'crc32';               // 输入

// 第二组
export function crc32() {                // 输出
  // ...
};

import {crc32} from 'crc32';             // 输入
```

上面的两组写法中，第一组使用 export default，对应的 import 语句不需要使用大括号；第二组不使用 export default，对应的 import 语句需要使用大括号。

export default 命令用于指定模块的默认输出。显然，一个模块只能有一个默认输出，因此 export deault 命令只能使用一次。所以 import 命令后面才不用加大括号，因为只可能对应一个方法。

本质上，export default 就是输出一个叫作 default 的变量或方法，然后系统允许我们为它取任意名字。所以，下面的写法是有效的。

```
// modules.js
function add(x, y) {
  return x * y;
}
export {add as default};
// 等同于
// export default add;

// app.js
import { default as xxx } from 'modules';
// 等同于
// import xxx from 'modules';
```

正是因为 export default 命令其实只是输出一个叫作 default 的变量，所以它后面不能跟变量声明语句。

```
// 正确
```

```
export var a = 1;

// 正确
var a = 1;
export default a;

// 错误
export default var a = 1;
```

上面的代码中，export default a 的含义是将变量 a 的值赋给变量 default。所以，最后一种写法会报错。

同样地，因为 export default 本质是将该命令后面的值赋给 default 变量以后再默认，所以直接将一个值写在 export default 之后。

```
// 正确
export default 42;

// 报错
export 42;
```

上面的代码中，后一句报错是因为没有指定对外的接口，而前一句指定对外接口为 default。

有了 export default 命令，输入模块时就非常直观了，以输入 lodash 模块为例。

```
import _ from 'lodash';
```

如果想在一条 import 语句中同时输入默认方法和其他接口，可以写成下面这样。

```
import _, { each, each as forEach } from 'lodash';
```

对应上面代码的 export 语句如下。

```
export default function (obj) {
  // ···
}

export function each(obj, iterator, context) {
  // ···
}

export { each as forEach };
```

上面代码最后一行的意思是，暴露出 forEach 接口，默认指向 each 接口，即 forEach

和 each 指向同一个方法。

export default 也可以用来输出类。

```
// MyClass.js
export default class { ... }

// main.js
import MyClass from 'MyClass';
let o = new MyClass();
```

22.7 export 与 import 的复合写法

如果在一个模块之中先输入后输出同一个模块，import 语句可以与 export 语句写在一起。

```
export { foo, bar } from 'my_module';

// 等同于
import { foo, bar } from 'my_module';
export { foo, bar };
```

上面的代码中，export 和 import 语句可以结合在一起写成一行。

模块的接口改名和整体输出也可以采用这种写法。

```
// 接口改名
export { foo as myFoo } from 'my_module';

// 整体输出
export * from 'my_module';
```

默认接口的写法如下。

```
export { default } from 'foo';
```

具名接口改为默认接口的写法如下。

```
export { es6 as default } from './someModule';

// 等同于
import { es6 } from './someModule';
export default es6;
```

同样地，默认接口也可以改为具名接口。

```
export { default as es6 } from './someModule';
```

下面 3 种 import 语句没有对应的复合写法。

```
import * as someIdentifier from "someModule";
import someIdentifier from "someModule";
import someIdentifier, { namedIdentifier } from "someModule";
```

为了做到形式对称，有一个提案（github.com/leebyron/ecmascript-export- default-from）提出补上这 3 种复合写法。

```
export * as someIdentifier from "someModule";
export someIdentifier from "someModule";
export someIdentifier, { namedIdentifier } from "someModule";
```

22.8 模块的继承

模块之间也可以继承。

假设有一个 circleplus 模块继承了 circle 模块。

```
// circleplus.js

export * from 'circle';
export var e = 2.71828182846;
export default function(x) {
  return Math.exp(x);
}
```

上面的 export *表示输出 circle 模块的所有属性和方法。

注意！

export *命令会忽略 circle 模块的 default 方法。之后，又输出了自定义的 e 变量和默认方法。

这时也可以将 circle 的属性或方法改名后再输出。

```
// circleplus.js

export { area as circleArea } from 'circle';
```

上面的代码表示，只输出 circle 模块的 area 方法，且将其改名为 circleArea。

加载上面模块的写法如下。

```
// main.js
```

```
import * as math from 'circleplus';
import exp from 'circleplus';
console.log(exp(math.e));
```

上面代码中的 import exp 表示，将 circleplus 模块的默认方法加载为 exp 方法。

22.9 跨模块常量

前面介绍 const 命令的时候说过，const 声明的常量只在当前代码块内有效。如果想设置跨模块的常量（即跨多个文件），或者说一个值要被多个模块共享，可以采用下面的写法。

```
// constants.js 模块
export const A = 1;
export const B = 3;
export const C = 4;

// test1.js 模块
import * as constants from './constants';
console.log(constants.A); // 1
console.log(constants.B); // 3

// test2.js 模块
import {A, B} from './constants';
console.log(A); // 1
console.log(B); // 3
```

如果要使用的常量非常多，可以建立一个专门的 constants 目录，将各种常量写在不同的文件里面并保存在该目录下。

```
// constants/db.js
export const db = {
  url: 'http://my.couchdbserver.local:5984',
  admin_username: 'admin',
  admin_password: 'admin password'
};

// constants/user.js
export const users = ['root', 'admin', 'staff',
                     'ceo', 'chief', 'moderator'];
```

然后，将这些文件输出的常量合并在 index.js 里面。

```
// constants/index.js
export {db} from './db';
export {users} from './users';
```

使用的时候，直接加载 index.js 即可。

```
// script.js
import {db, users} from './constants';
```

22.10 import()

22.10.1 简介

前面介绍过，import 命令会被 JavaScript 引擎静态分析，先于模块内的其他模块执行（称为“连接”更合适）。所以，下面的代码会报错。

```
// 报错
if (x === 2) {
  import MyModual from './myModual';
}
```

上面的代码中，引擎处理 import 语句是在编译时，这时不会分析或执行 if 语句，所以 import 语句放在 if 代码块之中毫无意义，因此会报句法错误，而不是执行时错误。也就是说，import 和 export 命令只能在模块的顶层，不能在代码块之中（比如，在 if 代码块之中，或在函数之中）。

这样的设计固然有利于编译器提高效率，但也导致无法在运行时加载模块。在语法上，条件加载不可能实现。如果 import 命令要取代 Node 的 require 方法，这就形成了一个障碍。因为 require 是运行时加载模块，import 命令无法取代 require 的动态加载功能。

```
const path = './' + fileName;
const myModual = require(path);
```

上面的语句是动态加载，require 到底加载哪一个模块只有运行时才能知道。import 语句做不到这一点。

因此，有一个提案（github.com/tc39/proposal-dynamic-import）建议引入 import() 函数，完成动态加载。

```
import(specifier)
```

上面的代码中，`import()`函数的参数 `specifier` 指定所要加载的模块的位置。`import` 命令能够接受什么参数，`import()`函数就能接受什么参数，两者的区别主要是，后者为动态加载。

`import()`返回一个 Promise 对象。下面是一个例子。

```
const main = document.querySelector('main');

import(`./section-modules/${someVariable}.js`)
  .then(module => {
    module.loadPageInto(main);
  })
  .catch(err => {
    main.textContent = err.message;
  });
```

`import()`函数可以用在任何地方，不仅仅是模块，非模块的脚本也可以使用。它是运行时执行，也就是说，运行到这一句时便会加载指定的模块。另外，`import()`函数与所加载的模块没有静态连接关系，这点也与 `import` 语句不相同。

`import()`类似于 Node 的 `require` 方法，区别主要是，前者是异步加载，后者是同步加载。

22.10.2 适用场合

下面是 `import()`的一些适用场合。

按需加载

`import()`可以在需要的时候再加载某个模块。

```
button.addEventListener('click', event => {
  import('./dialogBox.js')
  .then(dialogBox => {
    dialogBox.open();
  })
  .catch(error => {
    /* Error handling */
  })
});
```

上面的代码中，`import()`方法放在 `click` 事件的监听函数之中，只有用户点击按钮才会加载这个模块。

条件加载

import()可以放在 if 代码块中，根据不同的情况加载不同的模块。

```
if (condition) {
  import('moduleA').then(...);
} else {
  import('moduleB').then(...);
}
```

上面的代码中，满足条件时就加载模块 A，否则加载模块 B。

动态的模块路径

import()允许模块路径动态生成。

```
import(f())
.then(...);
```

上面的代码根据函数 f 的返回结果加载不同的模块。

22.10.3 注意点

import()加载模块成功以后，这个模块会作为一个对象当作 then 方法的参数。因此，可以使用对象解构赋值的语法，获取输出接口。

```
import('./myModule.js')
.then(({export1, export2}) => {
  // ...·
});
```

上面的代码中，export1 和 export2 都是 myModule.js 的输出接口，可以解构获得。

如果模块有 default 输出接口，可以用参数直接获得。

```
import('./myModule.js')
.then(myModule => {
  console.log(myModule.default);
});
```

上面的代码也可以使用具名输入的形式。

```
import('./myModule.js')
.then(({default: theDefault}) => {
  console.log(theDefault);
});
```

如果想同时加载多个模块，可以采用下面的写法。

```
Promise.all([
  import('./module1.js'),
  import('./module2.js'),
  import('./module3.js'),
])
.then(([module1, module2, module3]) => {
   ···
});
```

`import()`也可以用在 async 函数之中。

```
async function main() {
  const myModule = await import('./myModule.js');
  const {export1, export2} = await import('./myModule.js');
  const [module1, module2, module3] =
    await Promise.all([
      import('./module1.js'),
      import('./module2.js'),
      import('./module3.js'),
    ]);
}
main();
```

第 23 章 Module 的加载实现

上一章介绍了模块的语法，本章将介绍如何在浏览器和 Node 之中加载 ES6 模块，以及实际开发中经常遇到的一些问题（比如循环加载）。

23.1 浏览器加载

23.1.1 传统方法

在 HTML 网页中，浏览器通过`<script>`标签加载 JavaScript 脚本。

```
<!-- 页面内嵌的脚本 -->
<script type="application/javascript">
  // module code
</script>

<!-- 外部脚本 -->
<script type="application/javascript" src="path/to/myModule.js">
</script>
```

上面的代码中，由于浏览器脚本的默认语言是 JavaScript，因此 `type="application/javascript"`可以省略。

默认情况下，浏览器同步加载 JavaScript 脚本，即渲染引擎遇到`<script>`标签就会停下来，等到脚本执行完毕再继续向下渲染。如果是外部脚本，还必须加入脚本下载的时间。

如果脚本体积很大，下载和执行的时间就会很长，因此造成浏览器堵塞，用户会感觉到浏览器“卡死”了，没有任何响应。这显然是很不好的体验，所以浏览器允许脚本异步加载，下面就是两种异步加载的语法。

```
<script src="path/to/myModule.js" defer></script>
<script src="path/to/myModule.js" async></script>
```

上面的代码中，<script>标签打开 defer 或 async 属性，脚本就会异步加载。渲染引擎遇到这一行命令就会开始下载外部脚本，但不会等它下载和执行，而是直接执行后面的命令。

defer 与 async 的区别是，前者要等到整个页面正常渲染结束才会执行，而后者一旦下载完成，渲染引擎就会中断渲染，执行这个脚本以后再继续渲染。用一句话来说，defer 是“渲染完再执行”，async 是“下载完就执行”。另外，如果有多个 defer 脚本，则会按照它们在页面出现的顺序加载，而多个 async 脚本是不能保证加载顺序的。

23.1.2 加载规则

浏览器加载 ES6 模块时也使用<script>标签，但是要加入 type="module"属性。

```
<script type="module" src="foo.js"></script>
```

上面的代码在网页中插入了一个模块 foo.js，由于 type 属性设为 module，所以浏览器知道这是一个 ES6 模块。

对于带有 type="module"的<script>，浏览器都是异步加载的，不会造成浏览器堵塞，即等到整个页面渲染完再执行模块脚本，等同于打开了<script>标签的 defer 属性。

```
<script type="module" src="foo.js"></script>
<!-- 等同于 -->
<script type="module" src="foo.js" defer></script>
```

<script>标签的 async 属性也可以打开，这时只要加载完成，渲染引擎就会中断渲染立即执行。执行完成后，再恢复渲染。

```
<script type="module" src="foo.js" async></script>
```

ES6 模块也允许内嵌在网页中，语法行为与加载外部脚本完全一致。

```
<script type="module">
  import utils from "./utils.js";

  // other code
</script>
```

对于外部的模块脚本（上例是 foo.js），有几点需要注意。

- 代码是在模块作用域之中运行，而不是在全局作用域中运行。模块内部的顶层变量是外部不可见的。
- 模块脚本自动采用严格模式，无论有没有声明 `use strict`。
- 模块之中可以使用 `import` 命令加载其他模块（`.js` 后缀不可省略，需要提供绝对 URL 或相对 URL），也可以使用 `export` 命令输出对外接口。
- 在模块之中，顶层的 `this` 关键字返回 `undefined`，而不是指向 `window`。也就是说，在模块顶层使用 `this` 关键字是无意义的。
- 同一个模块如果加载多次，将只执行一次。

下面是一个示例模块。

```
import utils from 'https://example.com/js/utils.js';

const x = 1;

console.log(x === window.x);       //false
console.log(this === undefined);   // true

delete x;                          // 句法错误，严格模式禁止删除变量
```

利用顶层的 `this` 等于 `undefined` 这个语法点，可以监测当前代码是否在 ES6 模块之中。

```
const isNotModuleScript = this !== undefined;
```

23.2 ES6 模块与 CommonJS 模块的差异

讨论 Node 加载 ES6 模块之前，必须了解 ES6 模块与 CommonJS 模块的差异，具体的两大差异如下。

- CommonJS 模块输出的是一个值的复制，ES6 模块输出的是值的引用。
- CommonJS 模块是运行时加载，ES6 模块是编译时输出接口。

第二个差异是因为 CommonJS 加载的是一个对象（即 `module.exports` 属性），该对象只有在脚本运行结束时才会生成。而 ES6 模块不是对象，它的对外接口只是一种静态定义，在代码静态解析阶段就会生成。

下面重点解释第一个差异。

CommonJS 模块输出的是值的复制，也就是说，一旦输出一个值，模块内部的变化就影响不到这个值。请看下面这个模块文件 `lib.js` 的例子。

```
// lib.js
var counter = 3;
function incCounter() {
  counter++;
}
module.exports = {
  counter: counter,
  incCounter: incCounter,
};
```

上面的代码输出内部变量 counter 和改写这个变量的内部方法 incCounter。然后，在 main.js 里面加载这个模块。

```
// main.js
var mod = require('./lib');

console.log(mod.counter);  // 3
mod.incCounter();
console.log(mod.counter);  // 3
```

上面的代码说明，lib.js 模块加载以后，它的内部变化就影响不到输出的 mod.counter 了。这是因为 mod.counter 是一个原始类型的值，会被缓存。除非写成一个函数，否则得到内部变动后的值。

```
// lib.js
var counter = 3;
function incCounter() {
  counter++;
}
module.exports = {
  get counter() {
    return counter
  },
  incCounter: incCounter,
};
```

上面的代码中，输出的 counter 属性实际上是一个取值器函数。现在再执行 main.js 就可以正确读取内部变量 counter 的变动了。

```
$ node main.js
3
4
```

ES6 模块的运行机制与 CommonJS 不一样。JS 引擎对脚本静态分析的时候，遇到模块加载命令 import 就会生成一个只读引用。等到脚本真正执行时，再根据这个只读引用到被加载的模块中取值。换句话说，ES6 的 import 有点像 Unix 系统的"符号连接"，原始值变了，import 加载的值也会跟着变。因此，ES6 模块是动态引用，并且不会缓存值，模块里面的变量绑定其所在的模块。

还是以上面的代码为例。

```
// lib.js
export let counter = 3;
export function incCounter() {
  counter++;
}

// main.js
import { counter, incCounter } from './lib';
console.log(counter); // 3
incCounter();
console.log(counter); // 4
```

上面的代码说明，ES6 模块输入的变量 counter 是活的，完全反应其所在模块 lib.js 内部的变化。

再举一个出现在 export 一节中的例子。

```
// m1.js
export var foo = 'bar';
setTimeout(() => foo = 'baz', 500);

// m2.js
import {foo} from './m1.js';
console.log(foo);
setTimeout(() => console.log(foo), 500);
```

上面的代码中，m1.js 的变量 foo 在刚加载时是 bar，过了 500ms 又变为 baz。

来看一下 m2.js 能否正确读取这个变化。

```
$ babel-node m2.js

bar
baz
```

上面的代码表明，ES6 模块不会缓存运行结果，而是动态地去被加载的模块取值，并且变量总是绑定其所在的模块。

由于 ES6 输入的模块变量只是一个“符号连接”，所以这个变量是只读的，对它进行重新赋值会报错。

```
// lib.js
export let obj = {};

// main.js
import { obj } from './lib';

obj.prop = 123;     // OK
obj = {};           // TypeError
```

上面的代码中，main.js 从 lib.js 输入变量 obj，可以对 obj 添加属性，但是重新赋值就会报错。因为变量 obj 指向的地址是只读的，不能重新赋值，这就好比 main.js 创造了一个名为 obj 的 const 变量。

最后，export 通过接口输出的是同一个值。不同的脚本加载这个接口得到的都是同样的实例。

```
// mod.js
function C() {
  this.sum = 0;
  this.add = function () {
    this.sum += 1;
  };
  this.show = function () {
    console.log(this.sum);
  };
}

export let c = new C();
```

上面的脚本 mod.js 输出的是一个 C 的实例。不同的脚本加载这个模块得到的都是同一个实例。

```
// x.js
import {c} from './mod';
c.add();

// y.js
```

```
import {c} from './mod';
c.show();

// main.js
import './x';
import './y';
```

现在执行 main.js，输出的是 1。

```
$ babel-node main.js
1
```

这就证明了 x.js 和 y.js 加载的都是 C 的同一个实例。

23.3 Node 加载

23.3.1 概述

Node 对 ES6 模块的处理比较麻烦，因为它有自己的 CommonJS 模块格式，与 ES6 模块格式是不兼容的。目前的解决方案是，将两者分开，ES6 模块和 CommonJS 采用各自的加载方案。

在静态分析阶段，一个模块脚本只要有一行 import 或 export 语句，Node 就会认为该脚本为 ES6 模块，否则就为 CommonJS 模块。如果不输出任何接口，但是希望被 Node 认为是 ES6 模块，可以在脚本中加上如下语句。

```
export {};
```

上面的命令并不是输出一个空对象，而是不输出任何接口的 ES6 标准写法。

如果不指定绝对路径，Node 加载 ES6 模块会依次寻找以下脚本，与 require()的规则一致。

```
import './foo';
// 依次寻找
//   ./foo.js
//   ./foo/package.json
//   ./foo/index.js

import 'baz';
// 依次寻找
//   ./node_modules/baz.js
```

```
//   ./node_modules/baz/package.json
//   ./node_modules/baz/index.js
// 寻找上一级目录
//   ../node_modules/baz.js
//   ../node_modules/baz/package.json
//   ../node_modules/baz/index.js
// 再上一级目录
```

ES6 模块之中，顶层的 `this` 指向 `undefined`，CommonJS 模块的顶层 `this` 指向当前模块，这是两者的一个重大差异。

23.3.2 import 命令加载 CommonJS 模块

Node 采用 CommonJS 模块格式，模块的输出都定义在 `module.exports` 属性上面。在 Node 环境中，使用 `import` 命令加载 CommonJS 模块，Node 会自动将 `module.exports` 属性当作模块的默认输出，即等同于 `export default`。

下面是一个 CommonJS 模块。

```
// a.js
module.exports = {
  foo: 'hello',
  bar: 'world'
};

// 等同于
export default {
  foo: 'hello',
  bar: 'world'
};
```

`import` 命令加载上面的模块，`module.exports` 会被视为默认输出。

```
// 写法一
import baz from './a';
// baz = {foo: 'hello', bar: 'world'};

// 写法二
import {default as baz} from './a';
// baz = {foo: 'hello', bar: 'world'};
```

如果采用整体输入的写法（`import * as xxx from someModule`），`default` 会取代

module.exports 作为输入的接口。

```
import * as baz from './a';
// baz = {
//   get default() {return module.exports;},
//   get foo() {return this.default.foo}.bind(baz),
//   get bar() {return this.default.bar}.bind(baz)
// }
```

上面的代码中，this.default 取代了 module.exports。需要注意的是，Node 会自动为 baz 添加 default 属性，通过 baz.default 获取 module.exports。

```
// b.js
module.exports = null;

// es.js
import foo from './b';
// foo = null;

import * as bar from './b';
// bar = {default:null};
```

上面的代码中，es.js 采用第二种写法时，要通过 bar.default 这样的写法才能获取 module.exports。

下面是另一个例子。

```
// c.js
module.exports = function two() {
  return 2;
};

// es.js
import foo from './c';
foo(); // 2

import * as bar from './c';
bar.default(); // 2
bar(); // throws, bar is not a function
```

上面的代码中，bar 本身是一个对象，不能当作函数调用，只能通过 bar.default 调用。

CommonJS 模块的输出缓存机制在 ES6 加载方式下依然有效。

```
// foo.js
module.exports = 123;
setTimeout(_ => module.exports = null);
```

上面的代码中，对于加载 foo.js 的脚本，module.exports 将一直是 123，而不会变成 null。

由于 ES6 模块是编译时确定输出接口，CommonJS 模块是运行时确定输出接口，所以采用 import 命令加载 CommonJS 模块时，不允许采用下面的写法。

```
import {readfile} from 'fs';
```

上面的写法不正确，因为 fs 是 CommonJS 格式，只有在运行时才能确定 readfile 接口，而 import 命令要求编译时就确定这个接口。解决方法就是改为整体输入。

```
import * as express from 'express';
const app = express.default();

import express from 'express';
const app = express();
```

23.3.3 require 命令加载 ES6 模块

采用 require 命令加载 ES6 模块时，ES6 模块的所有输出接口都会成为输入对象的属性。

```
// es.js
let foo = {bar:'my-default'};
export default foo;
foo = null;

// cjs.js
const es_namespace = require('./es');
console.log(es_namespace.default);
// {bar:'my-default'}
```

上面的代码中，default 接口变成了 es_namespace.default 属性。另外，由于存在缓存机制，es.js 对 foo 的重新赋值没有在模块外部反映出来。

下面是另一个例子。

```
// es.js
export let foo = {bar:'my-default'};
export {foo as bar};
```

```
export function f() {};
export class c {};

// cjs.js
const es_namespace = require('./es');
// es_namespace = {
//   get foo() {return foo;}
//   get bar() {return foo;}
//   get f() {return f;}
//   get c() {return c;}
// }
```

23.4　循环加载

“循环加载”（circular dependency）指的是，a 脚本的执行依赖 b 脚本，而 b 脚本的执行又依赖 a 脚本。

```
// a.js
var b = require('b');

// b.js
var a = require('a');
```

通常，“循环加载”表示存在强耦合，如果处理不好，还可能导致递归加载，使得程序无法执行，因此应该避免出现这种现象。

但是实际上，这是很难避免的，尤其是依赖关系复杂的大项目中很容易出现 a 依赖 b，b 依赖 c，c 又依赖 a 这样的情况。这意味着，模块加载机制必须考虑“循环加载”的情况。

对于 JavaScript 语言来说，目前最常见的两种模块格式 CommonJS 和 ES6 在处理“循环加载”时的方法是不一样的，返回的结果也不一样。

23.4.1　CommonJS 模块的加载原理

介绍 ES6 如何处理“循环加载”之前，先介绍目前最流行的 CommonJS 模块格式的加载原理。

CommonJS 的一个模块就是一个脚本文件。require 命令第一次加载该脚本时就会执行整个脚本，然后在内存中生成一个对象。

```
{
  id: '...',
```

```
    exports: { ... },
    loaded: true,
    ...
  }
```

上面的代码就是 Node 内部加载模块后生成的一个对象。该对象的 id 属性是模块名，exports 属性是模块输出的各个接口，loaded 属性是一个布尔值，表示该模块的脚本是否执行完毕。其他还有很多属性，这里都省略了。

以后需要用到这个模块时就会到 exports 属性上面取值。即使再次执行 require 命令，也不会再次执行该模块，而是到缓存之中取值。也就是说，CommonJS 模块无论加载多少次，都只会在第一次加载时运行一次，以后再加载时就返回第一次运行的结果，除非手动清除系统缓存。

23.4.2 CommonJS 模块的循环加载

CommonJS 模块的重要特性是加载时执行，即脚本代码在 require 的时候就会全部执行。一旦出现某个模块被“循环加载”，就只输出已经执行的部分，还未执行的部分不会输出。

让我们来看一下 Node 官方文档（nodejs.org/api/modules.html#modules_cycles）里面的例子。脚本文件 a.js 代码如下。

```
exports.done = false;
var b = require('./b.js');
console.log('在 a.js 之中，b.done = %j', b.done);
exports.done = true;
console.log('a.js 执行完毕');
```

上面的代码之中，a.js 脚本先输出一个 done 变量，然后加载另一个脚本文件 b.js。注意，此时 a.js 代码就停在这里，等待 b.js 执行完毕再往下执行。

再看 b.js 的代码。

```
exports.done = false;
var a = require('./a.js');
console.log('在 b.js 之中，a.done = %j', a.done);
exports.done = true;
console.log('b.js 执行完毕');
```

上面的代码中，b.js 执行到第二行就会加载 a.js，这时就发生了“循环加载”，系统会去 a.js 模块对应对象的 exports 属性中取值，可是因为 a.js 还没有执行完，因此从 exports 属性中只能取回已经执行的部分，而不是最后的值。

a.js 已经执行的部分只有以下一行。

```
exports.done = false;
```

因此，对于 b.js 来说，它从 a.js 只输入一个变量 done，值为 false。

然后，b.js 接着执行，等到全部执行完毕，再把执行权交还给 a.js。于是，a.js 接着执行，直到执行完毕。下面，我们来写一个脚本 main.js 验证这个过程。

```
var a = require('./a.js');
var b = require('./b.js');
console.log('在 main.js 之中, a.done=%j, b.done=%j', a.done, b.done);
```

执行 main.js，运行结果如下。

```
$ node main.js

在 b.js 之中, a.done = false
b.js 执行完毕
在 a.js 之中, b.done = true
a.js 执行完毕
在 main.js 之中, a.done=true, b.done=true
```

上面的代码证明了两件事。第一，在 b.js 之中，a.js 没有执行完毕，只执行了第一行。第二，reimain.js 执行到第二行时不会再次执行 b.js，而是输出缓存的 b.js 的执行结果，即它的第四行。

```
exports.done = true;
```

总之，CommonJS 输入的是被输出值的复制，而不是引用。

另外，由于 CommonJS 模块遇到循环加载时返回的是当前已经执行的部分的值，而不是代码全部执行后的值，两者可能会有差异。所以，输入变量的时候必须非常小心。

```
var a = require('a');                // 安全的写法
var foo = require('a').foo;          // 危险的写法

exports.good = function (arg) {
  return a.foo('good', arg);         // 使用的是 a.foo 的最新值
};

exports.bad = function (arg) {
  return foo('bad', arg);        // 使用的是一个部分加载时的值
};
```

上面的代码中，如果发生循环加载，require('a').foo 的值很可能会被改写，改用 require('a')会更保险一点。

23.4.3 ES6 模块的循环加载

ES6 处理"循环加载"与 CommonJS 有本质的不同。ES6 模块是动态引用，如果使用 import 从一个模块中加载变量（即 import foo from 'foo'），那么，变量不会被缓存，而是成为一个指向被加载模块的引用，需要开发者保证在真正取值的时候能够取到值。

请看下面这个例子。

```
// a.js 如下
import {bar} from './b.js';
console.log('a.js');
console.log(bar);
export let foo = 'foo';

// b.js
import {foo} from './a.js';
console.log('b.js');
console.log(foo);
export let bar = 'bar';
```

上面的代码中，a.js 加载 b.js，b.js 又加载 a.js，构成循环加载。执行 a.js，结果如下。

```
$ babel-node a.js
b.js
undefined
a.js
bar
```

上面的代码中，由于 a.js 的第一行是加载 b.js，所以先执行的是 b.js。而 b.js 的第一行又是加载 a.js，这时由于 a.js 已经开始执行，所以不会重复执行，而是继续执行 b.js，因此第一行输出的是 b.js。

接着，b.js 要打印变量 foo，这时 a.js 还没有执行完，取不到 foo 的值，因此打印出来的是 undefined。b.js 执行完便会开始执行 a.js，这时便会一切正常。

再来看一个稍微复杂的例子（摘自 Axel Rauschmayer 的 *Exploring ES6*，具体内容请查看 exploringjs.com/es6/ch_modules.html）。

```
// a.js
import {bar} from './b.js';
export function foo() {
  console.log('foo');
  bar();
  console.log('执行完毕');
}
foo();

// b.js
import {foo} from './a.js';
export function bar() {
  console.log('bar');
  if (Math.random() > 0.5) {
    foo();
  }
}
```

按照 CommonJS 规范，上面的代码是无法执行的。a 先加载 b，然后 b 又加载 a，这时 a 还没有任何执行结果，所以输出结果为 null，即对于 b.js 来说，变量 foo 的值等于 null，后面的 foo() 就会报错。

但是，ES6 可以执行上面的代码。

```
$ babel-node a.js
foo
bar
执行完毕

// 执行结果也有可能是
foo
bar
foo
bar
执行完毕
执行完毕
```

上面的代码中，a.js 之所以能够执行，原因就在于 ES6 加载的变量都是动态引用其所在模块的。只要引用存在，代码就能执行。

下面，我们来详细分析这段代码的运行过程。

```
// a.js

// 这一行建立一个引用，
// 从`b.js`引用`bar`
import {bar} from './b.js';

export function foo() {
  // 执行时第一行输出 foo
  console.log('foo');
  // 到 b.js 执行 bar
  bar();
  console.log('执行完毕');
}
foo();

// b.js

// 建立`a.js`的`foo`引用
import {foo} from './a.js';

export function bar() {
  // 执行时，第二行输出 bar
  console.log('bar');
  // 递归执行 foo，一旦随机数
  // 小于等于 0.5，就停止执行
  if (Math.random() > 0.5) {
    foo();
  }
}
```

再来看 ES6 模块加载器 SystemJS（github.com/ModuleLoader/es6-module-loader/blob/master/docs/circular-references-bindings.md）给出的一个例子。

```
// even.js
import { odd } from './odd'
export var counter = 0;
export function even(n) {
  counter++;
  return n == 0 || odd(n - 1);
```

```
}

// odd.js
import { even } from './even';
export function odd(n) {
  return n != 0 && even(n - 1);
}
```

上面的代码中，even.js 里面的函数 even 有一个参数 n，只要该参数不等于 0，结果就会减 1，传入加载的 odd()。odd.js 也会进行类似操作。

运行上面这段代码，结果如下。

```
$ babel-node
> import * as m from './even.js';
> m.even(10);
true
> m.counter
6
> m.even(20)
true
> m.counter
17
```

上面的代码中，参数 n 从 10 变为 0 的过程中，even() 一共会执行 6 次，所以变量 counter 等于 6。第二次调用 even() 时，参数 n 从 20 变为 0，even() 一共会执行 11 次，加上前面的 6 次，所以变量 counter 等于 17。

这个例子要是改写成 CommonJS，则会报错，根本无法执行。

```
// even.js
var odd = require('./odd');
var counter = 0;
exports.counter = counter;
exports.even = function(n) {
  counter++;
  return n == 0 || odd(n - 1);
}

// odd.js
var even = require('./even').even;
module.exports = function(n) {
```

```
  return n != 0 && even(n - 1);
}
```

上面的代码中，even.js 加载 odd.js，而 odd.js 又加载 even.js，形成“循环加载”。这时，执行引擎就会输出 even.js 已经执行的部分（不存在任何结果），所以在 odd.js 之中，变量 even 等于 null，后面再调用 even(n-1) 就会报错。

```
$ node
> var m = require('./even');
> m.even(10)
TypeError: even is not a function
```

23.5 ES6 模块的转码

浏览器目前还不支持 ES6 模块，为了实现立刻使用，我们可以将其转为 ES5 的写法。除了 Babel 可以用来转码，还有以下两个方法也可以用来转码。

23.5.1 ES6 module transpiler

ES6 module transpiler（github.com/esnext/es6-module-transpiler）是 square 公司开源的一个转码器，可以将 ES6 模块转为 CommonJS 模块或 AMD 模块，从而在浏览器中使用。

首先，安装这个转码器。

```
$ npm install -g es6-module-transpiler
```

然后，使用 compile-modules convert 命令将 ES6 模块文件转码。

```
$ compile-modules convert file1.js file2.js
```

-o 参数可以指定转码后的文件名。

```
$ compile-modules convert -o out.js file1.js
```

23.5.2 SystemJS

第二种解决方法使用了 SystemJS（github.com/systemjs/systemjs）。它是一个垫片库（polyfill），可以在浏览器内加载 ES6 模块、AMD 模块和 CommonJS 模块，将其转为 ES5 格式。它在后台调用的是 Google 的 Traceur 转码器。

使用时，先在网页内载入 system.js 文件。

```
<script src="system.js"></script>
```

然后，使用 System.import 方法加载模块文件。

```
<script>
  System.import('./app.js');
</script>
```

上面代码中的./app 指的是当前目录下的 app.js 文件。它可以是 ES6 模块文件，System.import 会自动将其转码。

需要注意的是，System.import 使用异步加载，返回一个 Promise 对象，可以针对这个对象编程。下面是一个模块文件。

```
// app/es6-file.js:

export class q {
  constructor() {
    this.es6 = 'hello';
  }
}
```

然后，在网页内加载这个模块文件。

```
<script>

System.import('app/es6-file').then(function(m) {
  console.log(new m.q().es6); // hello
});

</script>
```

上面的代码中，System.import 方法返回的是一个 Promise 对象，所以可以用 then 方法指定回调函数。

第 24 章 编程风格

本章将探讨如何将 ES6 的新语法运用到编码实践中，与传统的 JavaScript 语法结合在一起，写出合理的、易于阅读和维护的代码。

有多家公司和组织已经公开其风格规范，具体可参阅 jscs.info（http://jscs.info/），下面的内容主要参考了 Airbnb（github.com/airbnb/javascript）的 JavaScript 风格规范。

24.1 块级作用域

24.1.1 let 取代 var

ES6 提出了两个新的声明变量的命令：let 和 const。其中，let 完全可以取代 var，因为两者语义相同，而且 let 没有副作用。

```
'use strict';

if (true) {
  let x = 'hello';
}

for (let i = 0; i < 10; i++) {
  console.log(i);
}
```

上面的代码如果用 var 替代 let，实际上就声明了一个全局变量，这显然不是本意。变量应该只在其声明的代码块内有效，var 命令做不到这一点。

var 命令存在变量提升效用，let 命令没有这个问题。

```
'use strict';

if(true) {
  console.log(x); // ReferenceError
  let x = 'hello';
}
```

上面的代码如果使用 var 替代 let，那么 console.log 那一行就不会报错，而是会输出 undefined，因为变量声明会提升到代码块的头部。这违反了变量先声明后使用的原则。

所以，建议不再使用 var 命令，而是使用 let 命令取代。

24.1.2 全局常量和线程安全

在 let 和 const 之间，建议优先使用 const，尤其是在全局环境中，不应该设置变量，只应设置常量。

const 优于 let 有以下几个原因。

- const 可以提醒阅读程序的人，这个变量不应该改变。
- const 比较符合函数式编程思想，运算不改变值，只是新建值，而且这样也有利于将来的分布式运算。
- JavaScript 编译器会对 const 进行优化，所以多使用 const 有利于提供程序的运行效率，也就是说 let 和 const 的本质区别其实是编译器内部的处理不同。

```
// bad
var a = 1, b = 2, c = 3;

// good
const a = 1;
const b = 2;
const c = 3;

// best
const [a, b, c] = [1, 2, 3];
```

const 声明常量还有两个好处，一是阅读代码的人立刻会意识到不应该修改这个值，二是防止了无意间修改变量值导致错误。

所有的函数都应该设置为常量。

长远来看，JavaScript 可能会有多线程的实现（比如 Intel 的 River Trail 那一类的项目），这时 `let` 表示的变量只应出现在单线程运行的代码中，不能是多线程共享的，这样有利于保证线程安全。

24.2 字符串

静态字符串一律使用单引号或反引号，不使用双引号。动态字符串使用反引号。

```
// bad
const a = "foobar";
const b = 'foo' + a + 'bar';

// acceptable
const c = `foobar`;

// good
const a = 'foobar';
const b = `foo${a}bar`;
const c = 'foobar';
```

24.3 解构赋值

使用数组成员对变量赋值时，优先使用解构赋值。

```
const arr = [1, 2, 3, 4];

// bad
const first = arr[0];
const second = arr[1];

// good
const [first, second] = arr;
```

函数的参数如果是对象的成员，优先使用解构赋值。

```
// bad
function getFullName(user) {
```

```
  const firstName = user.firstName;
  const lastName = user.lastName;
}

// good
function getFullName(obj) {
  const { firstName, lastName } = obj;
}

// best
function getFullName({ firstName, lastName }) {
}
```

如果函数返回多个值，优先使用对象的解构赋值，而不是数组的解构赋值。这样便于以后添加返回值，以及更改返回值的顺序。

```
// bad
function processInput(input) {
  return [left, right, top, bottom];
}

// good
function processInput(input) {
  return { left, right, top, bottom };
}

const { left, right } = processInput(input);
```

24.4 对象

单行定义的对象，最后一个成员不以逗号结尾。多行定义的对象，最后一个成员以逗号结尾。

```
// bad
const a = { k1: v1, k2: v2, };
const b = {
  k1: v1,
  k2: v2
};
```

```
// good
const a = { k1: v1, k2: v2 };
const b = {
  k1: v1,
  k2: v2,
};
```

对象尽量静态化，一旦定义，就不得随意添加新的属性。如果添加属性不可避免，要使用 Object.assign 方法。

```
// bad
const a = {};
a.x = 3;

// if reshape unavoidable
const a = {};
Object.assign(a, { x: 3 });

// good
const a = { x: null };
a.x = 3;
```

如果对象的属性名是动态的，可以在创造对象的时候使用属性表达式定义。

```
// bad
const obj = {
  id: 5,
  name: 'San Francisco',
};
obj[getKey('enabled')] = true;

// good
const obj = {
  id: 5,
  name: 'San Francisco',
  [getKey('enabled')]: true,
};
```

上面的代码中，对象 obj 的最后一个属性名需要计算得到。这时最好采用属性表达式，在新建 obj 时将该属性与其他属性定义在一起。这样一来，所有属性就在一个地方定义了。

另外，对象的属性和方法尽量采用简洁表达法，这样易于描述和书写。

```
var ref = 'some value';

// bad
const atom = {
  ref: ref,

  value: 1,

  addValue: function (value) {
    return atom.value + value;
  },
};

// good
const atom = {
  ref,

  value: 1,

  addValue(value) {
    return atom.value + value;
  },
};
```

24.5 数组

使用扩展运算符（...）复制数组。

```
// bad
const len = items.length;
const itemsCopy = [];
let i;

for (i = 0; i < len; i++) {
  itemsCopy[i] = items[i];
}

// good
const itemsCopy = [...items];
```

使用 Array.from 方法将类似数组的对象转为数组。

```
const foo = document.querySelectorAll('.foo');
const nodes = Array.from(foo);
```

24.6 函数

立即执行函数可以写成箭头函数的形式。

```
(() => {
  console.log('Welcome to the Internet.');
})();
```

那些需要使用函数表达式的场合，尽量用箭头函数代替。因为这样更简洁，而且绑定了 this。

```
// bad
[1, 2, 3].map(function (x) {
  return x * x;
});

// good
[1, 2, 3].map((x) => {
  return x * x;
});

// best
[1, 2, 3].map(x => x * x);
```

箭头函数取代 Function.prototype.bind，不应再用 self/_this/that 绑定 this。

```
// bad
const self = this;
const boundMethod = function(...params) {
  return method.apply(self, params);
}

// acceptable
const boundMethod = method.bind(this);

// best
const boundMethod = (...params) => method.apply(this, params);
```

简单的、单行的、不会复用的函数，建议采用箭头函数。如果函数体较为复杂，行数较多，还是应该采用传统的函数写法。

所有配置项都应该集中在一个对象，放在最后一个参数，布尔值不可以直接作为参数。

```
// bad
function divide(a, b, option = false ) {
}

// good
function divide(a, b, { option = false } = {}) {
}
```

不要在函数体内使用 `arguments` 变量，使用 rest 运算符（`...`）代替。因为 rest 运算符可以显式表明我们想要获取参数，而且 `arguments` 是一个类似数组的对象，而 rest 运算符可以提供一个真正的数组。

```
// bad
function concatenateAll() {
  const args = Array.prototype.slice.call(arguments);
  return args.join('');
}

// good
function concatenateAll(...args) {
  return args.join('');
}
```

使用默认值语法设置函数参数的默认值。

```
// bad
function handleThings(opts) {
  opts = opts || {};
}

// good
function handleThings(opts = {}) {
  // ...
}
```

24.7　Map 结构

注意区分 Object 和 Map，只有模拟实体对象时才使用 Object。如果只是需要 key:value 的数据结构，则使用 Map。因为 Map 有内建的遍历机制。

```
let map = new Map(arr);

for (let key of map.keys()) {
  console.log(key);
}

for (let value of map.values()) {
  console.log(value);
}

for (let item of map.entries()) {
  console.log(item[0], item[1]);
}
```

24.8　Class

总是用 Class 取代需要 prototype 的操作。因为 Class 的写法更简洁，更易于理解。

```
// bad
function Queue(contents = []) {
  this._queue = [...contents];
}
Queue.prototype.pop = function() {
  const value = this._queue[0];
  this._queue.splice(0, 1);
  return value;
}

// good
class Queue {
  constructor(contents = []) {
    this._queue = [...contents];
  }
```

```
  pop() {
    const value = this._queue[0];
    this._queue.splice(0, 1);
    return value;
  }
}
```

使用 extends 实现继承，因为这样更简单，不存在破坏 instanceof 运算的危险。

```
// bad
const inherits = require('inherits');
function PeekableQueue(contents) {
  Queue.apply(this, contents);
}
inherits(PeekableQueue, Queue);
PeekableQueue.prototype.peek = function() {
  return this._queue[0];
}

// good
class PeekableQueue extends Queue {
  peek() {
    return this._queue[0];
  }
}
```

24.9 模块

Module 语法是 JavaScript 模块的标准写法，要坚持使用这种写法。使用 import 取代 require 的代码如下。

```
// bad
const moduleA = require('moduleA');
const func1 = moduleA.func1;
const func2 = moduleA.func2;

// good
import { func1, func2 } from 'moduleA';
```

使用 export 取代 module.exports。

```
// commonJS 的写法
var React = require('react');

var Breadcrumbs = React.createClass({
  render() {
    return <nav />;
  }
});

module.exports = Breadcrumbs;

// ES6 的写法
import React from 'react';

class Breadcrumbs extends React.Component {
  render() {
    return <nav />;
  }
};

export default Breadcrumbs;
```

如果模块只有一个输出值，就使用 export default；如果模块有多个输出值，就不使用 export default，不要同时使用 export default 与普通的 export。

不要在模块输入中使用通配符。因为这样可以确保模块中有一个默认输出（export default）。

```
// bad
import * as myObject './importModule';

// good
import myObject from './importModule';
```

如果模块默认输出一个函数，函数名的首字母应该小写。

```
function makeStyleGuide() {
}

export default makeStyleGuide;
```

如果模块默认输出一个对象，对象名的首字母应该大写。

```
const StyleGuide = {
  es6: {
  }
};

export default StyleGuide;
```

24.10 ESLint 的使用

ESLint 是一个语法规则和代码风格的检查工具，可用于保证写出语法正确、风格统一的代码。

首先，安装 ESLint。

```
$ npm i -g eslint
```

然后，安装 Airbnb 语法规则。

```
$ npm i -g eslint-config-airbnb
```

最后，在项目的根目录下新建.eslintrc 文件，配置 ESLint。

```
{
  "extends": "eslint-config-airbnb"
}
```

现在就可以检查当前项目的代码是否符合预设的规则。

index.js 文件的代码如下。

```
var unusued = 'I have no purpose!';

function greet() {
    var message = 'Hello, World!';
    alert(message);
}

greet();
```

使用 ESLint 检查这个文件。

```
$ eslint index.js
index.js
```

```
  1:5  error unusued is defined but never used no-unused-vars
  4:5  error Expected indentation of 2 characters but found 4 indent
  5:5  error Expected indentation of 2 characters but found 4 indent

✖ 3 problems (3 errors, 0 warnings)
```

上面的代码说明，原文件有 3 个错误，一个是定义了变量，却没有使用，另外两个是行首缩进为 4 个空格，而不是规定的 2 个空格。

第 25 章 读懂 ECMAScript 规格

25.1 概述

规格文件是计算机语言的官方标准，详细描述了语法规则和实现方法。

一般情况下没有必要阅读规格，除非要写编译器。因为规格写得非常抽象和精练，又缺乏实例，不容易理解，而且对于解决实际的应用问题帮助不大。但如果遇到疑难的语法问题，实在找不到答案，也可以去查看规格文件，了解语言标准是怎么说的。规格是解决问题的“最后一招”。

这对 JavaScript 语言很有必要。因为它的使用场景复杂，语法规则不统一，例外很多，各种运行环境的行为不一致，导致奇怪的语法问题层出不穷，任何语法书都不可能囊括所有情况。查看规格不失为一种解决语法问题的最可靠、最权威的终极方法。

本章将介绍如何读懂 ES6 的规格文件。

ES6 的规格可以在 ECMA 国际标准组织的官方网站（www.ecma-international.org/ecma-262/6.0/）上免费下载和在线阅读。

这个规格文件相当庞大，一共有 26 章，若使用 A4 纸打印，足足有 545 页。它的特点就是规定得非常细致，每一个语法行为、每一个函数的实现都做了详尽而清晰的描述。基本上，编译器作者只要把每一步都翻译成代码就可以了。这在很大程度上保证了所有 ES6 实现有一致的行为。

ES6 规格的 26 章中，第 1 章～第 3 章是对文件本身的介绍，与语言关系不大。第 4 章是对这门语言总体设计的描述，有兴趣的读者可以读一下。第 5 章～第 8 章是语言宏观层面的描述。第 5 章是规格的名词解释和写法的介绍，第 6 章介绍数据类型，第 7 章介绍语言内部用到的抽象操作，第 8 章介绍代码如何运行。第 9 章～第 26 章介绍具体的语法。

对于一般用户而言，除了第 4 章，其他章节都涉及某一方面的细节，不用通读，只要在用到时查阅相关章节即可。下面通过一些例子介绍如何使用这份规格。

25.2 相等运算符

相等运算符（==）是一个很让人头痛的运算符，它的语法行为多变，不符合直觉。本节就来看看规格是怎么规定它的行为的。

请看下面这个表达式，请问它的值是多少。

```
0 == null
```

如果不确定答案，或者想知道语言内部将怎么处理，这时就可以查看规格，7.2.12 一节（www.ecma-international.org/ecma-262/6.0/#sec-7.2.12）是对相等运算符（==）的描述。

规格对每一种语法行为的描述都分成两部分：先是总体的行为描述，然后是实现的算法细节。相等运算符的总体描述只有一句话。

> The comparison x == y, where x and y are values, produces true or false.

上面这句话的意思是，相等运算符用于比较两个值，返回 `true` 或 `false`。

下面是算法细节。

1. ReturnIfAbrupt(x).
2. ReturnIfAbrupt(y).
3. If `Type(x)` is the same as `Type(y)`, then
4. Return the result of performing Strict Equality Comparison `x === y`.
5. If `x` is `null` and `y` is `undefined`, return `true`.
6. If `x` is `undefined` and `y` is `null`, return `true`.
7. If `Type(x)` is Number and `Type(y)` is String,
8. return the result of the comparison `x == ToNumber(y)`.
9. If `Type(x)` is String and `Type(y)` is Number,
10. return the result of the comparison `ToNumber(x) == y`.
11. If `Type(x)` is Boolean, return the result of the comparison `ToNumber(x) == y`.
12. If `Type(y)` is Boolean, return the result of the comparison `x == ToNumber(y)`.
13. If `Type(x)` is either String, Number, or Symbol and `Type(y)` is Object, then
14. return the result of the comparison `x == ToPrimitive(y)`.

15. If `Type(x)` is Object and `Type(y)` is either String, Number, or Symbol, then

16. return the result of the comparison `ToPrimitive(x) == y`.

17. Return `false`.

上面这段算法一共有 12 步，意思如下。

1. 如果 `x` 不是正常值（比如抛出一个错误），中断执行。

2. 如果 `y` 不是正常值，中断执行。

3. 如果 `Type(x)` 与 `Type(y)` 相同，执行严格相等运算 `x === y`。

4. 如果 `x` 是 `null`，`y` 是 `undefined`，返回 `true`。

5. 如果 `x` 是 `undefined`，`y` 是 `null`，返回 `true`。

6. 如果 `Type(x)` 是数值，`Type(y)` 是字符串，返回 `x == ToNumber(y)` 的结果。

7. 如果 `Type(x)` 是字符串，`Type(y)` 是数值，返回 `ToNumber(x) == y` 的结果。

8. 如果 `Type(x)` 是布尔值，返回 `ToNumber(x) == y` 的结果。

9. 如果 `Type(y)` 是布尔值，返回 `x == ToNumber(y)` 的结果。

10. 如果 `Type(x)` 是字符串或数值或 `Symbol` 值，`Type(y)` 是对象，返回 `x == ToPrimitive(y)` 的结果。

11. 如果 `Type(x)` 是对象，`Type(y)` 是字符串或数值或 `Symbol` 值，返回 `ToPrimitive(x) == y` 的结果。

12. 返回 `false`。

由于 `0` 的类型是数值，`null` 的类型是 Null，这是规格 4.3.13 节（www.ecma-international.org/ecma-262/6.0/#sec-4.3.13）的规定，是内部类型运算的结果，跟 `typeof` 运算符无关。因此，上面的前 11 步都得不到结果，要到第 12 步才能得到 `false`。

```
0 == null // false
```

25.3　数组的空位

下面再看另一个例子。

```
const a1 = [undefined, undefined, undefined];
const a2 = [, , ,];

a1.length // 3
a2.length // 3
```

```
a1[0] // undefined
a2[0] // undefined

a1[0] === a2[0] // true
```

上面的代码中，数组 a1 的成员是 3 个 undefined，数组 a2 的成员是 3 个空位。这两个数组很相似，长度都是 3，每个位置的成员读取出来都是 undefined。

但实际上它们存在重大差异。

```
0 in a1 // true
0 in a2 // false

a1.hasOwnProperty(0) // true
a2.hasOwnProperty(0) // false

Object.keys(a1) // ["0", "1", "2"]
Object.keys(a2) // []

a1.map(n => 1) // [1, 1, 1]
a2.map(n => 1) // [, , ,]
```

上面的代码一共列出了 4 种运算，数组 a1 和 a2 的结果都不一样。前 3 种运算（in 运算符、数组的 hasOwnProperty 方法、Object.keys 方法）都说明，数组 a2 取不到属性名。最后一种运算（数组的 map 方法）说明，数组 a2 没有发生遍历。

为什么 a1 与 a2 成员的行为不一致？数组的成员是 undefined 或空位，到底有什么不同？

规格的 12.2.5 节数组的初始化（www.ecma-international.org/ecma-262/6.0/#sec-12.2.5）中给出了答案。

> Array elements may be elided at the beginning, middle or end of the element list. Whenever a comma in the element list is not preceded by an AssignmentExpression (i.e., a comma at the beginning or after another comma), the missing array element contributes to the length of the Array and increases the index of subsequent elements. Elided array elements are not defined. If an element is elided at the end of an array, that element does not contribute to the length of the Array.

意思如下。

> 数组成员可以省略。只要逗号前面没有任何表达式，数组的 length 属性就会加 1，并且相应增加其后成员的位置索引。被省略的成员不会被定义。如果被省略的成员是数组最后一个成员，则不会导致数组 length 属性增加。

上面的规格说得很清楚，数组的空位会反映在 `length` 属性。也就是说，空位有自己的位置，但是这个位置的值未定义，即这个值是不存在的。如果一定要读取，结果就是 `undefined`（因为 `undefined` 在 JavaScript 语言中表示不存在）。

这就解释了为什么 `in` 运算符、数组的 `hasOwnProperty` 方法、`Object.keys` 方法都取不到空位的属性名。因为这个属性名根本就不存在，规格里面没有说要为空位分配属性名（位置索引），只说要为下一个元素的位置索引加 1。

至于为什么数组的 `map` 方法会跳过空位，请看下一节。

25.4　数组的 map 方法

规格的 22.1.3.15 节（www.ecma-international.org/ecma-262/6.0/#sec-22.1.3.15）定义了数组的 `map` 方法。该小节先是总体描述 `map` 方法的行为，里面没有提到数组空位。

后面的算法描述是这样的。

1. Let `O` be `ToObject(this value)`.
2. `ReturnIfAbrupt(O)`.
3. Let `len` be `ToLength(Get(O, "length"))`.
4. `ReturnIfAbrupt(len)`.
5. If `IsCallable(callbackfn)` is `false`, throw a TypeError exception.
6. If `thisArg` was supplied, let `T` be `thisArg`; else let `T` be `undefined`.
7. Let `A` be `ArraySpeciesCreate(O, len)`.
8. `ReturnIfAbrupt(A)`.
9. Let `k` be 0.
10. Repeat, while `k` < `len`
    a. Let `Pk` be `ToString(k)`.
    b. Let `kPresent` be `HasProperty(O, Pk)`.
    c. `ReturnIfAbrupt(kPresent)`.
    d. If `kPresent` is `true`, then.
        d-1. Let `kValue` be `Get(O, Pk)`.
        d-2. `ReturnIfAbrupt(kValue)`.
        d-3. Let `mappedValue` be `Call(callbackfn, T, «kValue, k, O»)`.

d-4. ReturnIfAbrupt(mappedValue).

d-5. Let status be CreateDataPropertyOrThrow (A, Pk, mappedValue).

d-6. ReturnIfAbrupt(status).

e. Increase k by 1.

11. Return A.

意思如下。

1. 得到当前数组的 this 对象。
2. 如果报错就返回。
3. 求出当前数组的 length 属性。
4. 如果报错就返回。
5. 如果 map 方法的参数 callbackfn 不可执行，就报错。
6. 如果 map 方法的参数之中，指定了 this，就让 T 等于该参数，否则 T 为 undefined。
7. 生成一个新的数组 A，跟当前数组的 length 属性保持一致。
8. 如果报错就返回。
9. 设定 k 等于 0。
10. 只要 k 小于当前数组的 length 属性，就重复下面步骤。

a. 设定 Pk 等于 ToString(k)，即将 K 转为字符串。

b. 设定 kPresent 等于 HasProperty(O, Pk)，即求当前数组有没有指定属性。

c. 如果报错就返回。

d. 如果 kPresent 等于 true，则进行下面步骤。

d-1. 设定 kValue 等于 Get(O, Pk)，取出当前数组的指定属性。

d-2. 如果报错就返回。

d-3. 设定 mappedValue 等于 Call(callbackfn, T, «kValue, k, O»)，即执行回调函数。

d-4. 如果报错就返回。

d-5. 设定 status 等于 CreateDataPropertyOrThrow (A, Pk, mappedValue)，即将回调函数的值放入 A 数组的指定位置。

d-6. 如果报错就返回。

e. k 增加 1。

11．返回 A。

仔细查看上面的算法可以发现，当处理一个全是空位的数组时，前面的步骤都没有问题。进入第 10 步的 b 时，kpresent 会报错，因为空位对应的属性名对于数组来说是不存在的，因此就会返回，不会进行后面的步骤。

```
const arr = [, , ,];
arr.map(n => {
  console.log(n);
  return 1;
}) // [, , ,]
```

上面的代码中，arr 是一个全是空位的数组，map 方法遍历成员时，发现是空位就直接跳过，不会进入回调函数。因此，回调函数里面的 console.log 语句根本不会执行，整个 map 方法返回一个全是空位的新数组。

V8 引擎对 map 方法的实现如下，可以看到跟规格的算法描述完全一致。

```
function ArrayMap(f, receiver) {
  CHECK_OBJECT_COERCIBLE(this, "Array.prototype.map");

  // Pull out the length so that modifications to the length in the
  // loop will not affect the looping and side effects are visible.
  var array = TO_OBJECT(this);
  var length = TO_LENGTH_OR_UINT32(array.length);
  return InnerArrayMap(f, receiver, array, length);
}

function InnerArrayMap(f, receiver, array, length) {
  if (!IS_CALLABLE(f)) throw MakeTypeError(kCalledNonCallable, f);

  var accumulator = new InternalArray(length);
  var is_array = IS_ARRAY(array);
  var stepping = DEBUG_IS_STEPPING(f);
  for (var i = 0; i < length; i++) {
    if (HAS_INDEX(array, i, is_array)) {
      var element = array[i];
      // Prepare break slots for debugger step in.
      if (stepping) %DebugPrepareStepInIfStepping(f);
      accumulator[i] = %_Call(f, receiver, element, i, array);
```

```
    }
  }
  var result = new GlobalArray();
  %MoveArrayContents(accumulator, result);
  return result;
}
```

第 26 章 ArrayBuffer

ArrayBuffer 对象、TypedArray 视图和 DataView 视图是 JavaScript 操作二进制数据的一个接口。这些对象早就存在，属于独立的规格（2011 年 2 月发布），ES6 将它们纳入了 ECMAScript 规格，并且增加了新的方法。它们都以数组的语法处理二进制数据，所以统称为二进制数组。

这个接口的原始设计目的与 WebGL 项目有关。所谓 WebGL，就是浏览器与显卡之间的通信接口，为了满足 JavaScript 与显卡之间大量、实时的数据交换，它们之间的数据通信必须是二进制的，而不能是传统的文本格式。文本格式传递一个 32 位整数，两端的 JavaScript 脚本与显卡都要进行格式转化，将非常耗时。这时要是存在一种机制，可以像 C 语言那样直接操作字节，将 4 个字节的 32 位整数以二进制形式原封不动地送入显卡，脚本的性能就会大幅提升。

V8 引擎对 map 方法的实现如下，与规格的算法描述完全一致。

二进制数组就是在这种背景下诞生的。它很像 C 语言的数组，允许开发者以数组下标的形式直接操作内存，大大增强了 JavaScript 处理二进制数据的能力，使开发者有可能通过 JavaScript 与操作系统的原生接口进行二进制通信。

二进制数组由 3 类对象组成。

1．ArrayBuffer 对象：代表内存中的一段二进制数据，可以通过“视图”进行操作。“视图”部署了数组接口，这意味着，可以用数组的方法操作内存。

2．TypedArray 视图：共包括 9 种类型的视图，比如 Uint8Array（无符号 8 位整数）数组视图、Int16Array（16 位整数）数组视图、Float32Array（32 位浮点数）数组视图等。

3．DataView 视图：可以自定义复合格式的视图，比如第一个字节是 Uint8（无符号 8 位整数）、第二和第三个字节是 Int16（16 位整数）、第四个字节开始是 Float32（32 位浮点数）等，此外还可以自定义字节序。

简而言之，ArrayBuffer 对象代表原始的二进制数据，TypedArray 视图用于读/写简单类型的二进制数据，DataView 视图用于读/写复杂类型的二进制数据。

TypedArray 视图支持的数据类型一共有 9 种（DataView 视图支持除 Uint8C 以外的其他 8 种），如下表所示。

数据类型	字节长度	含　　义	对应的 C 语言类型
Int8	1	8 位带符号整数	signed char
Uint8	1	8 位不带符号整数	unsigned char
Uint8C	1	8 位不带符号整数（自动过滤溢出）	unsigned char
Int16	2	16 位带符号整数	short
Uint16	2	16 位不带符号整数	unsigned short
Int32	4	32 位带符号整数	int
Uint32	4	32 位不带符号的整数	unsigned int
Float32	4	32 位浮点数	float
Float64	8	64 位浮点数	double

注意！

二进制数组并不是真正的数组，而是类似数组的对象。

很多浏览器操作的 API 用到了二进制数组操作二进制数据，下面是其中的几个。

- File API
- XMLHttpRequest
- Fetch API
- Canvas
- WebSockets

26.1 ArrayBuffer 对象

26.1.1 概述

`ArrayBuffer` 对象代表储存二进制数据的一段内存，它不能直接读/写，只能通过视图（TypedArray 视图和 `DataView` 视图）读/写，视图的作用是以指定格式解读二进制数据。

`ArrayBuffer` 也是一个构造函数，可分配一段可以存放数据的连续内存区域。

```
var buf = new ArrayBuffer(32);
```

上面的代码生成了一段 32 字节的内存区域，每个字节的值默认都是 0。可以看到，ArrayBuffer 构造函数的参数是所需要的内存大小（单位为字节）。

为了读/写这段内存，需要为它指定视图。创建 DataView 视图，需要提供 ArrayBuffer 对象实例作为参数。

```
var buf = new ArrayBuffer(32);
var dataView = new DataView(buf);
dataView.getUint8(0) // 0
```

上面的代码对一段 32 字节的内存建立 DataView 视图，然后以不带符号的 8 位整数格式读取第一个元素，结果得到 0，因为原始内存的 ArrayBuffer 对象默认所有位都是 0。

TypedArray 视图与 DataView 视图的一个区别是，它不是一个构造函数，而是一组构造函数，代表不同的数据格式。

```
var buffer = new ArrayBuffer(12);

var x1 = new Int32Array(buffer);
x1[0] = 1;
var x2 = new Uint8Array(buffer);
x2[0]  = 2;

x1[0] // 2
```

上面的代码对同一段内存分别建立两种视图：32 位带符号整数（Int32Array 构造函数）和 8 位不带符号整数（Uint8Array 构造函数）。由于两个视图对应的是同一段内存，因此一个视图修改底层内存会影响到另一个视图。

TypedArray 视图的构造函数除了接受 ArrayBuffer 实例作为参数，还可以接受普通数组作为参数，直接分配内存生成底层的 ArrayBuffer 实例，同时完成对这段内存的赋值。

```
var typedArray = new Uint8Array([0,1,2]);
typedArray.length // 3

typedArray[0] = 5;
typedArray // [5, 1, 2]
```

上面的代码使用 TypedArray 视图的 Uint8Array 构造函数新建一个不带符号的 8 位整数视图。可以看到，Uint8Array 直接使用普通数组作为参数，对底层内存的赋值同时完成。

26.1.2 ArrayBuffer.prototype.byteLength

ArrayBuffer 实例的 byteLength 属性返回所分配的内存区域的字节长度。

```
var buffer = new ArrayBuffer(32);
buffer.byteLength
// 32
```

如果要分配的内存区域很大，有可能分配失败（因为没有那么多的连续空余内存），所以有必要检查是否分配成功。

```
if (buffer.byteLength === n) {
  // 成功
} else {
  // 失败
}
```

26.1.3 ArrayBuffer.prototype.slice()

ArrayBuffer 实例有一个 slice 方法，允许将内存区域的一部分复制生成一个新的 ArrayBuffer 对象。

```
var buffer = new ArrayBuffer(8);
var newBuffer = buffer.slice(0, 3);
```

上面的代码复制 buffer 对象的前 3 个字节（从 0 开始，到第三个字节前面结束），生成一个新的 ArrayBuffer 对象。slice 方法其实包含两步，第一步先分配一段新内存，第二步将原来那个 ArrayBuffer 对象复制过去。

slice 方法接受两个参数，第一个参数表示复制开始的字节序号（含该字节），第二个参数表示复制截止的字节序号（不含该字节）。如果省略第二个参数，则默认到原 ArrayBuffer 对象的结尾。

除了 slice 方法，ArrayBuffer 对象不提供任何直接读/写内存的方法，只允许在其上建立视图，然后通过视图读/写。

26.1.4 ArrayBuffer.isView()

ArrayBuffer 有一个静态方法 isView，返回一个布尔值，表示参数是否为 ArrayBuffer 的视图实例。这个方法大致相当于判断参数是否为 TypedArray 实例或

DataView 实例。

```
var buffer = new ArrayBuffer(8);
ArrayBuffer.isView(buffer) // false

var v = new Int32Array(buffer);
ArrayBuffer.isView(v) // true
```

26.2 TypedArray 视图

26.2.1 概述

ArrayBuffer 对象作为内存区域，可以存放多种类型的数据。同一段内存，不同数据有不同的解读方式，这就叫做“视图”（view）。ArrayBuffer 有两种视图，一种是 TypedArray 视图，另一种是 DataView 视图。前者的数组成员都是同一个数据类型，后者的数组成员可以是不同的数据类型。

目前，TypedArray 视图一共包括 9 种类型，每一种视图都是一种构造函数。

- Int8Array：8 位有符号整数，长度为 1 个字节。
- Uint8Array：8 位无符号整数，长度为 1 个字节。
- Uint8ClampedArray：8 位无符号整数，长度为 1 个字节，溢出处理不同。
- Int16Array：16 位有符号整数，长度为 2 个字节。
- Uint16Array：16 位无符号整数，长度为 2 个字节。
- Int32Array：32 位有符号整数，长度为 4 个字节。
- Uint32Array：32 位无符号整数，长度为 4 个字节。
- Float32Array：32 位浮点数，长度为 4 个字节。
- Float64Array：64 位浮点数，长度为 8 个字节。

这 9 个构造函数生成的数组，统称为 TypedArray 视图。它们很像普通数组，都有 length 属性，都能用方括号运算符（[]）获取单个元素，所有数组方法都能在其上使用。普通数组与 TypedArray 数组的差异主要在以下方面。

- TypedArray 数组的所有成员都是同一种类型。
- TypedArray 数组的成员是连续的，不会有空位。
- TypedArray 数组成员的默认值为 0。比如，new Array(10) 返回一个普通数组，里面没有任何成员，只是 10 个空位；`new Uint8Array(10)`返回一个 TypedArray 数组，里面 10 个成员都是 0。

- TypedArray 数组只是一层视图，本身不储存数据，它的数据都储存在底层的 `ArrayBuffer` 对象中，要获取底层对象必须使用 `buffer` 属性。

26.2.2 构造函数

TypedArray 数组提供 9 种构造函数，用于生成相应类型的数组实例。

构造函数有多种用法。

TypedArray(buffer, byteOffset=0, length?)

同一个 `ArrayBuffer` 对象之上，可以根据不同的数据类型建立多个视图。

```
// 创建一个 8 字节的 ArrayBuffer
var b = new ArrayBuffer(8);

// 创建一个指向 b 的 Int32 视图，开始于字节 0，直到缓冲区的末尾
var v1 = new Int32Array(b);

// 创建一个指向 b 的 Uint8 视图，开始于字节 2，直到缓冲区的末尾
var v2 = new Uint8Array(b, 2);

// 创建一个指向 b 的 Int16 视图，开始于字节 2，长度为 2
var v3 = new Int16Array(b, 2, 2);
```

上面的代码在一段长度为 8 个字节的内存（`b`）之上，生成了 3 个视图：`v1`、`v2` 和 `v3`。

视图的构造函数可以接受 3 个参数。

- 第一个参数（必选）：视图对应的底层 `ArrayBuffer` 对象。
- 第二个参数（可选）：视图开始的字节序号，默认从 0 开始。
- 第三个参数（可选）：视图包含的数据个数，默认直到本段内存区域结束。

因此，`v1`、`v2` 和 `v3` 是重叠的：`v1[0]`是一个 32 位整数，指向字节 0～字节 3；`v2[0]`是一个 8 位无符号整数，指向字节 2；`v3[0]`是一个 16 位整数，指向字节 2～字节 3。只要任何一个视图对内存有所修改，就会在另外两个视图上反映出来。

注意！

`byteOffset` 必须与所要建立的数据类型一致，否则会报错。

```
var buffer = new ArrayBuffer(8);
var i16 = new Int16Array(buffer, 1);
// Uncaught RangeError: start offset of Int16Array
// should be a multiple of 2
```

上面的代码中新生成一个 8 个字节的 `ArrayBuffer` 对象，然后在这个对象的第一个字节建立带符号的 16 位整数视图，结果报错。因为，带符号的 16 位整数需要 2 个字节，所以 `byteOffset` 参数必须能够被 2 整除。

如果想从任意字节开始解读 `ArrayBuffer` 对象，必须使用 `DataView` 视图，因为 TypedArray 视图只提供 9 种固定的解读格式。

TypedArray(length)

视图还可以不通过 `ArrayBuffer` 对象，而是直接分配内存生成。

```
var f64a = new Float64Array(8);
f64a[0] = 10;
f64a[1] = 20;
f64a[2] = f64a[0] + f64a[1];
```

上面的代码生成一个 8 个成员的 `Float64Array` 数组（共 64 字节），然后依次对每个成员赋值。这时，视图构造函数的参数就是成员的个数。可以看到，视图数组的赋值操作与普通数组毫无二致。

TypedArray(typedArray)

TypedArray 数组的构造函数可以接受另一个 TypedArray 实例作为参数。

```
var typedArray = new Int8Array(new Uint8Array(4));
```

上面的代码中，`Int8Array` 构造函数接受一个 `Uint8Array` 实例作为参数。

> **注意！**
> 此时生成的新数组只是复制了参数数组的值，对应的底层内存是不一样的。新数组会开辟一段新的内存储存数据，不会在原数组的内存之上建立视图。

```
var x = new Int8Array([1, 1]);
var y = new Int8Array(x);
x[0] // 1
y[0] // 1

x[0] = 2;
y[0] // 1
```

上面的代码中，数组 y 是以数组 x 为模板而生成的，当 x 变动的时候，y 并没有变动。

如果想基于同一段内存构造不同的视图，可以采用下面的写法。

```
var x = new Int8Array([1, 1]);
var y = new Int8Array(x.buffer);
x[0] // 1
y[0] // 1

x[0] = 2;
y[0] // 2
```

TypedArray(arrayLikeObject)

构造函数的参数也可以是一个普通数组，然后直接生成 TypedArray 实例。

```
var typedArray = new Uint8Array([1, 2, 3, 4]);
```

这时 TypedArray 视图会重新开辟内存，不会在原数组的内存上建立视图。

上面的代码从一个普通的数组生成一个 8 位无符号整数的 TypedArray 实例。

TypedArray 数组也可以转换回普通数组。

```
var normalArray = Array.prototype.slice.call(typedArray);
```

26.2.3 数组方法

普通数组的操作方法和属性对 TypedArray 数组完全适用。

- `TypedArray.prototype.copyWithin(target, start[, end = this.length])`
- `TypedArray.prototype.entries()`
- `TypedArray.prototype.every(callbackfn, thisArg?)`
- `TypedArray.prototype.fill(value, start=0, end=this.length)`
- `TypedArray.prototype.filter(callbackfn, thisArg?)`
- `TypedArray.prototype.find(predicate, thisArg?)`
- `TypedArray.prototype.findIndex(predicate, thisArg?)`
- `TypedArray.prototype.forEach(callbackfn, thisArg?)`
- `TypedArray.prototype.indexOf(searchElement, fromIndex=0)`
- `TypedArray.prototype.join(separator)`
- `TypedArray.prototype.keys()`

- `TypedArray.prototype.lastIndexOf(searchElement, fromIndex?)`
- `TypedArray.prototype.map(callbackfn, thisArg?)`
- `TypedArray.prototype.reduce(callbackfn, initialValue?)`
- `TypedArray.prototype.reduceRight(callbackfn, initialValue?)`
- `TypedArray.prototype.reverse()`
- `TypedArray.prototype.slice(start=0, end=this.length)`
- `TypedArray.prototype.some(callbackfn, thisArg?)`
- `TypedArray.prototype.sort(comparefn)`
- `TypedArray.prototype.toLocaleString(reserved1?, reserved2?)`
- `TypedArray.prototype.toString()`
- `TypedArray.prototype.values()`

关于以上方法的用法，请参阅数组方法的介绍，这里不再赘述。

注意！

TypedArray 数组没有 concat 方法。如果想要合并多个 TypedArray 数组，可以用下面这个函数。

```
function concatenate(resultConstructor, ...arrays) {
  let totalLength = 0;
  for (let arr of arrays) {
    totalLength += arr.length;
  }
  let result = new resultConstructor(totalLength);
  let offset = 0;
  for (let arr of arrays) {
    result.set(arr, offset);
    offset += arr.length;
  }
  return result;
}

concatenate(Uint8Array, Uint8Array.of(1, 2), Uint8Array.of(3, 4))
// Uint8Array [1, 2, 3, 4]
```

另外，TypedArray 数组与普通数组一样部署了 Iterator 接口，所以可以遍历。

```
let ui8 = Uint8Array.of(0, 1, 2);
for (let byte of ui8) {
  console.log(byte);
}
// 0
// 1
// 2
```

26.2.4 字节序

字节序指的是数值在内存中的表示方式。

```
var buffer = new ArrayBuffer(16);
var int32View = new Int32Array(buffer);

for (var i = 0; i < int32View.length; i++) {
  int32View[i] = i * 2;
}
```

上面的代码生成一个 16 字节的 `ArrayBuffer` 对象，然后在其基础上建立了一个 32 位整数的视图。由于每个 32 位整数占据 4 个字节，所以一共可以写入 4 个整数，依次为 0、2、4、6。

如果在这段数据上接着建立一个 16 位整数的视图，则可以读出完全不一样的结果。

```
var int16View = new Int16Array(buffer);

for (var i = 0; i < int16View.length; i++) {
  console.log("Entry " + i + ": " + int16View[i]);
}
// Entry 0: 0
// Entry 1: 0
// Entry 2: 2
// Entry 3: 0
// Entry 4: 4
// Entry 5: 0
// Entry 6: 6
// Entry 7: 0
```

由于每个 16 位整数占据 2 个字节，所以整个 `ArrayBuffer` 对象现在分成 8 段。然后，由于 x86 体系的计算机都采用小端字节序（little endian），相对重要的字节排在后面的内存地址，相对不重要的字节排在前面的内存地址，所以就得到了上面的结果。

比如，一个占据 4 个字节的十六进制数 0x12345678，决定其大小的最重要的字节是“12”，最不重要的是“78”。小端字节序将最不重要的字节排在前面，储存顺序就是 78563412；大端字节序则完全相反，将最重要的字节排在前面，储存顺序就是 12345678。目前，个人电脑几乎都是小端字节序，所以 TypedArray 数组内部也采用小端字节序读/写数据，或者更准确地说，按照本机操作系统设定的字节序读/写数据。

这并不意味着大端字节序不重要。事实上，很多网络设备和特定的操作系统采用的是大端字节序。这就带来一个严重的问题：如果一段数据是大端字节序，TypedArray 数组将无法正确解析，因为它只能处理小端字节序！为了解决这个问题，JavaScript 引入了 `DataView` 对象，可以设定字节序，下文会详细介绍。

下面是另一个例子。

```
// 假定某段buffer包含如下字节 [0x02, 0x01, 0x03, 0x07]
var buffer = new ArrayBuffer(4);
var v1 = new Uint8Array(buffer);
v1[0] = 2;
v1[1] = 1;
v1[2] = 3;
v1[3] = 7;

var uInt16View = new Uint16Array(buffer);

// 计算机采用小端字节序
// 所以头两个字节等于258
if (uInt16View[0] === 258) {
  console.log('OK');        // "OK"
}

// 赋值运算
uInt16View[0] = 255;        // 字节变为[0xFF, 0x00, 0x03, 0x07]
uInt16View[0] = 0xff05;     // 字节变为[0x05, 0xFF, 0x03, 0x07]
uInt16View[1] = 0x0210;     // 字节变为[0x05, 0xFF, 0x10, 0x02]
```

下面的函数可用于判断当前视图是小端字节序，还是大端字节序。

```
const BIG_ENDIAN = Symbol('BIG_ENDIAN');
const LITTLE_ENDIAN = Symbol('LITTLE_ENDIAN');

function getPlatformEndianness() {
```

```
  let arr32 = Uint32Array.of(0x12345678);
  let arr8 = new Uint8Array(arr32.buffer);
  switch ((arr8[0]*0x1000000) + (arr8[1]*0x10000)
      + (arr8[2]*0x100) + (arr8[3])) {
    case 0x12345678:
      return BIG_ENDIAN;
    case 0x78563412:
      return LITTLE_ENDIAN;
    default:
      throw new Error('Unknown endianness');
  }
}
```

总之，与普通数组相比，TypedArray 数组的最大优点就是可以直接操作内存，不需要数据类型转换，所以速度快得多。

26.2.5 BYTES_PER_ELEMENT 属性

每一种视图的构造函数都有一个 `BYTES_PER_ELEMENT` 属性，表示这种数据类型占据的字节数。

```
Int8Array.BYTES_PER_ELEMENT // 1
Uint8Array.BYTES_PER_ELEMENT // 1
Int16Array.BYTES_PER_ELEMENT // 2
Uint16Array.BYTES_PER_ELEMENT // 2
Int32Array.BYTES_PER_ELEMENT // 4
Uint32Array.BYTES_PER_ELEMENT // 4
Float32Array.BYTES_PER_ELEMENT // 4
Float64Array.BYTES_PER_ELEMENT // 8
```

这个属性在 TypedArray 实例上也能获取到，即有 `TypedArray.prototype.BYTES_PER_ELEMENT`。

26.2.6 ArrayBuffer 与字符串的互相转换

`ArrayBuffer` 转为字符串，或者字符串转为 `ArrayBuffer`，都有一个前提，即字符串的编码方法是确定的。假定字符串采用 UTF-16 编码（JavaScript 的内部编码方式），那么可以自己编写转换函数。

```
// ArrayBuffer 转为字符串，参数为 ArrayBuffer 对象
function ab2str(buf) {
  return String.fromCharCode.apply(null, new Uint16Array(buf));
}

// 字符串转为 ArrayBuffer 对象，参数为字符串
function str2ab(str) {
  var buf = new ArrayBuffer(str.length * 2); // 每个字符占用 2 个字节
  var bufView = new Uint16Array(buf);
  for (var i = 0, strLen = str.length; i < strLen; i++) {
    bufView[i] = str.charCodeAt(i);
  }
  return buf;
}
```

26.2.7 溢出

不同的视图类型所能容纳的数值范围是确定的。超出这个范围就会出现溢出。比如，8 位视图只能容纳一个 8 位的二进制值，如果放入一个 9 位的值，就会溢出。

TypedArray 数组的溢出处理规则简单来说就是抛弃溢出的位，然后按照视图类型进行解释。

```
var uint8 = new Uint8Array(1);

uint8[0] = 256;
uint8[0] // 0

uint8[0] = -1;
uint8[0] // 255
```

上面的代码中，`uint8` 是一个 8 位视图，而 256 的二进制形式是一个 9 位的值 `100000000`，这时就会发生溢出。根据规则，只会保留后 8 位，即 `00000000`。`uint8` 视图的解释规则是无符号的 8 位整数，所以 `00000000` 就是 `0`。

负数在计算机内部采用“2 的补码”来表示，即将对应的正数值进行否运算，然后加 1。比如，-1 对应的正值是 1，进行否运算以后得到 `11111110`，再加上 1 就是补码形式 `11111111`。`uint8` 按照无符号的 8 位整数解释 `11111111`，返回结果就是 255。

简单的转换规则可以如下表示。

- 正向溢出（overflow）：当输入值大于当前数据类型的最大值时，结果等于当前数据类

型的最小值加上余值再减去 1。

- 负向溢出（underflow）：当输入值小于当前数据类型的最小值时，结果等于当前数据类型的最大值减去余值再加上 1。

上面的“余值”就是模运算的结果，即 JavaScript 里面使用%运算符的结果。

```
12 % 4 // 0
12 % 5 // 2
```

上面的代码中，12 除以 4 是没有余值的，而除以 5 会得到余值 2。

请看下面的例子。

```
var int8 = new Int8Array(1);

int8[0] = 128;
int8[0] // -128

int8[0] = -129;
int8[0] // 127
```

上面的例子中，`int8` 是一个带符号的 8 位整数视图，它的最大值是 127，最小值是-128。输入值为 128 时，相当于正向溢出 1，根据“最小值加上余值（128 除以 127 的余值是 1）再减去 1”的规则，就会返回-128；输入值为-129 时，相当于负向溢出 1，根据“最大值减去余值（-129 除以-128 的余值是 1）再加上 1”的规则，就会返回 127。

`Uint8ClampedArray` 视图的溢出规则与上面的规则不同。它规定：凡是发生正向溢出，该值一律等于当前数据类型的最大值，即 255；如果发生负向溢出，该值一律等于当前数据类型的最小值，即 0。

```
var uint8c = new Uint8ClampedArray(1);

uint8c[0] = 256;
uint8c[0] // 255

uint8c[0] = -1;
uint8c[0] // 0
```

上面的例子中，`uint8C` 是一个 `Uint8ClampedArray` 视图，正向溢出时都返回 255，负向溢出都返回 0。

26.2.8 TypedArray.prototype.buffer

TypedArray 实例的 buffer 属性返回整段内存区域对应的 ArrayBuffer 对象。该属性为只读属性。

```
var a = new Float32Array(64);
var b = new Uint8Array(a.buffer);
```

上面代码的 a 视图对象和 b 视图对象，对应同一个 ArrayBuffer 对象，即同一段内存。

26.2.9 TypedArray.prototype.byteLength、TypedArray.prototype.byteOffset

byteLength 属性返回 TypedArray 数组占据的内存长度，单位为字节。byteOffset 属性返回 TypedArray 数组从底层 ArrayBuffer 对象的哪个字节开始。这两个属性都是只读属性。

```
var b = new ArrayBuffer(8);

var v1 = new Int32Array(b);
var v2 = new Uint8Array(b, 2);
var v3 = new Int16Array(b, 2, 2);

v1.byteLength // 8
v2.byteLength // 6
v3.byteLength // 4

v1.byteOffset // 0
v2.byteOffset // 2
v3.byteOffset // 2
```

26.2.10 TypedArray.prototype.length

length 属性表示 TypedArray 数组含有多少个成员。注意将 byteLength 属性和 length 属性区分，前者是字节长度，后者是成员长度。

```
var a = new Int16Array(8);

a.length // 8
```

```
a.byteLength // 16
```

26.2.11 TypedArray.prototype.set()

TypedArray 数组的 set 方法用于复制数组（普通数组或 TypedArray 数组）也就是将一段内存完全复制到另一段内存。

```
var a = new Uint8Array(8);
var b = new Uint8Array(8);

b.set(a);
```

上面代码复制 a 数组的内容到 b 数组，它是整段内存的复制，比一个个复制成员的那种方法快得多。

set 方法还可以接受第二个参数，表示从 b 对象的哪一个成员开始复制 a 对象。

```
var a = new Uint16Array(8);
var b = new Uint16Array(10);

b.set(a, 2)
```

以上代码中的 b 数组比 a 数组多两个成员，所以从 b[2]开始复制。

26.2.12 TypedArray.prototype.subarray()

subarray 方法是对于 TypedArray 数组的一部分再建立一个新的视图。

```
var a = new Uint16Array(8);
var b = a.subarray(2,3);

a.byteLength // 16
b.byteLength // 2
```

subarray 方法的第一个参数是起始的成员序号，第二个参数是结束的成员序号（不含该成员），如果省略则包含剩余的全部成员。所以，上面代码的 a.subarray(2,3) 意味着 b 只包含 a[2]一个成员，字节长度为 2。

26.2.13 TypedArray.prototype.slice()

TypeArray 实例的 slice 方法可以返回一个指定位置的新的 TypedArray 实例。

```
let ui8 = Uint8Array.of(0, 1, 2);
ui8.slice(-1)
// Uint8Array [ 2 ]
```

上面的代码中，ui8 是 8 位无符号整数数组视图的一个实例。它的 slice 方法可以从当前视图中返回一个新的视图实例。

slice 方法的参数表示原数组的具体位置。负值表示逆向计数的位置，即-1 为倒数第一个位置，-2 表示倒数第二个位置，以此类推。

26.2.14 TypedArray.of()

TypedArray 数组的所有构造函数都有一个静态方法 of，用于将参数转为一个 TypedArray 实例。

```
Float32Array.of(0.151, -8, 3.7)
// Float32Array [ 0.151, -8, 3.7 ]
```

下面 3 种方法都会生成同样的 TypedArray 数组。

```
// 方法一
let tarr = new Uint8Array([1,2,3]);

// 方法二
let tarr = Uint8Array.of(1,2,3);

// 方法三
let tarr = new Uint8Array(3);
tarr[0] = 1;
tarr[1] = 2;
tarr[2] = 3;
```

26.2.15 TypedArray.from()

静态方法 from 接受一个可遍历的数据结构（比如数组）作为参数，返回一个基于此结构的 TypedArray 实例。

```
Uint16Array.from([0, 1, 2])
// Uint16Array [ 0, 1, 2 ]
```

这个方法还可以将一种 TypedArray 实例转为另一种。

```
var ui16 = Uint16Array.from(Uint8Array.of(0, 1, 2));
ui16 instanceof Uint16Array // true
```

from 方法还可以接受一个函数作为第二个参数，用来对每个元素进行遍历，功能类似 map 方法。

```
Int8Array.of(127, 126, 125).map(x => 2 * x)
// Int8Array [ -2, -4, -6 ]

Int16Array.from(Int8Array.of(127, 126, 125), x => 2 * x)
// Int16Array [ 254, 252, 250 ]
```

上面的例子中，from 方法没有发生溢出，这说明遍历不是针对原来的 8 位整数数组。也就是说，from 会将第一个参数指定的 TypedArray 数组复制到另一段内存之中，处理之后再将结果转成指定的数组格式。

26.3 复合视图

由于视图的构造函数可以指定起始位置和长度，所以在同一段内存中可以依次存放不同类型的数据，这叫作“复合视图”。

```
var buffer = new ArrayBuffer(24);

var idView = new Uint32Array(buffer, 0, 1);
var usernameView = new Uint8Array(buffer, 4, 16);
var amountDueView = new Float32Array(buffer, 20, 1);
```

上面的代码将一个 24 字节长度的 ArrayBuffer 对象分成了 3 个部分。

- 字节 0 到字节 3：1 个 32 位无符号整数
- 字节 4 到字节 19：16 个 8 位整数
- 字节 20 到字节 23：1 个 32 位浮点数

这种数据结构可以用如下的 C 语言描述。

```
struct someStruct {
  unsigned long id;
  char username[16];
  float amountDue;
};
```

26.4 DataView 视图

如果一段数据包括多种类型（比如服务器传来的 HTTP 数据），这时除了建立 ArrayBuffer 对象的复合视图外，还可以通过 DataView 视图进行操作。

DataView 视图提供更多操作选项，而且支持设定字节序。本来，在设计目的上，ArrayBuffer 对象的各种 TypedArray 视图用于向网卡、声卡之类的本机设备传送数据，所以使用本机的字节序即可；而 DataView 视图用于处理网络设备传来的数据，所以大端字节序或小端字节序可以自行设定。

DataView 视图本身也是构造函数，接受一个 ArrayBuffer 对象作为参数生成视图。

```
DataView(ArrayBuffer buffer [, 字节起始位置 [, 长度]]);
```

下面是一个例子。

```
var buffer = new ArrayBuffer(24);
var dv = new DataView(buffer);
```

DataView 实例有以下属性，含义与 TypedArray 实例的同名方法相同。

- DataView.prototype.buffer：返回对应的 ArrayBuffer 对象。
- DataView.prototype.byteLength：返回占据的内存字节长度。
- DataView.prototype.byteOffset：返回当前视图从对应的 ArrayBuffer 对象的哪个字节开始。

DataView 实例提供 8 个方法读取内存。

- getInt8：读取 1 个字节，返回一个 8 位整数。
- getUint8：读取 1 个字节，返回一个无符号的 8 位整数。
- getInt16：读取 2 个字节，返回一个 16 位整数。
- getUint16：读取 2 个字节，返回一个无符号的 16 位整数。
- getInt32：读取 4 个字节，返回一个 32 位整数。
- getUint32：读取 4 个字节，返回一个无符号的 32 位整数。
- getFloat32：读取 4 个字节，返回一个 32 位浮点数。
- getFloat64：读取 8 个字节，返回一个 64 位浮点数。

这一系列 get 方法的参数都是一个字节序号（不能是负数，否则会报错），表示从哪个字节开始读取。

```
var buffer = new ArrayBuffer(24);
```

```
var dv = new DataView(buffer);

// 从第 1 个字节读取一个 8 位无符号整数
var v1 = dv.getUint8(0);

// 从第 2 个字节读取一个 16 位无符号整数
var v2 = dv.getUint16(1);

// 从第 4 个字节读取一个 16 位无符号整数
var v3 = dv.getUint16(3);
```

上面的代码读取了 ArrayBuffer 对象的前 5 个字节，其中有 1 个 8 位整数和 2 个 16 位整数。

如果一次读取两个或两个以上字节，必须明确数据的存储方式，到底是小端字节序还是大端字节序。默认情况下，DataView 的 get 方法使用大端字节序解读数据，如果需要使用小端字节序解读，必须在 get 方法的第二个参数指定 true。

```
// 小端字节序
var v1 = dv.getUint16(1, true);

// 大端字节序
var v2 = dv.getUint16(3, false);

// 大端字节序
var v3 = dv.getUint16(3);
```

DataView 视图提供 8 个方法写入内存。

- setInt8：写入 1 个字节的 8 位整数。
- setUint8：写入 1 个字节的 8 位无符号整数。
- setInt16：写入 2 个字节的 16 位整数。
- setUint16：写入 2 个字节的 16 位无符号整数。
- setInt32：写入 4 个字节的 32 位整数。
- setUint32：写入 4 个字节的 32 位无符号整数。
- setFloat32：写入 4 个字节的 32 位浮点数。
- setFloat64：写入 8 个字节的 64 位浮点数。

这一系列 set 方法接受两个参数：第一个参数是字节序号，表示从哪个字节开始写入；第二个参数为写入的数据。对于那些写入两个或两个以上字节的方法，需要指定第三个参数，false 或 undefined 表示使用大端字节序写入，true 表示使用小端字节序写入。

```
// 在第 1 个字节，以大端字节序写入值为 25 的 32 位整数
dv.setInt32(0, 25, false);

// 在第 5 个字节，以大端字节序写入值为 25 的 32 位整数
dv.setInt32(4, 25);

// 在第 9 个字节，以小端字节序写入值为 2.5 的 32 位浮点数
dv.setFloat32(8, 2.5, true);
```

如果不确定正在使用的计算机的字节序，可以采用下面的判断方式。

```
var littleEndian = (function() {
  var buffer = new ArrayBuffer(2);
  new DataView(buffer).setInt16(0, 256, true);
  return new Int16Array(buffer)[0] === 256;
})();
```

如果返回 true，就是小端字节序；如果返回 false，就是大端字节序。

26.5 二进制数组的应用

大量的 Web API 用到了 ArrayBuffer 对象和它的视图对象。

26.5.1 AJAX

传统上，服务器通过 AJAX 操作只能返回文本数据，即 responseType 属性默认为 text。XMLHttpRequest 第 2 版——XHR2 允许服务器返回二进制数据，这时分两种情况：如果明确知道返回的二进制数据类型，可以把返回类型（responseType）设置为 arraybuffer；如果不知道，就设置为 blob。

```
var xhr = new XMLHttpRequest();
xhr.open('GET', someUrl);
xhr.responseType = 'arraybuffer';

xhr.onload = function () {
  let arrayBuffer = xhr.response;
  // ···
```

```
};

xhr.send();
```

如果知道传回来的是 32 位整数，可以像下面这样处理。

```
xhr.onreadystatechange = function () {
  if (req.readyState === 4 ) {
    var arrayResponse = xhr.response;
    var dataView = new DataView(arrayResponse);
    var ints = new Uint32Array(dataView.byteLength / 4);

    xhrDiv.style.backgroundColor = "#00FF00";
    xhrDiv.innerText = "Array is " + ints.length + "uints long";
  }
}
```

26.5.2 Canvas

网页 `Canvas` 元素输出的二进制像素数据就是 TypedArray 数组。

```
var canvas = document.getElementById('myCanvas');
var ctx = canvas.getContext('2d');

var imageData = ctx.getImageData(0, 0, canvas.width, canvas.height);
var uint8ClampedArray = imageData.data;
```

需要注意的是，上面代码中的 `uint8ClampedArray` 虽然是一个 TypedArray 数组，但是它的视图类型是一种针对 `Canvas` 元素的专有类型 `Uint8ClampedArray`。这个视图类型的特点就是专门针对颜色把每个字节解读为无符号的 8 位整数，即只能取值 0～255，而且发生运算的时候自动过滤高位溢出。这为图像处理带来了巨大的方便。

举例来说，如果把像素的颜色值设为 `Uint8Array` 类型，那么乘以一个 gamma 值的时候，就必须使用如下方式计算。

```
u8[i] = Math.min(255, Math.max(0, u8[i] * gamma));
```

因为 `Uint8Array` 类型对于大于 255 的运算结果（比如 `0xFF+1`）会自动变为 `0x00`，所以图像处理必须要像上面这样算。这样做很麻烦，而且影响性能。如果将颜色值设为 `Uint8ClampedArray` 类型，计算将会简化许多。

```
pixels[i] *= gamma;
```

Uint8ClampedArray 类型确保将小于 0 的值设为 0，将大于 255 的值设为 255。注意，IE 10 不支持该类型。

26.5.3 WebSocket

WebSocket 可以通过 ArrayBuffer 发送或接收二进制数据。

```
var socket = new WebSocket('ws://127.0.0.1:8081');
socket.binaryType = 'arraybuffer';

// Wait until socket is open
socket.addEventListener('open', function (event) {
  // Send binary data
  var typedArray = new Uint8Array(4);
  socket.send(typedArray.buffer);
});

// Receive binary data
socket.addEventListener('message', function (event) {
  var arrayBuffer = event.data;
  // ···
});
```

26.5.4 Fetch API

Fetch API 取回的数据就是 ArrayBuffer 对象。

```
fetch(url)
.then(function(request){
  return request.arrayBuffer()
})
.then(function(arrayBuffer){
  // ...
});
```

26.5.5 File API

如果知道一个文件的二进制数据类型，也可以将这个文件读取为 ArrayBuffer 对象。

```
var fileInput = document.getElementById('fileInput');
var file = fileInput.files[0];
var reader = new FileReader();
reader.readAsArrayBuffer(file);
reader.onload = function () {
  var arrayBuffer = reader.result;
  // ···
};
```

下面以处理 BMP 文件为例。假定 `file` 变量是一个指向 BMP 文件的文件对象，首先读取文件。

```
var reader = new FileReader();
reader.addEventListener("load", processimage, false);
reader.readAsArrayBuffer(file);
```

然后，定义处理图像的回调函数：先在二进制数据之上建立一个 `DataView` 视图，再建立一个 `bitmap` 对象用于存放处理后的数据，最后将图像展示在 `canvas` 元素中。

```
function processimage(e) {
  var buffer = e.target.result;
  var datav = new DataView(buffer);
  var bitmap = {};
  // 具体的处理步骤
}
```

具体处理图像数据时，先处理 BMP 的文件头。具体每个文件头的格式和定义，请参阅有关资料。

```
bitmap.fileheader = {};
bitmap.fileheader.bfType = datav.getUint16(0, true);
bitmap.fileheader.bfSize = datav.getUint32(2, true);
bitmap.fileheader.bfReserved1 = datav.getUint16(6, true);
bitmap.fileheader.bfReserved2 = datav.getUint16(8, true);
bitmap.fileheader.bfOffBits = datav.getUint32(10, true);
```

接着处理图像元信息部分。

```
bitmap.infoheader = {};
bitmap.infoheader.biSize = datav.getUint32(14, true);
bitmap.infoheader.biWidth = datav.getUint32(18, true);
bitmap.infoheader.biHeight = datav.getUint32(22, true);
bitmap.infoheader.biPlanes = datav.getUint16(26, true);
```

```
bitmap.infoheader.biBitCount = datav.getUint16(28, true);
bitmap.infoheader.biCompression = datav.getUint32(30, true);
bitmap.infoheader.biSizeImage = datav.getUint32(34, true);
bitmap.infoheader.biXPelsPerMeter = datav.getUint32(38, true);
bitmap.infoheader.biYPelsPerMeter = datav.getUint32(42, true);
bitmap.infoheader.biClrUsed = datav.getUint32(46, true);
bitmap.infoheader.biClrImportant = datav.getUint32(50, true);
```

最后处理图像本身的像素信息。

```
var start = bitmap.fileheader.bfOffBits;
bitmap.pixels = new Uint8Array(buffer, start);
```

至此，图像文件的数据全部处理完成。下一步，可以根据需要进行图像变形或者转换格式，或者展示在 Canvas 网页元素中。

26.6 SharedArrayBuffer

JavaScript 是单线程的，Web worker 引入了多线程：主线程用来与用户互动，Worker 线程用来承担计算任务。每个线程的数据都是隔离的，通过 postMessage()通信。下面是一个例子。

```
// 主线程
var w = new Worker('myworker.js');
```

上面的代码中，主线程新建了一个 Worker 线程。该线程与主线程之间会有一个通信渠道，主线程通过 w.postMessage 向 Worker 线程发消息，同时通过 message 事件监听 Worker 线程的回应。

```
// 主线程
w.postMessage('hi');
w.onmessage = function (ev) {
  console.log(ev.data);
}
```

上面的代码中，主线程先发一个消息 hi，然后在监听到 Worker 线程的回应后就将其打印出来。

Worker 线程也是通过监听 message 事件来获取主线程发来的消息，并做出反应。

```
// Worker 线程
onmessage = function (ev) {
  console.log(ev.data);
```

```
  postMessage('ho');
}
```

线程之间的数据交换可以是各种格式的，不仅仅是字符串，也可以是二进制数据。这种交换采用的是复制机制，即一个进程将需要分享的数据复制一份，通过 postMessage 方法交给另一个进程。如果数据量比较大，这种通信的效率显然比较低。很容易想到，这时可以留出一块内存区域，由主线程与 Worker 线程共享，两方都可以读写，那么就会大大提高效率，协作起来也会比较简单（不像 postMessage 那么麻烦）。

ES2017 引入 SharedArrayBuffer（github.com/tc39/ecmascript_sharedmem/blob/master/TUTORIAL.md），允许 Worker 线程与主线程共享同一块内存。SharedArrayBuffer 的 API 与 ArrayBuffer 一模一样，唯一的区别是后者无法共享。

```
// 主线程

// 新建 1KB 共享内存
var sharedBuffer = new SharedArrayBuffer(1024);

// 主线程将共享内存的地址发送出去
w.postMessage(sharedBuffer);

// 在共享内存上建立视图，供写入数据
const sharedArray = new Int32Array(sharedBuffer);
```

上面的代码中，postMessage 方法的参数是 SharedArrayBuffer 对象。Worker 线程从事件的 data 属性上面取到数据。

```
// Worker 线程
var sharedBuffer;
onmessage = function (ev) {
  // 主线程共享的数据，就是 1KB 的共享内存
  const sharedBuffer = ev.data;

  // 在共享内存上建立视图，方便读写
  const sharedArray = new Int32Array(sharedBuffer);

  // ...
};
```

共享内存也可以在 Worker 线程创建，发给主线程。

SharedArrayBuffer 与 ArrayBuffer 一样，本身是无法读写的，必须在上面建立视图，

然后通过视图进行读写。

```
// 分配 10 万个 32 位整数占据的内存空间
var sab = new SharedArrayBuffer(
Int32Array.BYTES_PER_ELEMENT * 100000);

// 建立 32 位整数视图
var ia = new Int32Array(sab);  // ia.length == 100000

// 新建一个质数生成器
var primes = new PrimeGenerator();

// 将 10 万个质数，写入这段内存空间
for ( let i=0 ; i < ia.length ; i++ )
  ia[i] = primes.next();

// 向 Worker 线程发送这段共享内存
w.postMessage(ia);
```

Worker 线程收到数据后的处理如下。

```
// Worker 线程
var ia;
onmessage = function (ev) {
  ia = ev.data;
  console.log(ia.length);          // 100000
  console.log(ia[37]);             // 输出 163，因为这是第 138 个质数
};
```

26.7 Atomics 对象

多线程共享内存，最大的问题就是如何防止两个线程同时修改某个地址，或者说，当一个线程修改共享内存以后，必须有一个机制让其他线程同步。SharedArrayBuffer API 提供 `Atomics` 对象，保证所有共享内存的操作都是“原子性”的，并且可以在所有线程内同步。

什么叫“原子性操作”呢？现代编程语言中，一条普通的命令被编译器处理以后会变成多条机器指令。如果是单线程运行，这是没有问题的。多线程环境并且共享内存时，就会出问题，因为这一组机器指令的运行期间可能会插入其他线程的指令，从而导致运行结果出错。请看下面的例子。

```
// 主线程
ia[42] = 314159;    // 原先的值 191
ia[37] = 123456;    // 原先的值 163

// Worker 线程
console.log(ia[37]);
console.log(ia[42]);
// 可能的结果
// 123456
// 191
```

上面的代码中，主线程的原始顺序是先对 42 号位置赋值，再对 37 号位置赋值。但是，编译器和 CPU 为了优化，可能会改变这两个操作的执行顺序（因为它们之间互不依赖），先对 37 号位置赋值，再对 42 号位置赋值。而执行到一半的时候，Worker 线程便可能会来读取数据，导致打印出 123456 和 191。

下面是另一个例子。

```
// 主线程
var sab = new SharedArrayBuffer(
Int32Array.BYTES_PER_ELEMENT * 100000);
var ia = new Int32Array(sab);

for (let i = 0; i < ia.length; i++) {
  ia[i] = primes.next();    // 将质数放入 ia
}

// worker 线程
ia[112]++;                  // 错误
Atomics.add(ia, 112, 1);    // 正确
```

上面的代码中，Worker 线程直接改写共享内存 ia[112]++是不正确的。因为这行语句会被编译成多条机器指令，这些指令之间无法保证不会插入其他进程的指令。设想如果两个线程同时 ia[112]++，它们得到的结果很可能都是不正确的。

Atomics 对象就是为了解决这个问题而提出的，它可以保证一个操作所对应的多条机器指令一定是作为一个整体来运行的，中间不会被打断。也就是说，它所涉及的操作都可以看作是原子性的单操作，这可以避免线程竞争，提高多线程共享内存时的操作安全。所以，ia[112]++要改写成 Atomics.add(ia, 112, 1)。

Atomics 对象提供多种方法。

Atomics.store()、Atomics.load()

store()方法用来向共享内存写入数据，load()方法用来从共享内存中读出数据。比起直接的读写操作，它们的好处是保证了读写操作的原子性。

此外，它们还可以用来解决一个问题：多个线程使用共享线程的某个位置作为开关（flag），一旦该位置的值变了，就执行特定操作。这时，必须保证该位置的赋值操作一定是在它前面的所有可能会改写内存的操作结束后执行；而该位置的取值操作一定是在它后面所有可能会读取该位置的操作开始之前执行。store 方法和 load 方法就能做到这一点，编译器不会为了优化而打乱机器指令的执行顺序。

```
Atomics.load(array, index)
Atomics.store(array, index, value)
```

store 方法接受 3 个参数：SharedBuffer 的视图、位置索引和值，返回 sharedA[index] 的值。load 方法只接受两个参数：SharedBuffer 的视图和位置索引，也是返回 sharedArray[index]的值。

```
// 主线程 main.js
ia[42] = 314159;                    // 原先的值 191
Atomics.store(ia, 37, 123456);      // 原先的值 163

// Worker 线程 worker.js
while (Atomics.load(ia, 37) == 163);
console.log(ia[37]);                // 123456
console.log(ia[42]);                // 314159
```

上面的代码中，主线程的 Atomics.store 向 42 号位置的赋值，一定是早于 37 位置的赋值的。只要 37 号位置等于 163，Worker 线程就不会终止循环，而对 37 号位置和 42 号位置的取值一定是在 Atomics.load 操作之后。

Atomics.wait()、Atomics.wake()

使用 while 循环等待主线程的通知不是很高效，如果用在主线程，就会造成卡顿。Atomics 对象提供了 wait()和 wake()两个方法用于等待通知。这两个方法相当于锁内存，即在一个线程进行操作时，让其他线程休眠（建立锁），等到操作结束，再唤醒那些休眠的线程（解除锁）。

```
Atomics.wait(sharedArray, index, value, time)
```

当 sharedArray[index]不等于 value，Atomics.wait 就返回 not-equal，否则就进入休眠。只有使用 Atomics.wake()或者 time ms 以后才能唤醒。被 Atomics.wake()唤醒时，返回 ok，超时唤醒时返回 timed-out。

```
Atomics.wake(sharedArray, index, count)
```

Atomics.wake 用于唤醒 count 数目在 sharedArray[index]位置休眠的线程，让它继续往下运行。

下面请看一个例子。

```
// 线程一
console.log(ia[37]);  // 163
Atomics.store(ia, 37, 123456);
Atomics.wake(ia, 37, 1);

// 线程二
Atomics.wait(ia, 37, 163);
console.log(ia[37]);  // 123456
```

上面的代码中，共享内存视图 ia 的第 37 号位置原来的值是 163。进程二使用 Atomics.wait()方法，指定只要 ia[37]等于 163 时就进入休眠状态。进程一使用 Atomics.store()方法，将 123456 放入 ia[37]，然后使用 Atomics.wake()方法将监视 ia[37]的休眠线程唤醒。

另外，基于 wait 和 wake 这两个方法的锁内存实现可以参考 Lars T Hansen 的 js-lock-and-condition（github.com/lars-t-hansen/js-lock-and-condition）库。

> **注意！**
> 浏览器的主线程有权“拒绝”休眠，这是为了防止用户失去响应。

运算方法

共享内存上面的某些运算是不能被打断的，即不能在运算过程中让其他线程改写内存上面的值。Atomics 对象提供了一些运算方法，防止数据被改写。

```
Atomics.add(sharedArray, index, value)
```

Atomics.add 用于将 value 加到 sharedArray[index]中，返回 sharedArray[index]旧的值。

```
Atomics.sub(sharedArray, index, value)
```

Atomics.sub 用于将 value 从 sharedArray[index]减去，返回 sharedArray[index]旧的值。

```
Atomics.and(sharedArray, index, value)
```

Atomics.and 用于将 value 与 sharedArray[index]进行位运算 and，放入 sharedArray[index]中，返回旧的值。

```
Atomics.or(sharedArray, index, value)
```

Atomics.or 用于将 value 与 sharedArray[index] 进行位运算 or，放入 sharedArray[index]中，返回旧的值。

```
Atomics.xor(sharedArray, index, value)
```

Atomic.xor 用于将 vaule 与 sharedArray[index] 进行位运算 xor，放入 sharedArray[index]中，返回旧的值。

其他方法

Atomics 对象还有以下方法。

- Atomics.compareExchange(sharedArray, index, oldval, newval)：如果 sharedArray[index]等于 oldval，就写入 newval，返回 oldval。
- Atomics.exchange(sharedArray, index, value)：设置 sharedArray[index] 的值，返回旧的值。
- Atomics.isLockFree(size)：返回一个布尔值，表示 Atomics 对象是否可以处理某个 size 的内存锁定。如果返回 false，应用程序便需要自己来实现锁定。

Atomics.compareExchange 的一个用途是，从 SharedArrayBuffer 中读取一个值，然后对该值进行某个操作，操作结束以后，检查一下 SharedArrayBuffer 里面原来的值是否发生变化（即是否被其他线程改写过）。如果没有发生变化，就将它写回原来的位置，否则读取新的值，再重新进行一次操作。